好思路 好方法 好经验

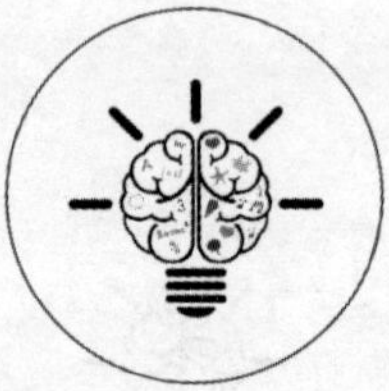

人生是一个不断变化和选择、不断思考的过程。思路不同，看待世界的视角不同，对待生活的心态不同，解决问题的方法不同，由此会产生截然不同的人生。优秀者与平庸者的根本区别就在于他们是否能够主动寻找获得成功的好思路，找到人生的正确方向。

绘本典藏版

好思路 好方法 好经验

HAOSILU HAOFANGFA HAOJINGYAN

宿文渊 ——— 编著

江西美術出版社
全国百佳出版单位

图书在版编目（C I P）数据

好思路 好方法 好经验 / 宿文渊编著. -- 南昌 : 江西美术出版社,
2017.7（2019.1重印）
ISBN 978-7-5480-5450-4

Ⅰ.①好… Ⅱ.①宿… Ⅲ.①成功心理—通俗读物
Ⅳ.①B848.4-49

中国版本图书馆CIP数据核字(2017)第112557号

好思路 好方法 好经验

宿文渊 编著

出 版：江西美术出版社

社 址：南昌市子安路66号 邮编：330025

电 话：0791-86566329

发 行：010-88893001

印 刷：深圳市彩美印刷有限公司

版 次：2017年10月第1版

印 次：2019年1月第2次印刷

开 本：880mm×1230mm 1/32

印 张：10

ISBN ：978-7-5480-5450-4

定 价：36.00元

前 言

每个人都渴望成功，都希望能过上更精彩、更富有的生活，但并非每个人都能如愿。能够实现愿望的人不一定比你付出更多的汗水，但一定比你付出了更多的思考，他们有好的思路、好的方法、好的经验。好思路、好方法、好经验，是成功者超越常人，大赢大得的三件利器。

思路，是指一个人做事的思维和发展的眼光，它决定了一个人成就的大小。思路决定出路，指引着人生的方向。不同的思路会带来不同的行为，而不同的行为会带来不同的结果。思路对，就会柳暗花明；思路错，就会山重水复。在逆境和困境中，有思路就有出路；在顺境和坦途中，有思路才有更大的发展。自己是自己命运的真正主宰者。要创造幸福生活，改变自己的命运，需要改变你自己，而改变自己则必须从改变自己的思路入手。好思路是你人生前进路上的一盏明灯，为你指明前进的方向，带给你前行的希望和努力的勇气。

方法，是保证思路得以执行的手段，是成功的保证。成功需要方法，人生的计划和行动，是需要靠方法来完成的。任何一种方法都可以导致一种结果，但这个结果是不是最佳的结果，要看你的方法是否正确。成大事者总是选择最佳的手段，达到最完美的结果。因此在成功之路上，你要想成大事，首先要解决的问题就是：你的方法对你推动成功的计划是否立竿见影。为了实现我们的理想和目标，我们需要找到正确的方法。但要摸索到成功的正确方法并不容易，甚至要经历很多磨难。

这需要考验我们的毅力和耐力，要知道，只有经过锤炼的有毅力的人，才能够寻找和总结出成功的方法。

经验，是前人的成功感悟和失败教训的总结，也是人生成功的阶梯。成功需要借鉴经验，俗话说，失败是成功之母。但凡成功者大都会有一段失败的经历，这让他们积累下了宝贵的经验，为他们后来的成功铺平了道路。这些经验是智慧的高度浓缩，是立身处世的法则，是生活求索的启迪。这些经验可以成为生活中攀登者的动力，也可以成为沧海上夜航者的灯塔，还可以成为人们治学报国的向导、事业成功的秘诀。就经验的来源来说，我们可以从前辈、朋友处获得，也可以通过自身尝试获得。但无论经验来源于何处，好经验总能让我们少走很多弯路，让我们在成功的道路上事半功倍。

好思路、好方法、好经验，是一个人从平凡到卓越需要具备的条件，也是成功人生的保证。本书全面阐释了拥有好思路、获得好方法、赢得好经验的方法和技巧，通过列举大量的实例，加以精到的分析，教你像成功者一样思考、行动，让你在面对繁杂的事物和困难时应对自如，快速找到解决问题的突破口，轻松踏上成功之路，赢得属于自己的美满人生！

目录 CONTENTS

好思路 好方法 好经验

上篇　好思路

PART　01　**思路决定出路，方向决定人生** 002

生活是由思想造就的 002

要改变命运，先改变思路 004

人生随时都可以改变 006

思路有多远，就能走多远 008

有“智”者，事竟成 011

思路比刻苦更重要 013

积极思考才有出路 015

挣脱“自我设限” 018

不按常理出牌 021

摆脱思维定式 024

甩掉“金科玉律”的束缚 026

PART　02　**只有想不到，没有做不到** 028

不断创新，成功就会降临 028

换一个角度，换一片天地 032

创新思维是创造活动的前提 034

思想超前方能无中生有 037

形成创新思维的习惯 039

善于打破游戏规则 042

PART 03 心态决定状态，想法决定做法 044

冲动是生活中的隐形地雷 044

抑郁是精神的锁链 046

浮躁断送美好前程 049

摆脱焦虑的绳索 051

恐惧是心灵的鬼魅 054

孤独营造心灵的沼泽 055

空虚，生命难以承受之轻 057

撩开羞怯的面纱 058

死要面子活受罪 061

自负阻碍成功 062

自闭是一种自我囚禁 065

依赖令你远离进步 067

不做盲从的呆瓜 068

PART 04 态度决定行动，行动决定命运 070

任何时候都绝不放弃希望 070

每个生命都不卑微 073

走出失败的心理阴影 075

学会从失败中获取经验 078

别坐等别人来帮你 079

行动永远是第一位的 081

成为命运的强者 084

业精于勤荒于嬉 086

走出命运的低谷..088

克服拖延的毛病..091

用目标为你的行动导航....................................092

制订切实可行的计划..094

绕开好高骛远的行动陷阱................................096

消除犹豫不决的行动障碍................................097

PART 05 脑袋决定口袋，观念决定贫富............................100

穷人最缺什么..100

只靠学校教育成不了亿万富翁..........................102

安于现状便永享贫穷..105

头脑是最大的差距所在....................................107

钱要用在合适的地方..109

穷人做事情，富人做事业..................................111

勇于开创自己的事业..113

做生意，要练就“市场眼”..................................116

冒险成就大财富..118

机遇是产生金钱的“酶”....................................121

流动的金钱才能创造价值..................................123

中篇　好方法

PART 01 只为成功找方法，不为问题找借口........................128

方法是解决问题的敲门砖..................................128

方法比勤奋更重要..129

方法比敬业更重要..131

发现问题才有解决之道......132
不止一条路通向成功......134
只为成功找方法，不为问题找借口......136
在变化中化解问题......138
“此路不通”就换方法......139
抓住问题的关键点......140
不按牌理出牌......142

PART 02 发散性思考法......143
组合发散法......143
何谓发散性思考......145
辐射发散法......146
因果发散法......149
关系发散法......150
头脑风暴法......151

PART 03 转换思考法......154
何谓转换思考......154
正面思考和负面思考......157
视角转换......159
价值转换......160
问题转换......162
原理转换......163
材料转换......164
目标转换......165

PART 04 图解思考法......166

什么是图解思考法 166
图解的类型 167
为什么用图解 171
如何绘制图解 175
提升图解的说服力 177

PART 05 形象思考法 179
形象思考的作用 179
组合想象 181
取代想象 182
妙用联想 184
相似联想 185
相对联想 187
飞越联想 189

PART 06 六顶思考帽思考法 192
6种不同颜色的思考帽 192
白色思考帽 195
红色思考帽 197
黑色思考帽 198
黄色思考帽 199
绿色思考帽 201
蓝色思考帽 202

下篇 好经验

PART 01 社会不会等待你成长，慎重对待机遇 206

要尊敬领导......206
社会不会等待你成长......208
不要急着同别人争功......211
慎重选择自己的职业......213
慎重对待机遇......216

PART 02　学会取舍，胸有城府......219

懂得取舍，学会选择......219
要选择你最擅长的......221
学会放弃，放弃是得到的前提......223
如果需要就敢说“不”字......224
当摇头时别点头......226
关键时刻敢于站在前排......228
有实力就大胆表现出来......231
伸手越多，机会越多......232
练就一身软硬功夫......234
为你的才能找到合适的买主......235

PART 03　善于察言观色，说话要准确到位......237

说话时，给别人留点空间......237
话别说得太满......239
真话未必好，“假话”未必糟......242
开玩笑要注意分寸......243
不谈论别人隐私......249
拒绝别人一定要讲究艺术......251
场面之言，可说不可信......255
会说话是一种本事......260

PART 04 走自己的路，也要听别人怎么说……264
把自己看轻些……264
不要太高估自己……266
即便你是天才，也应该保持谦逊……268
“架子”越大，身份越低……269
不要随意张扬个性……272
别人不会像家人一样迁就你……273
少一分书生意气，多一分入世心态……275

PART 05 熟谙职场规则，让“职商”一路飙升……277
形象，成功的门票……277
最高的道德是你自己的原则……281
感情投资，冷庙也烧香……283
多一些吃苦精神……285
狡兔三窟，找好藏身地……287
扮猪吃虎，以“傻”克敌……288
永远不要显得过于完美……291

PART 06 一个人能否成功，与他的人脉有关系……292
成功=85%的人脉关系+15%的专业知识……292
读MBA，学知识是次，交“人尖”是主……294
储存人脉胜过储存黄金……296
离开了人脉，你就无法生存……298
成大事者都是善于运用人脉的人……300
学富五车，你是否仍然怀才不遇……303
5个朋友决定你的一生……305

上篇

好思路

PART 01

思路决定出路，方向决定人生

人生是一个不断变化和选择、不断思考的过程。思路不同，看待世界的视角不同，对待生活的心态不同，解决问题的方法不同，由此会产生截然不同的人生。优秀者与平庸者的根本区别就在于他们是否能够主动寻找获得成功的好思路，找到人生的正确方向。优秀者能够不断思考，开拓创新，积极寻找新的思路突破人生中的一个个难题，最终取得成功；而平庸者墨守成规，缺乏思考，最终成为人生跑道上的落伍者。如此巨大的人生反差，带给我们一个重要的启示：思路决定出路，方向决定人生。

生活是由思想造就的

生活的快乐与否，完全取决于一个人对人、事、物的看法如何。因为，生活是由思想造就的。

成功学家卡耐基曾参加过一个广播节目，要求找出“你所学到的最重要的一课是什么”。

这很简单，卡耐基认为自己学到的最重要的一课是：思想的重要性。只要知道你在想些什么，就知道你是怎样的一个人，因为每个人的特性都是由思想造就的。每个人的命运，很大程度上取决于他们的心理状态。塞缪尔·麦克格罗什说："我们的思想是打开世界的钥匙。"每一个人所必须面对的最大问题——事实上可以算是我们需要应付的唯一问题，就是如何选择正确的思想。如果我们能做到这一点，就可以解决所有的问题。曾经统治罗马帝国，本身又是伟大哲学家的马库斯·奥里亚斯，把这些总结成一句话——决定你命运的一句话："生活是由思想造就的。"

不错，如果我们想的都是快乐的事情，我们就能快乐；如果我们想的都是悲伤的事情，我们就会悲伤；如果我们想到一些可怕的事情，我们就会害怕；如果我们想的是不好的事情，我们恐怕就会担心；如果我们想的净是失败，我们就会失败；如果我们沉浸在自怜里，大家都会有意躲开我们。诺曼·文生·皮尔说："你并不是你想象中的那样，而你却是你所想的。"

我们会发现，当我们改变对事物和其他人的看法时，事物和其他的人对我们来说就会发生改变。要是一个人把他的思想引向光明，他就会很吃惊地发现，他的生活受到很大的影响。一个人所能得到的，正是他自己思想的直接结果。有了奋发向上的思想之后，一个人才能努力奋斗，才能有所成就。如果我们的思想消极，我们就永远只能弱小而愁苦。

思路突破：人生需要设计

有一句名言："你希望自己成为什么样的人，你就会成为什么样的人。"人生就是"自我"不断实现的过程，自我实现的要求产生于自我意识觉醒之后，经历了"自我意识——自我设计——自我管理——自我实现"这样一个过程。如果把自我设计看作立志，那么自我管理便是工作，而自我实现就处在自我管理的过程中和终极点上。

人在一生中会做无数次的设计，但如果最大的设计——人生设计没做好，那将是最

大的失败。设计人生就是要对人生实行明确的目标管理。如果没有目标，或者目标定位不正确，你的一生必然碌碌无为，甚至是杂乱无章的。做好人生设计，必须把握两点：一是善于总结，一是善于预测。对过去进行总结和对未来进行设计并不矛盾。只有对自己的过去好好地进行回顾、梳理、反思，才能找出不足，继续发扬优势。这样，在进行人生设计时，才能扬长避短。而对未来进行预测，就是说要有前瞻性的观念和能力。缺少了前瞻性的观念和能力，人将无法很好地预见自己的未来，预见事物的动态发展变化，也就不可能根据自己的预见进行科学的人生设计。一个没有预见性的人，是不可能设计好人生、走好人生之路的。

还有一点必须记住，那就是设计好人生的前提是自知、自查。了解自己，了解环境，这是成功的前提条件。知己知彼，方能百战不殆。对自己有着清楚的了解与估量，才能有的放矢地进行人生设计。在知己知彼以后，需要对自己合理定位。人不是神，有很多不足和缺陷，对自己期望过低、过高都不利于自身成长。

但设计人生不能盲从，也不能一味地服从与遵循死理。设计目标是为了实现目标，而不是为了设计而设计。设计只是一种手段，而不是我们要的结果。因此，我们需要变通的设计，因时因事因地而变化。设计也不是屈服，设计的主动权要掌握在我们自己的手中——我的人生我做主，用自己手中的画笔在画布上画出美丽的图画。

要改变命运，先改变思路

我们不是没有好的机会，而是没有好的思路。思路影响并决定了人的精神和素质。在相同的客观条件下，由于人的思路不同，主观能动性的发挥就不同，产生的行为也就不同。有的人因为具备先进的思路，虽然一穷二白，却白手起家，出人头地；有的人即使坐拥金山，但由于思路落后，导致家道中落，最后穷困终生。

亿万财富买不来一个好思路，而一个好思路却能让你赚到亿万财富。为什么世界上所有的财富拥有者都能够在发现、捕捉商机上独具慧眼、先知先觉呢？根本原因就是他们思想上不保守，思路更新更快！

都说知识改变命运，事实上，真正改变人命运的是思路，仅凭知识是改变不了命运的！很多自诩才高八斗、学富五车的人不是一样穷困潦倒吗？

人的思想决定了人的言行举止，起着先导的作用。从奔月传说到载人宇宙飞船遨游太空，说到底都是思路更新、思想进步的结果。

思路超前，就能想别人之不敢想，为别人之不敢为，自然就能够发现别人视而不见的绝佳机会，获得成功自然是水到渠成的事。

市场经济的规律告诉我们：只有思路常新才有出路。成功的喜悦从来都是属于那些思路常新、不落俗套的人们。一堆木料，将它用来作燃料，分文不值；如果将它卖掉，能够卖几十元；如果你有木匠的手艺，将它制作成家具再卖掉，能够卖好几百块；如果你有高级木匠的手艺，将它制作成高级屏风卖掉，那就能够卖几千元！

思路的更新是永无止境的。思路是创新的先导，需求是创新的动力。

现在有一句顺口溜：脑袋空空口袋空空，脑袋转转口袋满满。要想赚钱，就要勇于开拓，不断创新，为自身发展闯出更广阔的新天地。要问财富来自哪里，财富其实就在你的头脑里！人与人的最大差别是思想、思路，有的人长期走入赚钱的误区，一想到赚钱就想到开工厂、开店铺。这一想法不突破，就抓不住许多在他看来不可能的新机遇。

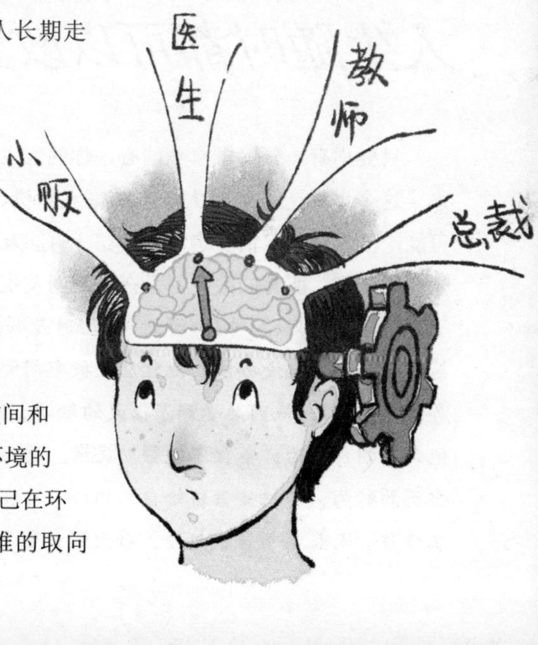

要改变命运，先改变思路！

思路突破：从多维的角度思考人生

要想成功就要学会从多维的空间和一维的时间角度观察并思考人与环境的关系，善于从中认识自己，知道自己在环境里处在怎样的位置上。这种多维的取向并非是要你去尝试各种职业或各种生活方式，而是要你从个性的种种要素上充分地相信自己，培育自己，挖掘自己的能力。

多维思维可以使你发散式(如阳光四射)地或辐合式(如磁铁引力)地洞悉事物的内外联系。其中自然有以时间为参照物的回顾与展望，这样无论是微观或宏观对象，都能以立体思维的方式，或精细分析，或综合体悟而获得解释和创见。当人以立体思维的视野和方式思考问题时，就能以最小的偏见或成见看问题，也能获得更多的灵感和远见。

那么，怎样有意识地训练自己多维的思考能力呢？

多维思考问题，能够帮助我们突破思维的局限，扩大思维的视角，同时拓展思维的深度。我们要将自己的个性发展定位在全息的时空背景里，自己从每件小事做起，从每一条信息中看到有价值的部分，在每一个机会里安排下自己的目标，从自己的每一个念头里发现新的内容，在每一回冲动里感到自己的热情与意志，并在每一次行动中体验到自己的成长。这时我们会觉得“每一天的太阳都是新的”，世界充满了生机，我们有那么多的事要做，有那么多东西要学，可走的路四通八达，肯帮我们的人无处不在。

人生随时都可以改变

只要你有一颗追求卓越的心，你的人生随时都能重新开始。

这个世界上不会有人一生都毫无转机，穷人可能会腾达为富人，富人也可能沦落为穷人。很多事情都是在一瞬间发生的。富有或贫穷，胜利或失败，光荣或耻辱，所有的改变都会在一瞬间发生。

CNN 的创始人特德·特纳，年轻时是一个有名的花花公子，从不安分守己，他的父亲也拿他没办法。他曾 2 次被布朗大学除名。不久，他的父亲因企业债务问题而自杀,他因此受到了很大的触动。他想到父亲含辛茹苦地为家庭打拼，他却在胡作非为，不仅不能帮助父亲，反而为父亲添了无数麻烦。他决定改变自己的行为，要把父亲留给自己的公司打理好。从此他变了一个人，成了一个工作狂，而且不断寻找机会，壮大父亲留下的企业，最终将 CNN 从一个小企业变成了世界级的大公司。

禅宗讲求顿悟，认为人的得道在于顿悟，在于一刹那的开悟。其实人生也是这样，思想的改变就在一瞬间。当我们顿悟后，我们就能洞察生命的本质，将蕴藏在内心中的潜能都充分地发挥出来。

一个人想要到达成功的巅峰，也需要顿悟，从你的内心深处升起的那份卓越的渴望，将会在瞬间改变你的一生。

思路突破：定位改变人生

一个人怎样给自己定位，将决定其一生成就的大小。志在顶峰的人不会甘于平地，甘心做奴隶的人永远也不会成为主人。

你可以长时间卖力工作，而且创意十足、聪明睿智、才华横溢、屡有洞见，甚至好运连连，可是，如果你无法在创造过程中给自己正确定位，不知道自己的方向是什么，一切都会徒劳无功。所以说，你给自己定位什么，你就是什么，定位能改变人生。

一个乞丐站在路旁卖橘子，一名商人路过，向乞丐面前的纸盒里投入几枚硬币后，就匆匆忙忙地赶路了。

过了一会儿后，商人回来取橘子，说："对不起，我忘了拿橘子，因为你我毕竟都是商人。"

几年后，这位商人参加一次高级酒会，遇见了一位衣冠楚楚的先生向他敬酒致谢，并告诉商人：他就是当初卖橘子的乞丐。而他生活的改变，完全得益于商人的那句话——你我都是商人。

这个故事告诉我们：当你定位于乞丐，你就是乞丐；当你定位于商人，你就是商人。定位决定人生，定位改变人生。

汽车大王福特从小就在头脑中构想能够在路上行走的机器，用来代替牲口和人力。而全家人都希望他在农场做助手，但福特坚信自己可以成为一名机械师。于是他用一年的时间完成了别人要3年才能完成的机械师培训，随后他花2年多时间研究蒸汽机，试图实现自己的梦想，但没有成功。随后他又投入到汽油机研究上来，每天都梦想制造一部汽车。他的创意被发明家爱迪生所赏识，邀请他到底特律公司担任工程师。经过10年努力，他成功制造出了第一部汽车引擎。福特的成功，完全归功于他的正确定位和不懈努力。

在现实中，总有这样一些人：他们或因受宿命论的影响，凡事听天由命；或因性格懦弱，习惯依赖他人；或因责任心太差，不敢承担责任；或因惰性太强，好逸恶劳；或因缺乏理想，混日为生……总之，他们做事低调，遇事逃避，不敢为人之先，不敢转变思路，而被一种消极思想所支配，甚至走向极端。

也许，每个人对成功的理解都有所不同，但无论你怎样看待成功，你必须正确定位自己。

思路有多远，就能走多远

戴高乐说："眼睛所到之处，是成功到达的地方，唯有伟大的人才能成就伟大的事，他们之所以伟大，是因为他们决心要做出伟大的事。"教田径的老师会告诉你："跳远的时候，眼睛要看着远处，你才会跳得更远。"

爱诺和布诺同时受雇于一家超级市场，开始时大家都一样，从最底层干起。可不久爱诺受到总经理青睐，一再被提升，从领班直升到部门经理。布诺却像被人遗忘了一般，还在最底层混。终于有一天布诺忍无可忍，向总经理提交辞呈，并痛斥总经理不公平，辛勤工作的人不提拔，倒提升那些吹牛拍马的人。

总经理耐心地听着，他了解这个小伙子，工作肯吃苦，但似乎缺少了点什么，缺什么呢？总经理忽然有了个主意。

"布诺先生，"总经理说，"你马

上到集市上去，看看今天有什么卖的。”

布诺很快回来说，集市上只有一个农民拉了车土豆在卖。

“一车大约有多少袋？”总经理问。

布诺又跑去，回来说有10袋。

“价格多少？”

布诺再次跑到集市上。

总经理望着跑得气喘吁吁的布诺说：“请休息一会儿吧，看爱诺是怎么做的。”

说完，总经理叫来爱诺，对他说：“爱诺先生，你马上到集市上去，看看今天有什么卖的。”

爱诺很快从集市回来了，汇报说到现在为止只有一个农民在卖土豆，有10袋，价格适中，质量很好，他带回几个让总经理看。这个农民过一会儿还将弄几筐西红柿出售。爱诺认为西红柿的价格还算公道，可以进一些货。这种价格的西红柿总经理可能会要，所以，他不仅带回了几个西红柿做样品，而且把那个农民也带来了，现在正在外面等着回话呢！

总经理看了一眼红了脸的布诺，对爱诺说：“请他进来。”

爱诺由于比布诺多想了几步，所以在工作上取得了较大的成功。

在现实生活中，远见卓识将给你的生活和工作带来极大的好处。

凯瑟琳·罗甘说：“远见告诉我们可能会得到什么东西，远见召唤我们去行动。心中有了一幅宏图，我们就从一个成就走向另一个成就，把身边的物质条件作为跳板，跳向更高、更好的境界。这样，我们就拥有了无可衡量的永恒价值。”

远见会给你带来巨大的利益，会为你打开不可思议的机会之门。远见会发掘你人生发展的潜力。要知道，一个人越有远见，他就越有潜能。

一方面，远见会使你的工作与生活轻松愉快。成就令人生更有乐趣。它赋予你成就感，赋予你乐趣。当那些小小的成绩为更大的目标服务时，每一项任务都成了一幅更大的图画的重要组成部分。

另一方面，远见会给你的工作增添价值。当我们的工作是实现远见的一部分时，每一项任务都具有价值。哪怕是最单调的任务也会给你满足感，因为你看到更大的目标正在实现。

思路突破：把眼光放得再远一点

一个想要成功的人，必须是一个具有远见的人。

缺乏远见的人可能会被等待着他们的未来弄得目瞪口呆，变化之风会把他们刮得满天飞。他们不知道会落在哪个角落，等待他们的又是什么。

如果你有远见，那么你实现目标的机会将会大大增加。美国商界有句名言："愚者赚今朝，智者赚明天。"一切成功的企业家，每天必定用80%的时间考虑企业的明天，只用20%的时间处理日常事务。着眼于明天，不失时机地发掘或改进产品或服务，满足消费者新的需求，就会独占鳌头，形成"风景这边独好"的局面。

19世纪80年代，约翰·洛克菲勒已经以他独有的魄力和手段控制了美国的石油资源，这一成就主要受益于他那从创业中锻炼出来的预见能力和冒险胆略。1859年，当美国出现第一口油井时，洛克菲勒就从当时的石油热潮中看到了这项风险事业的良好前景。他在与对手争购安德鲁斯—克拉克公司的股权中表现出了非凡的冒险精神。拍卖从500美元开始，洛克菲勒每次都比对手出价高，当达到5万美元时，双方都知道，标价已经大大超出石油公司的实际价值，但洛克菲勒满怀信心，决意要买下这家公司。当对方最后出价7.2万美元时，洛克菲勒毫不迟疑地出价7.25万美元，最终战胜了对手。

洛克菲勒开始经营起当时风险很大的石油生意。当他所经营的标准石油公司在激烈的市场竞争中占据了市场份额的90%时，他并没有停止冒险行为。19世纪80年代，利马发现一个大油田，因为含碳量高，人们称之为"酸油"。当时没有有效的办法提炼它，因此一桶油只卖15美分。洛克菲勒预见到总有一天能找到提炼这种石油的方法，坚信它的潜在价值是巨大的，执意要买下这个油田。当时他的这个提议遭到董事会多数人的反对，洛克菲勒说："我将冒个人风险，自己出钱去购买这个油田，如果必要，我会拿出200万，甚至300万。"洛克菲勒的决心迫使董事们同意了他的决策。结果不到2年时间，洛克菲勒就找到了炼制这种酸油的方法，油价由每桶15美分涨到1美元，标准石油公司在那里建造了当时世界上最大的炼油厂，赢利猛增到几亿美元。

远见使人们在人类的巨大画卷中洞察到未来的情景。只有看到别人看不见的事物的人，才能做到别人做不到的事情。远见是成功者必备的素质之一，每一个渴望成功的人都要有意识地培养自己的远见能力。

有“智”者，事竟成

在市场经济中，企业之间的竞争尤为激烈。从经济发展的过程来看，企业竞争的重点不断发生转移，并且出现了3个不同的竞争阶段。

在第一阶段，企业的规模都比较小，它们重点进行的是物质领域的竞争，争原料、争设备、争市场，因为这些东西与企业效益直接相关。

在第二阶段，企业看到了“物”是死的，而人是活的，企业有了人才就能迅速发展。于是人才竞争成为企业竞争的重点，许多大公司用尽一切方法招揽人才。

在第三阶段，企业认识到“人才”分为两种，一种是技术型的，另一种是思路型的。前者请来就能用，马上见效益，而后者尽管投资大、收效慢，但却能够对企业的整体效益和长远发展产生无法估量的价值。于是，思路型人才在市场上成为竞争热点，咨询、策划、顾问成了时髦的行当，而“点子大王”一时也成为人们的热门话题。

公司的老板们直接在竞争的第一线搏杀，他们深谙“有‘智’者，事竟成”的道理。因此，他们对善于思考、具有超凡智慧的人是非常欢迎的，求贤若渴。因为他们中的许多人本身就是智者，他们也正是因为具有比一般人高的智慧才成就一般人无法达成的事业。

在一次盛大的宴会上，中国人、俄国人、法国人、德国人、意大利人争相夸耀自己民族的文化传统，唯有美国人笑而不语。为了使自己的表述更加形象，更有说服力，他们纷纷拿出具有民族特色、能够体现民族悠久历史的实物——酒。中国人首先拿出古色古香、做工精细的茅台，打开瓶盖，顿时香气四溢，众人纷纷称赞。紧接着，俄国人拿出了伏特加，法国人拿出了大香槟，意大利人亮出葡萄酒，德国人取出威士忌。最后，大家都看着美国人，美国人不慌不忙地站起来，把大家先前拿出的各种酒都倒出一点，兑在一起，说："这叫鸡尾酒，它体现了美国的民族精神——博采众长，综合创造。我们随时准备召开世界文明智慧博览会。"

在全球化的今天，不仅经济、信息无国界，就连知识、文明、智慧也在融合之中派生出林林总总的"鸡尾酒"来。智慧是战胜一切的武器，而汇集新的智慧则是战无不胜的超常规武器。"有志者，事竟成"的观念必将被"有智者，事竟成"所替代！

思路突破：要大智慧，不要小聪明

要解决问题，固然需要小聪明，但更需要大智慧。

有的人自认为聪明，结果往往"聪明反被聪明误"，轻则丧失机会，重则造成无法估量的损失。因为他们的所谓聪明，往往是打败自己的武器！而有些看来很"傻"的人，偏偏拥有人生最大的智慧，取得很大的成功。

曾任UT斯达康（中国）公司总裁兼首席执行官的吴鹰，说过这样一句话："聪明不一定成功。"

吴鹰曾经被《商业周刊》评选为拯救亚洲金融危机的50位亚洲之星之一。2001年3月，UT斯达康在美国纳斯达克成功上市，当天市值近70亿美元。吴鹰为何能够成功？他说，在美国的一次求职的经历，对他的影响很大。

1986年，他曾应聘给一位著名教授当助教。这是一个很多人羡慕的职位，收入丰厚，又不影响学习，还能接触到最先进的科技资讯。经过层层筛选，最后取得报考资格的各国学者有30人，他是其中之一，但他觉得成功的希望十分渺茫。

考试前几天，有几位中国留学生使尽浑身解数，打探主考官也就是那位著名教授的情况。几经周折，他们探听到了一个出人意料的内幕——教授曾在朝鲜战场上当过中国人的俘虏！中国留学生们这下全死心了。"将时间花在不可能的事情上，真是再愚蠢不过了！"他们纷纷宣告退出。只有吴鹰还是如期参加了考试，考场上，他显得落落大方，对答如流，完全融入助教这个角色中。

"OK，就是你了！"教授在给了吴鹰一个肯定的答复后，又微笑着说，"你知道我为什么录取你吗？其实你在应试者中并不是最好的，但你不像你的那些同学，他们看起来好像很聪明，其实非常愚蠢。你们是为我工作，只要能给我当好助手就行了，还扯上几十年前的事干什么？我很欣赏你的勇气，这就是我录取你的原因！”后来吴鹰又听说，教授当年确实做过中国军队的俘虏，但中国士兵对他很好，根本没有为难过他，他至今还念念不忘。

思路比刻苦更重要

我们无一例外地被教导过，做事情要有恒心和毅力，比如“只要努力，再努力，就可以达到目的”等的说法，我们早已十分熟悉了。如果你按照这样的准则做事，你常常会不断地遇到挫折并产生负疚感。由于“不惜代价，坚持到底”这一教条的原因，那些中途放弃的人，就常常被认为是“半途而废”，令周围的人失望。

正是因为这个教条，使我们即使有捷径也不去走，而去简就繁，并以此为美德，加以宣扬。正确的方法比执着的态度更重要。我们应该调整思维，尽可能用简便的方式达到目标。

有一位年轻人，10多年前在一家建筑材料公司当业务员。当时公司最大的问题是如何讨账。公司产品不错，销路也不错，但产品销出去后，总是无法及时收到货款。有一位客户，买了公司10万元产品，但总是以各种理由迟迟不肯付款，公司派了3批人去讨账，都没能拿到货款。当时他刚到公司上班不久，就和另外一位姓张的员工一起，被派去讨账。他们软磨硬泡，想尽了办法，最后，客户终于同意给钱，叫他们过两天来拿。

两天后他们赶去，对方给了一张10万元的现金支票。他们高高兴兴地拿着支票到银行取钱，结果却被告知，账上只有99920元。很明显，对方又耍了个花招，给的是一张无法兑现的支票。第二天就要放春节假了，如果不能及时拿到钱，不知又要拖延多久。

遇到这种情况，一般人可能一筹莫展了，但是这位年轻人突然灵机一动，拿出100元钱，让同去的小张存到客户公司的账户里去。这样一来，账户里就有了10万元。他立即将支票兑现。当他带着这10万元回到公司

时，董事长对他大加赞赏。之后，他在公司不断发展，5 年之后当上了公司的副总经理，后来又当上了总经理。

这个精彩的讨账故事再次证明，思路比盲目的执着精神重要。在工作中和生活中，我们不可能总是一帆风顺的，当遇到难题的时候，绝对不应该一味下蛮力去干，要多动些脑筋，看看自己的思路是不是正确。

成功的人找思路，失败的人找借口。面对困难，我们需要积极地寻找解决问题的思路，而不是用借口来敷衍。关键时候的冷静有助于发现思路，事情会有所转机，相信柳暗花明又一村总会到来。

思路突破：寻找最优的思路

寻找解决问题的最优思路并非易事，它要求我们不断开动脑筋，不断开拓创新，同时也可以借鉴或模仿成功者的经验。下面一些寻求最优思路的途径可供借鉴：

1. 换成简单的语言

错综复杂的问题都可以分解成简单的问题或语言。

例如，总销售量是25 873 892美元，成本是14 263 128美元。可以把销售量看成是25，把成本看成是14，得出14：25。这样就可推测出成本约占销售量的55%。无论什么问题，只要把它简单化就容易找到解决的办法。

2. 把别人的终点当作自己的起点

科学家皮耶·艾维迪也说：“比起史坦因、莱兹等科学界的巨人，我们只能算是小人物。但站在巨人肩上的小人物，却能比巨人看得更远。”皮耶在钻研新课题时，常把与研究题目有关的资料收集到手，然后加以阅读和研究。

3. 学习别人的做法

比如要推出新式录音机该怎么做？假如本身缺乏这方面的经验，若完全靠自己的构思，不仅浪费时间，还会出错。经营录音机的公司总共有好几家，是消息的最好来源。但不能依样画葫芦，而是应利用先进的既有经验来完善自己的构思。不论面临什么问题，都要看看人家是怎么解决问题的，然后再加以改善。

4. 使用淘汰法

有时因为解决问题的思路过多，反而不知如何取舍。可以采取淘汰法，把不好的逐一去掉。例如跳舞比赛，如果一次想从舞者中选出优胜者是很困难的，因此便采取淘汰法。每次评审一组，有缺点就退场，这样陆续淘汰直至2组，最后剩下优胜的1组。

5. 向别人说明

能否提出更新更好的解决思路，这与了解问题的程度有关。为了验证自己的想法，最好将计划向第三者提出。

积极思考才有出路

思考习惯一旦形成，就会产生巨大的力量。19世纪美国著名诗人及文艺批评家洛威尔曾经说过：“真知灼见，首先来自多思善疑。”

大凡成就伟大事业的人，都凭借了一种积极的思考力量，凭借着创造力、进取精神和激励人心的力量在支撑和构筑着所有成就。一个精力充沛、充满活力的人总是创造条件使心中的愿望得以实现。要知道，没有任何事情会自动发生。

从前有个小村庄，村里除了雨水没有任何水源。为了解决这个问题，村里的人决定对外签订一份送水合同，以便每天都能有人把水送到村子里。有两个人愿意接受这份工作，于是村里的长者把这份合同同时给了这两个人。

得到合同的两个人中有一个叫艾德，他立刻行动了起来。每日奔波于几千米外的湖泊和村庄之间，用他的两只桶从湖中打水并运回村庄，并把打来的水倒在由村民们修建的一个结实的大蓄水池中。每天早晨他都必须起得比其他村民早，以便当村民需要用水时，蓄水池中已有足够的水供他们使用。由于起早贪黑地工作，艾德很快就开始挣钱了。尽管这是一项相当艰苦的工作，但是艾德很高兴，因为他能不断地挣钱，并且他对能够拥有2份专营合同中的一份而感到满意。

另外一个获得合同的人叫比尔。令人奇怪的是，自从签订合同后比尔就消失了，几个月来，人们一直没有看见过比尔。这点令艾德兴奋不已，由于没人与他竞争，他挣到了所有的水钱。

比尔干什么去了？原来他通过积极思考做了一份详细的商业计划书，并凭借这份计划书找到了4位投资者，和比尔一起开了一家公司。6个月后，比尔带着一个施工队和一笔投资回到了村庄。花了整整一年的时间，比尔的施工队修建了一条从村庄通往湖泊的大容量的不锈钢管道。

这个村庄需要水，其他有类似环境的村庄一定也需要水。于是经过考察，比尔重新制订了他的商业计划，开始向全国的村庄推销他的快速、大容量、低成本并且卫生的送水系统，每送出一桶水他只赚1便士，但是每天他能送几十万桶水。无论他是否工作，几十万的人都要消费这几十万桶的水，而所有的这些钱便都流入了比尔的银行账户中。显然，比尔不但开发了使水流向村庄的管道，还开发了一个使钱流向自己钱包的管道。

从此以后，比尔幸福地生活着，而艾德在他的余生里仍拼命地工作，最终还是陷入了“永久”的财务问题中。

多年来，比尔和艾德的故事一直指引着人们。每当人们要做出生活决策时，这个故事都能够提醒我们，“磨刀不误砍柴工”，积极的思考比苦干更重要。

综观古今，勤奋的人不计其数，但在事业上获得成功的人却不是很多。那是因为很多人都不能积极地思考。与此相反，如果你能在日常的生活与工作中养成积极思考的习惯，你会发现人生的出路很多，成功绝对不只是梦想。

思路突破：驱除消极的思想

消极思想就像一个恶魔，其致命和深植人心的程度，较之各种形式的恐惧有过之而无不及。我们必须认真地为自己的心灵设防，保护自己不受这个恶魔的侵害。

你可以设法抵御来自劫匪的欺侮，法律为你的权益提供了保障。但消极思想这个恶魔却难对付得多，它常常蹑手蹑脚悄悄来袭。它的武器是无形的，完全由心态造成，它的面貌正如人类的经验一样种类繁多。但我们必须认清它的真面目，它其实就是人本身的心态在作祟。

无论消极思想的影响是你自己造成的，还是你身边消极人物的活动所导致的，为了保护你自己，你要有足够的意志力。运用这种意志力在心中筑起一道围墙，使你对消极思想产生免疫力。

不幸的是，对于劫匪的欺侮人们都会自觉地反抗，但对于消极思想的侵犯，却很少有人去注意。

具有消极思想的人想去说服爱迪生，让他相信造不出一种可以记录和复制人声的机器，因为从来没有人制造过这样的机器。爱迪生对此置之不理，他知道自己可以制造出任何心灵构思出来的并有理论依据的东西来。

具有消极思想的人告诉伍沃滋，如果他想开一家只卖5分钱、10分钱商品的店他就会破产。伍沃滋不予理睬，他知道，只要他的计划由信心做后盾，他可以在理性的范围内办成所有的事情。最后他累积了上亿美元的资产。

你若不去主宰自己心灵，就容易被别人主宰，受到别人的消极影响。

你要远离消极思想，否则成功就遥不可及。

塞缪尔·斯迈尔斯认为，要使成功的金科玉律成为自己的法则，就必须养成肯定事物的习惯。如果不能做到这点，即使潜在意识能产生很好的作用，还是无法实现愿望。相对于肯定性的思考的就是否定性的思考。凡事以积极的方式即是肯定，而以消极的方式则是否定。

人类的思考往往容易向否定的方面发展，所以肯定思考的价值愈发重要。

如果经常抱着否定想法，必然无法期望理想人生的降临。有些嘴里硬说没有这种想法的人，事实上已经受到潜在意识的不良影响了。

有些人经常这样否定自己："凡事我都做不好""过去屡屡失败，这次也必然失败""人生毫无意义可言，整个世界只是黑暗""没有人肯和我结婚""我是个不擅交际的人"……抱有这种想法的人，往往都不快乐。

当我们向他问及此种想法由何产生时，得到的回答多半是："这是认清事实的结果。"尤其对于罹患抑郁症者而言，他们均会异口同声地说："我想那是出于不安与忧虑吧！我也拿自己没办法。"

然而，只要换一个角度去想，现实并不像你所想象的那么糟，例如有些人会想："我虽然一无是处，但也过得自得其乐，不是吗？"有了乐观而积极的想法，肯定自我，你才会找到新的方向和意义。

挣脱"自我设限"

科学家做过一个实验：把跳蚤放在桌子上，然后一拍桌子，跳蚤条件反射地跳起来，跳得很高。然后科学家在桌子的上方放一块玻璃罩后，再拍桌子，跳蚤再跳撞到了玻璃。跳蚤发现有障碍，就开始调整自己的高度。科学家把玻璃罩往下压，然后再拍桌子；跳蚤再跳上去，再撞上去，再调整高度。就这样，科学家不断地调整玻璃罩的高度，跳蚤就不断地撞上去，不断地调整高度。直到玻璃罩与桌子高度几乎相平。这时，把玻璃罩拿开，再拍桌子，跳蚤已经不会跳了，变成了"爬蚤"。

跳蚤之所以变成"爬蚤"，并非它已丧失了跳跃能力，而是由于一次次受挫使它学乖了。它为自己设了一个限，认为自己永远也跳不出去，而后来尽管玻璃罩已经不存在了，但玻璃罩已经"罩"在它的潜意识里，罩在心上，变得根深蒂固。行动的欲望和潜能被固定的心态扼杀了，它认为自己永远丧失了跳跃的能力。这也就是我们所说的"自我设限"。

你是否也有类似的遭遇？生活中，一次次的受挫、碰壁后，奋发的热情、欲望就被"自我设限"压制、扼杀。对失败惶恐不安，却又习以为常，丧失了信心和勇气，渐渐养成了懦弱、犹豫、害怕承担责任、不思进取、不敢拼搏的习惯，成为你内心的一种限制。一旦有了这样的习惯，你将畏首畏尾，不敢尝试和创新，随波逐流，与生俱来的成功火种也就随之熄灭了。

要挣脱自我设限，关键在自己。西方有句谚语说得好："上帝只拯救能够自救的人。"成功属于愿意成功的人。如果你不想去突破，挣脱固有想法对你的限制，那么，没有任何人可以帮助你。不论你过去怎样，只要你调整心态，明确目标，乐观积极地去行动，那么你就能够扭转劣势，更好地成长。

丹尼斯加入某保险公司快一年了，他始终忘不了工作第一天打的第一个电话。当他热情地拨通电话，联络自己的第一个客户时，没想到他刚说明了自己的工作身份，对方就非常生硬地打断了他的话，不但拒绝了他的推销，更是将他骂了一顿。从那以后，再打电话推销时，丹尼斯心中便有了阴影，说话没有任何立场，讲解吞吞吐吐，自然没有人愿意向他买保险。工作近一年的时间，他一份保单都没有签成。他开始想，自己的口才不好，或许并不适合这份工作。他灰心极了。经理鼓励他要自己给自己机会，没有谁生来就注定成功，也没有人会一直失败。听了经理的话，丹尼斯鼓足勇气，决定搏一搏。丹尼斯找出一个曾经联系过却被拒绝的客户的资料，仔细研究他的需要，选择了一份适合他的险种。一切准备妥当后，他拨通了对方的电话，用自信和真诚征服了那个客户，对方买下了他推销的保险。丹尼斯终于打破了自我设限，尝到了成功的滋味。

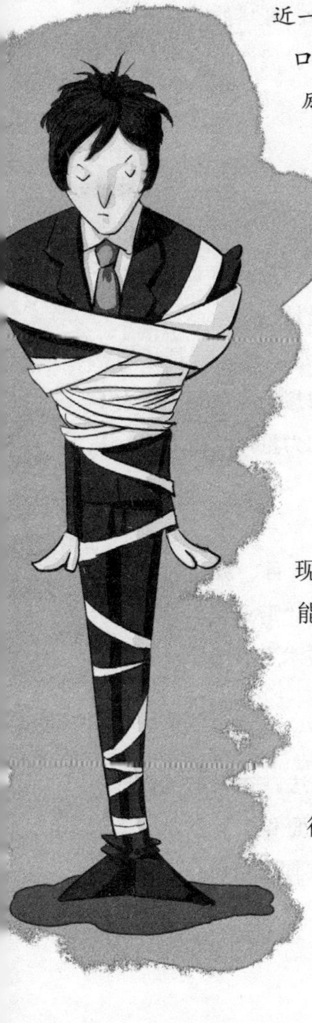

思路突破：唤醒心中的巨人

生活中，有无数人是在阅读一本激励人心的书或是一篇感人至深的励志美文时突然感到灵光一闪，蓦地发现了一个崭新的自我。如果没有这样的书或文章，他们可能会永远对自身的真实能力懵懂无知。任何能够使我们真正认识自己、能够唤醒我们全部潜能的东西都是无价之宝。

问题在于，我们中绝大多数人从来没有被唤醒过，或者是直到晚年才真正认识到自身的能力——但往往是为时已晚，再也不可能有大的作为了。因此，非常重要的一点就是，我们在年轻时就应当对自身的潜能有一个清醒的认识，唯其如此，我们才能有效地发掘生命的潜力，在最大意义上实现自我的价值。

因此，最大化地开发一个人的潜能，已成为每个人一生要面对的重要命题。那如何才能让潜能淋漓尽致地开发出来呢？其实，潜能开发的途径有许多，但从成功学的角度而言，主要有4个方面，即“诱、逼、练、学”。

1.“诱”就是引导

寻求更大领域、更高层次的发展，是人生命意识里的根本需求。“这山望着那山高”是人的本性。因此，具有主体自觉意识的自我，有理性的自我，是绝不愿意停留在任何一种狭小的、有限的状态之中的，而总是想要不断开拓以取得更大的发展和成功，从而更好地生存。这种炽热的、旺盛的发展需要，是成功渴望的表现，是潜能蓄势待发的前兆。只要对这种发展意识给予有益的暗示、引发、规划和培育，就能很好地激发、释放潜能。

2.“逼”就是逼迫

人是一个复杂的矛盾体，既有求发展的需要，又有安于现状、得过且过的惰性。能够卧薪尝胆、自我警醒的人少之又少。更多的人需要的是鞭策和当头棒喝式的触动，而“逼”就是“最自然”的好办法。人们常说的“压力就是动力”，就是这个意思。因此，被逼不是“无奈”，被逼是福。

逼自己，就是战胜自己，必须比自己的过去更新；逼自己，就是超越竞争，必须比别人更新。别人想不到，我要想到；别人不敢想，我敢想；别人不敢做，我来做；别人认为做不到，我一定要做到。潜能的力量，是巨大的！人的潜能也遵循着“马太效应”，越开发使用就越多越强。

3.“练”就是练习

此处特指专家为开发人的潜能而专门设计的练习、题目、测验、训练，如脑筋急转弯、一分钟推理等，多做有益。另外，还包括“潜意识理论与暗示技术”“自我形象理论与观想技术”“成功原则和光明技术”“情商理论与放松入静技术”等。

4.“学”就是学习

学习是增加潜能基本储量及促使潜能发挥的最佳方法。知识丰富必然联想丰富，而智力水平正是取决于神经元之间信息连接的面和信息量。在认识了你的潜能之后，你就必须去开发、挖掘你的潜能。只要你对自己有足够的信心，那么你就能够将这种潜能发挥到极致。

不按常理出牌

创新作为一种最灵动的精神活动，最忌讳的就是呆板和教条，任何形式的清规戒律，都会束缚其手脚，使其无法大展所长。只有敢于打破常规、标新立异的人，才能真正有所作为，才能敞开胸怀拥抱成功。

天才大都是能够自创法则的人。随着时代的发展，尤其是网络的普及，在如今瞬息万变的现代社会中，传统和经验的意义已经远远没有过去那么重要了。时代更加突出了创新的意义，创新重于经验！

对于年轻人来说，更是如此。年轻人要想成功，就必须敢于标新立异，推陈出新。在这里，美国商界奇才尤伯罗斯为我们做出了一个很好的榜样。

1984年以前的奥运会主办国，几乎是“指定”的。对举办国而言，往往是喜忧参半。能举办奥运会，自然是国家、民族的荣誉，还可以乘机宣传本国形象，但是以新场馆建设为主的大规模硬件、软件投入，又将使政府负担巨大的财政赤字。1976年加拿大主办蒙特利尔奥运会，亏损10亿美元，当时预计这一巨额债务到2003年才能还清；1980年，苏联莫斯科奥运会总支出达90亿美元，具体债务更是一个天文数字。奥运会几乎变成了为“国家民族利益”而举办，为“政治需要”而举办。赔本已成奥运会定律。

鉴于其他国家举办奥运会的亏损情况，洛杉矶市政府在得到主办权后即做出一项史无前例的决议：第23届奥运会不动用任何公用基金，因此而开创了民办奥运会的先河。

尤伯罗斯接手奥运之后，发现组委会竟连一家皮包公司都不如，没有秘书，没有电话，没有办公室，甚至连一个账号都没有。一切都得从零开始，尤伯罗斯决定破釜沉舟。他以1 060万美元的价格将自己的旅游公司股份卖掉，开始招募雇用人员，把奥运会商业化，进行市场运作。

第一步，开源节流。

尤伯罗斯认为，自1932年洛杉矶奥运会以来，规模大、虚浮、奢华和浪费成为时尚。他决定想尽一切办法节省不必要的开支。首先，他本人以身作则不领薪水，在这种精神感召下，有数万名工作人员甘当义工；其次，沿用洛杉矶现成的体育场；最后，把当地的3所大学宿舍做奥运村。仅后两项措施就节约了十几亿美元。

第二步，举行声势浩大的“圣火传递”活动。

奥运圣火在希腊点燃后，在美国举行横贯美国本土的1.5万千米圣火接力跑。用捐款的办法，谁出钱谁就可以举着火炬跑上一程。全程圣火传递权以每千米3 000美元出售，1.5万千米共售得4 500万美元。尤伯罗斯实际上是在卖百年奥运的历史、荣誉等巨大的无形资产。

第三步，别具一格的融资、赢利模式。

尤伯罗斯创造了别具一格的融资和赢利模式，让奥运会为主办方带来了滚滚财源。尤伯罗斯出人意料地提出，赞助金额不得低于500万美元，而且不许在场地内包括其空中做商业广告。这些苛刻的条件反而刺激了赞助商的热情。一家公司急于加入赞助，甚至还没弄清所赞助的室内自行车比赛程序如何，就匆匆签字。尤伯罗斯最终从150家赞助商中选定30家。此举共筹到1.17亿美元。

最大的收益来自独家电视转播权转让。尤伯罗斯采取美国三大电视网竞投的方式，结果，美国广播公司以2.25亿美元夺得电视转播权。尤伯罗斯又首次打破广播电台免费转播奥运会比赛的惯例，以7 000万美元把广播转播权卖给美国、欧洲及澳大利亚的广播公司。

门票收入，通过强大的广告宣传和新闻炒作，也取得了历史最高水平。

第四步，出售与本届奥运会相关的吉祥物和纪念品。

尤伯罗斯联合一些商家，发行了一些以本届奥运会吉祥物山姆鹰为主要标志的纪念品。通过这4步卓有成效的市场运作，在短短的十几天内，第23届奥运会总支出5.1亿美元，赢利2.5亿美元，是原计划的10倍。尤伯罗斯本人也得到47.5万美元的红利。在闭幕式上，时任国际奥委会主席的萨马兰奇向尤伯罗斯颁发了一枚特别的金牌，报界称此为“本届奥运会最大的一枚金牌”。

突破是创新的核心。创新不是对过去的简单重复和再现，它没有现成的经验可借鉴，也没有现成方法可套用，它是在没有任何经验的情况下去努力探索的。

在通常情况下，人们按照自己的常规思路，经历了千万次的试验，还是没有取得成功；有时取得成功却全不费工夫。这种突然而至的东西就往往包含着意想不到的创造性，甚至会迫使人们放弃以前数年辛苦得来的成果。当你处于“山重水复疑无路”的境况时，建议你不妨打破常规不按常理出牌。这样，你才有可能在相反的方向很容易地找到问题的答案。

思路突破：在常规的基础上另辟蹊径

对于成功者来说，经验与创新是相辅相成、缺一不可的。我们不能厚此薄彼，而应在创新的同时仍然要重视常规的经验，并且在常规的基础上寻求突破创新。

下面的方法有助于你另辟蹊径，从成功的经验中得到启示。

1. 能在平常的事情上思考求变

能够另辟蹊径的人，其思维富有创造性，善于从习以为常的事物中图新求异，去认识世界，改造世界。

2. 不为现行的观点、做法、生活方式所牵制

巴尔扎克说：“第一个把女人比作花的是聪明人，第二个再这样比喻的人就是庸才，第三个人则是傻子了。”

现行的汽车防盗系统国内外已有不少，许多厂家使出浑身解数仍然不尽如人意。总参某炮兵研究所青年工程师杨文昭在广泛吸取国内外同类产品优点的同时，大胆创新，另辟蹊径，运用双密码保险、抗强电磁干扰、无电源持续报警和声控自动熄火等新技术，研究出了汽车防盗系列产品，被定为首家“国际”产品。敢于向现行的成果和规则挑战，独闯新路，使杨文昭获得了机会，也获得了成功。

3. 学习他人，超越他人

抱着“他山之石可以攻玉”的想法，盲目模仿他人的经验，并不能获得成功。要养成独立思考的习惯，自己在观察事物、观察别人成功经验的同时，要独创出自己之所见。

4. 别出心裁，有自己独到的见解

“大家都想到一块去了”，这并非都是良策。例如，现在满天飞的广告词尽是“实行三包”“世界首创”“享誉天下”，但效果如何呢？美国一家打字机厂家的广告语“不打不相识”，一语双关，顾客纷至沓来。

摆脱思维定式

思维定式即常规思维的惯性，它是一种人人皆有的思维状态。当它在支配常态生活时，还似乎有某种“习惯成自然”的便利，所以它对于人的思维也有好的一面。但是，当面对创新的事物时，如若仍受其约束，就会形成对创造力的障碍。

大象能用鼻子轻松地将一吨重的物体抬起来，但我们在看马戏表演时却发现，这么巨大的动物，却安静地被拴在一根小铁桩上。因为它们自幼小无力时开始，就被沉重的铁链拴在无法动的铁桩上，当时不管它用多大的力气去拉，铁桩对幼象而言，是太沉重的东西，当然动也动不了。不久，幼象长大，力气也增加了，但只要身边有桩，它总是不敢妄动。

这就是思维定式。长大后的象，可以轻易将铁链拉断，但因幼时的经验一直留存至长大，所以它习惯地认为“绝对拉不断”，所以不再去拉扯。人类也是如此，虽被赋予称为“头脑”(无限能力)的最强大的武器，但因自以为是而不用武器，于是徒然浪费“宝物”。由此可知，不只是动物，人类也因未排除“固定观念”的偏差想法，而只能以常识性、否定性的眼光来看事物，自以为是地认为“我没有那样的才能”，终于白白浪费掉大好良机。除了这种静止地看待自己的形而上学的错误，用僵化和固定的观点认识外界的事物有时也会带来危害。比如，通常我们都知道，海水是不能饮用的，可是如果抱定了这种观念，而不去尝试一下，也可能会犯下错误。

一次，一艘远洋海轮不幸触礁，沉没在汪洋大海里，幸存下来的9位船员拼死登上一座孤岛，才得以幸存下来。

但接下来的情形更加糟糕，岛上除了石头还是石头，没有任何可以用来充饥的东西。更为要命的是，在烈日的暴晒下，每个人口渴得冒烟，尽管四周都是海水，可谁都知道，海水又苦又涩又咸，根本不能用来解渴。现在9个人唯一的生存希望是老天爷下雨或等待其他的过往船只发现他们。

但是，没有任何下雨的迹象，天际除了海水还是一望无边的海水，没有任何船只经过这个死一般寂静的岛。渐渐地，他们支撑不下去了。

8个船员相继渴死，当最后一位船员快要渴死的时候，他实在忍受不住，扑进海水里，“咕咚咕咚”地喝了一肚子海水。船员喝完海水，一点儿也觉不出海水的苦涩味，相反觉得这海水非常甘甜，非常解渴。他想：也许这是自己渴死前的幻觉吧。他静静地躺在岛上，等着死神的降临。他睡了一觉，醒来后发现自己还活着，船员非常奇怪，于是他每天靠喝这海水度日，终于等来了救援的船只。

后来人们化验这海水发现，由于有地下泉水的不断翻涌，所以，这里的海水实际上是可口的泉水。

习以为常、耳熟能详、理所当然的事物充斥着我们的生活，使我们逐渐失去了对事物的热情和新鲜感。经验成了我们判断事物的唯一标准，存在的当然变成了合理的。随着知识的积累、经验的丰富，我们变得越来越循规蹈矩，于是创造力丧失了，想象力萎缩了，思维定式已经成为人类超越自我的一大障碍。

标新立异者常常能突破自己的思维定式，反常用计，在“奇”字上下功夫，拿出出奇的经营招数，赢得出奇的效果。

亨利·兰德平日非常喜欢为女儿拍照，而每一次女儿都想立刻得到父亲为她拍摄的照片。于是有一次他就告诉女儿，照片必须全部拍完，等底片卷回，从照相机里拿下来后，再送到暗房用特殊的药品显影，而且，在副片完成之后，还要照射强光使之映在别的相纸上面，同时必须再经过药品处理，一张照片才告完成。兰德在向女儿做说明的同时，内心却问自己：“等等，难道没有可能制造出‘同时显影’的照相机吗？”对摄影稍有常识的人，在听了他的想法后都异口同声地说：“哪会有可能。”并列举一打以上的理由说：“简直是一个异想天开的梦。”但兰德却没有因此而退缩，以此为契机，兰德不畏艰难地研制出了“拍立得相机”。这种相机的功能完全依照女儿的希望，因而，兰德企业就此诞生了。

思路突破：突破思维定式的3个步骤

当你陷于惯性思维中时，除不质疑让自己改变的能力外，你必须质疑一切。解决惯性思维问题的方案有3个步骤，即发现、确信、改正。

1. 发现惯性思维

你可能会在很晚的时候才发现你在进行惯性思维。当你在进行自己的创作时，也许你每天都念叨着自己的小说，每天都写作，一年后，你却发现有

400页不知所云。你必须养成习惯，经常回顾自己所做的努力，看看自己已经做了什么，以及你将要做什么，并以此来确定你仍然在沿着正确的方向前进，而不是误入歧途。

2. 承认在进行惯性思维

这一条做起来就比说出来难得多了。这需要承认你已经犯下了一个错误，但人们经常不愿意这样做。想一想你最近一次对某个问题思考得殚精竭虑的状况吧。你是否回头看看并承认了这个事实？你是否停了下来，等待情况改天出现好转？或者你是不是在不好的创意产生后，另外想出一个好的办法，试图让时间和单纯的努力得到回报？这种事情很难做到，并且具有讽刺性：你越是遵守死板规矩，那么你想阻止自己的损失、停止愚蠢做法的可能性就越小，结果你所做的一切，不过是让你在思维的牛角尖里钻入得更深而已。

富有创造力的人必然懂得，要变得更有创造力，一开始就得发现众多可能性。每一种可能性都有成功的希望。有些习惯和行为有助于创造力发挥作用，有些则会严重破坏创造力。寻找唯一的答案就会遇到阻力，而寻找多种可能性则会推动有创造力的行动。

甩掉“金科玉律”的束缚

大家都记得这句金科玉律：“想要别人怎样对待你，就先怎样对待别人。”这可能是一句大家从小就学到且会拿来教导孩子的至理名言。但是这句金科玉律的假设是，你喜欢的对待方式会跟其他人喜欢的对待方式一样。

很多人把这句名言当成个人生活的策略。我们也这样处理周遭发生的事。但把这句名言当成策略，很可能会陷入本位主义的泥潭。因为这句名言假定自己的看法就是他人的看法。因此，自己所想的，就是适当、正确的。如果你就是在这种金科玉律教导下长大的，难免会养成这种思考逻辑。我们被自己对世界的偏见所蒙蔽，看不到个人见解的可笑和荒谬。这种狭隘的观念，直接影响了我们在处理变革引发的差异时采取的决策和行动。

要真正有效处理变革所引起的差异，就得具备求同存异的能力，适时从别人的观点和立场来看事情。要这么做就必须把先前的金科玉律改变一下，换成新版的：“以别人想被对待的方式对待他们。”其实，只要观念上稍微调整一下，变革的成效就有天壤之别。

思路突破：挣脱世俗，自己的思路自己做主

在我们生活的世界中，存在着各种各样的“应该”“必须”等条条框框，将现实生活中的人们网罗其中。很多人习以为常、不假思索地照“章”行事。

我们都生活在社会群体中，因此不可能是一个完全孤立的个体，我们的思想和行为时时受到世俗的约束与制约。但是任何事物都不是绝对的，规则或法律都不能保证在各种场合均能适用。相比之下，具体情况具体分析的原则应成为我们生活和行事的准则。然而，你会发现违反一条不适用的规定或打破一种荒谬的传统观念很困难。如果你知道这种规矩是消极而令人讨厌的，而你又一直遵守这项规矩，那你就陷入了人生的另一种误区——你放弃了自我选择的自由，让外界因素控制了自己。

衡量是否更适合生活的标准并不在于能否做出正确的选择。你在做出选择之后，控制情感的能力则更为明确地反映出自我抑制能力，因为一种所谓正确的标准包含着我们前面谈到的“条条框框”，而你应当努力打破这些条条框框。这里提出的新的思维方法将在两个方面对你有所帮助：一方面，你将完全摆脱那些毫无意义的“应该”的标准；另一方面，在消除了是非观念误区之后，你便能够更加果断地做出各种决定。

PART 02

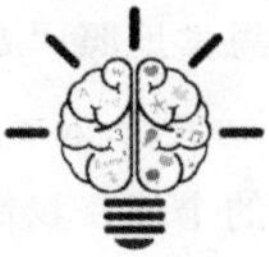

只有想不到，没有做不到

这个世界上没有做不到的事，只有还没有想到的事。大多数人认为不可能的事，少数人却做到了，因此成功的总是少数人。想法决定做法，思路决定出路。目标越高，成功越快。只有想别人之不敢想，为别人之不敢为，才能把不可能变为可能。

不断创新，成功就会降临

不断创新，成功才会降临到你的头上。如果你一直守成不变，那你就永远也不可能成功。

日本有一家需高脑力劳动的公司。公司上层发现员工一个个萎靡不振，面色憔悴。经咨询多方专家后，他们采纳了一个最简单而别致的治疗方法——在公司后院中用圆滑光润的 800 个小石子铺成一条石子小道。每天上午和下午分别抽出 15 分钟时间，让员工脱掉鞋在石子小道上随意行走散步。起初，员工们觉得很好笑，更有许多人觉得在众人面前赤足很难为情，但时间一久，人们便发现了它的好处，原来这是极科学的物理疗法，起到了一种按摩的作用。

一个年轻人看了这则故事，便开始着手进行他的生意。他请专业人士指点，选取了一种略带弹性的塑胶垫，将其截成长方形，然后带着它回到老家。老家的小河滩上全是光洁漂亮的小石子。在石料厂将这些拣选好的小石子一分为二，一粒粒稀疏有致地粘满胶垫，干透后，他先上去反复试验感觉，反复修改了好几次后，确定了样品，然后就在家乡批量生产。后来，他又把它们分为好几个规格。产品一生产出来，他便尽快将产品鉴定书等手续一应办齐，然后在一周之内就把能代销的商店全部上了货。将产品送进商店只完成了销售工作的一半，另一半则是要把这些产品送进顾客手里。随后的半个月内，他每天都派人去做免费推介员。商店的代销稳定后，他又开拓了一项上门服务：为大型公司在后院中铺设石子小道；为幼儿园、小学在操场边铺设石子乐园；为家庭装铺室内石子过道、石子浴室地板、石子健身阳台等。一块本不起眼的地方，一经装饰便成了一块小小的乐园。

紧接着，他将单一的石子变换为多种多样的材料，如七彩的塑料、珍贵的玉石，以满足不同人士的需要。

800粒小石子就此铺就了一个人的成功之路。

不要担心自己没有创新能力，慧能和尚说："下下人有上上智。"创新能力与其他能力一样，是可以通过教育、训练而激发出来并在实践中不断得到提高的。它是人类共有的可开发的财富，是取之不尽、用之不竭的"能源"，并非为哪个人、哪个民族、哪个国家所专有。

你现在需要做的就是不断激发自己的创新能力，多一些想法，多一些创造，那么成功迟早会来临。

思路突破：培育创新能力

培育创新能力要克服创新障碍，更要懂得方法。该如何培育创新能力呢？下面的4个步骤将给你提供帮助。

1. 全面深入地探讨创新环境

创新不是在真空中产生，而是来自艰苦的工作、学习和实践的。如果你正为一项工作绞尽脑汁，想在这个具体的问题上有所建树，那么，你需要全身心地投入到这项工作中，对其关键的问题和环节做深入的了解，对这项工作进行批判的思考，通过与他人讨论来搜集各种各样的观点，思考你自己在这个领域的经验。总之，要全面深入地探讨创新环境，为创新准备"土壤"。

2. 让脑力资源处于最佳状态

在对创新环境有了全面的认识之后，就可以把你的精力投入到手头的工作上来了。要为你的工作专门腾出一些时间，这样你就能不受干扰，专注于你的工作了。当人们专注于创新的这个阶段时，他们一般就完全意识不到发生在他们周围的事，也没有了时间的概念。当你的思维处于这种最理想的状态时，你就会竭尽全力地做好你的工作，挖掘以前尚未开发的脑力资源——一种深入的、“大脑处于最佳工作状态”的创新思路。

让脑力资源处于最佳状态，对于“思想做好准备”是很必要的，我们可以通过以下几种方式来做到让脑力资源处于最佳状态。

（1）调节。当我们进入教堂，我们就会使自己适应这里的气氛，表现出专注和认真。你可以用同样的方式来调节你在学习环境中的注意力，在选择学习环境时，要考虑到它是否有利于你专心。

（2）心理习惯。每个人都具有大量的习惯性的行为，有的行为是积极的，有的则是消极的，大多数则居于两者之间。学习需要全身心地集中和投入，这意味着你要改掉影响全身心投入的坏习惯，如同时总想做好几件事，或用有限的时间去完成很重要的任务。同时，要使脑力资源处于最佳状态，还包括要养成新的心理习惯：找一个合适的地方，调配足够的时间，以及进行认真的和有创意的思考。这些新的习惯可能需要你付出更大的努力，耗费更大的心血，但是，这些行为很快就会成为你自然的和本能的一部分。

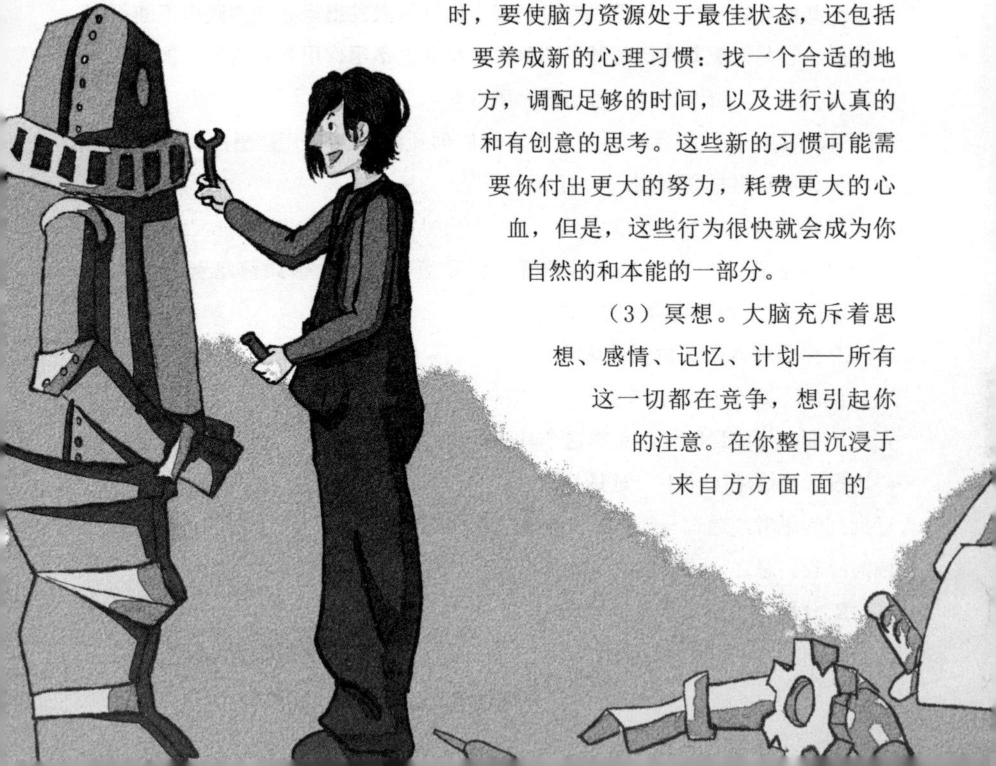

（3）冥想。大脑充斥着思想、感情、记忆、计划——所有这一切都在竞争，想引起你的注意。在你整日沉浸于来自方方面面的

刺激，需要从身心上做出反应时，这种大脑“吵架”的现象更为严重。为了专注于从事创新，你需要净化和清理你的大脑。做到这一点的一个有效的方法就是做冥想练习。

3. 运用技巧促使新思维产生

创新的思考要求你的大脑松弛下来，在不同的事情之间寻找联系，从而产生不同寻常的可能性。为了把自己调整到创新的状态上来，你必须从你熟悉的思考模式，以及对某事的固定成见中摆脱出来。为了用新的观点看问题，你必须能打破看问题的习惯方式。为了避免习惯的束缚，你可以用以下几种技巧来活跃你的思维。

（1）群策攻关法。群策攻关法是艾利克斯·奥斯伯恩于1963年提出的一种方法：与他人一起工作从而产生独特的思想，并创造性地解决问题。在一个典型的群策攻关期间，一般是一组人在一起工作，在一个特定的时间内提出尽可能多的思想。提出了思想和观点以后，并不对它们进行判断和评价，因为这样做会抑制思想自由流动，阻碍人们提出建议。批判的评价可推迟到后一个阶段。应鼓励人们在创造性地思考时，善于借鉴他人的观点，因为创造性的观点往往是多种思想交互作用的结果。你也可以通过运用你思想的无意识的流动，以及你大脑自然的联想力，来迸发出你自己的思想火花。

（2）创造“大脑图”。“大脑图”是一个具有多种用途的工具，它既可用来提出观点，也可用来表示不同观点之间的多种联系。你可以这样来开始你的“大脑图”：在一张纸的中间写下你主要的专题，然后记录下所有你能够与这个专题有联系的观点，并用连线把它们连起来。让你的大脑自由地运转，跟随这种建立联系的活动。你应该尽可能快地思考，不要担心次序或结构，让其自然地呈现出结构，要反映出你的大脑自然地建立联系和组织信息的方式。一旦完成了这个过程，你能够很容易地在新的信息和你不断加深理解的基础上，修改其结构或组织。

4. 留出充裕的酝酿时间

把精力专注于你的工作任务之后，创新的下一个阶段就是停止你的工作，为创新思想留出酝酿时间。虽然你的大脑已经停止了积极的活动，但是，你的大脑仍在继续运转——处理信息，使信息条理化，最终产生创新的思想和办法。这个过程就是大家都知道的“酝酿成熟”的阶段，因为它反映了创新思维的诞生过程。当你在从事你的工作时，你从事创新的大脑仍在运转着，直到豁然开朗的那一刻，酝酿成熟的思想最终会喷薄而出，出现在你大脑意识层的表面上。最常见的情况是这样的，当参加一些与某项工作完全无关的活动时，这个豁然开朗的时刻常常会来临。

换一个角度，换一片天地

人们听说有位大师花费几十年时间练就了移山大法，于是有人找到这位大师，央求他当众表演一下。大师在一座山的对面坐了一会儿，就起身跑到山的另一面，然后说表演完了。众人大惑不解。大师微微一笑，说道：“事实上，这世上根本就没有什么移山大法，唯一能够移动山的方法就是：山不过来，我就过去。”

有时候，人只要稍微改变一下思路，人生的前景、工作的效率就会大为改观。

当人们遇到挫折的时候，往往会这样鼓励自己：“坚持就是胜利。”有时候，这会让我们陷入一种误区：一意孤行，不撞南墙不回头。因此，当我们的努力迟迟得不到结果的时候，就要学会放弃，要学会改变一下思路。其实细想一下，适时地放弃不也是人生的一种大智慧吗？改变一下方向又有什么难的呢？

一位中国商人在谈到卖豆子时，显示出了一种了不起的激情和智慧。他说：如果豆子卖得动，直接赚钱好了。如果豆子滞销，分3种办法处理：

第一，将豆干沤成豆瓣，卖豆瓣。

如果豆瓣卖不动，腌了，卖豆豉；如果豆豉还卖不动，加水发酵，改卖酱油。

第二，将豆子做成豆腐，卖豆腐。

如果豆腐不小心做硬了，改卖豆腐干；如果豆腐不小心做稀了，改卖豆花；如果实在太稀了，改卖豆浆。如果豆腐卖不动，放几天，改卖臭豆腐；如果还卖不动，让它长毛彻底腐烂后，改卖腐乳。

第三，让豆子发芽，改卖豆芽。

如果豆芽还滞销，再让它长大点，改卖豆苗；如果豆苗还卖不动，再让它长大点，干脆当盆栽卖，命名为“豆蔻年华”，到城市里的各个大中小学门口摆摊和到白领公寓区开产品发布会，记住这次卖的是文化而非食品。如果还卖不动，建议拿到适当的闹市区进行一次行为艺术创作，题目是“豆蔻年华的枯萎”，记住以旁观者身份给各个报社写个报道，如成功可用豆子的代价迅速成为行为艺术家，并完成另一种意义上的资本回收，同时还可以拿点报道稿费。如果行为艺术没人看，报道的稿费也拿不到，赶紧找块地，把豆苗种下去，灌溉施肥，3个月后，收成豆子，再拿去卖。

如上所述，循环一次。经过若干次循环，即使没赚到钱，豆子的囤积相信不成问题，那时候，想卖豆子就卖豆子，想做豆腐就做豆腐！

换个思路，换个角度，变通一下，总会有新的方向和市场。一条路走到黑只会是头破血流，不妨绕道而行，自己的状况也会取得突破。

思路突破：拓展思维的新视角

美国创造学家奥斯本是“头脑风暴法”的发明人。为了促进人们大胆进行创造性想象、提出更多的创造性设想，奥斯本提出著名的思想原则，以激励人们形成“激烈涌现、自由奔放”的创造性风格。

1. 自由畅想原则

指思维不受限制，已有的知识、规则、常识等种种限定都要打破，使思维自由驰骋。破除常规，使心灵保持自由的状态，对于创造性想象是至关重要的。

例如，从事机械行业的人习惯于用车床切割金属。在车床上直接切割的车刀要比被切割的金属坚硬。那切割世界上已知最硬的东西该怎么办呢？于是，善于进行自由畅想的技师发明了电焊切割技术。

2. 延迟评判原则

指在创造性设想阶段，避免任何打断创造性构思过程的判断和评价。日本一家企业的管理者在给下属布置任务时指出：只要是有关业务的合理性建议，一律欢迎，不管多么可笑，想说就说出来。但他强调，绝不允许批评别人的建议。虽然开始大家有些拘谨，但后来气氛越来越活跃。结果，征集到了

100多条合理性建议，企业的发展因此出现了大幅度的飞跃。

3. 数量保障质量原则

指在有限的时间内，提出一定的数量要求，会给设想的人造成心理上的适当压力，往往会减少因为评判、害怕而造成的分心，提出更多的创造性设想。在实践中，奥斯本发现，创造性设想提得越多，有价值的、独特的创造性设想也越多，创造性设想的数量与创造性设想的质量之间是有联系的。数量保障质量原则就是利用了这一规律。

4. 综合完善原则

指对于提出的大量的不完善的创造性设想，要进行综合和进一步加工完善的工作，以使创造性设想更加完善和能够实施。

奥斯本的4项原则，虽然是用于小组创造活动的，但是，这4条原则保障创造性设想过程能够顺利进行，因此，对于个人进行创造性思维的启发是巨大的。

创新思维是创造活动的前提

千百年来，人类正是凭借着创新思维在不断地认识世界、改造世界。创新思维给人类前进和创造财富提供了原动力。从这个意义上说，人类所创造的一切成果，都是创新思维的物化。古往今来，人们赞美创造，崇尚科学发明，敬仰策划大师，但对人类这种创新思维的本质、物化及其发展等问题，却了解甚少。

人一般都具有正常的思维能力和思维形式，但一般的思维不一定能产生创造。创新思维与一般思维尤其是逻辑思维大不相同。

创新思维指的是开拓、认识新领域的一种思维。简单地说，创新思维就是指有创见的思维，是人们在已有经验的基础上，从某些事实中更深一步地找出新点子、寻求新答案的思维。

那么，什么是创新思维？举个例子，一个艺人举着一块价值9美元的铜板叫卖：价值28万美元。人们不了解，就问他怎么回事。他解释说："这块价值

9美元的铜板，如果制成门柄，价值就增为21美元；如果制成工艺品，价值就变成300美元；如果制成纪念碑，价值就应该达到28万美元。”他的创意打动了华尔街的一位金融家，那块铜板最终被制成了一位成功人士的纪念像，价值为30万美元。从9美元到30万美元，这就是创新思维的功劳。

一个人从小学到大学接受的教育基本上都是逻辑思维。逻辑思维是在现有知识、经验之内的思维活动，虽然有时候它可以导致一些发现、发明，但是，它们一般都拘泥于已学过的知识，只是在某个范围内按照已知的规律进行判断和推理，从而得出一些结论。

创新思维与逻辑思维相比，不同点主要在于它具有新颖性、独创性。与逻辑思维不同，创新思维要突破已有的知识与经验的局限，常常是在看来不合逻辑的地方发现突破口。创新思维在很大程度上是以直观、猜测和想象为基础而进行的一种思维活动，光凭逻辑思维是不能使一个人产生新思想的。有人说：“对科学行动与积累进行逻辑分析实在是科学发展的一大障碍；科学家越推崇逻辑，他们推理的科学价值就越低，这样说是绝对不过分的。逻辑学所关心的是正确性与确实性，与创新思维完全无关。”这些论述虽有一些局限性，但却进一步说明了创新思维与逻辑思维是不同的。

爱因斯坦曾说：“人是靠大脑解决一切问题的。”头脑中的创新思维是人们进行创新活动的基础和前提，一切需要创新的活动都离不开思考，离不开创新思维。

有人说创新思维就是指有创见的思维，它是人们在已有经验的基础上，从某些事物中更深一步地找出新点子，寻求新答案的思维；也有人说创新思维是指对事物间的联系进行前所未有的思考，从而创造出新事物的思维方法；还有人说创新思维是一切具有崭新内容的思维形式的总和……不管是哪种解释，总之，凡是能想出新点子、创造出新事物、发现新路子的思维都属于创新思维。

创新思维是一切创新活动的开始。因此，我们要学好、用好创新思维，融会贯通，充分激发自己的创新潜能。

美国心理学家邓克尔通过研究发现，人们的心理活动常常会受到一种所谓“心理固着效果”的束缚，即容易只把已存在的看成是合理的、可行的，因而在看待某些事物，思考某种问题时，很容易沿着原有的旧思路延伸，受到传统模式的严重羁绊而无法突破创新。想培养创新思维，必先打破这种“心理固着效果”，勇敢地冲破传统的看事物想问题的模式，通过全新的思路来考察和分析问题，才有可能产生大的突破。

思路突破：磨砺创新的能力

创新就是站在上升、前进和发展的立场上，破除思想僵化、墨守成规、安于现状的思维状态，突破思维的定式，提出新问题、解决新问题，促进旧事物的灭亡、新事物的成长和壮大，实现事物的发展。

缺乏创新思维往往是由自我设限造成的。随着时间的推移，我们所看到的、听到的、感受到的、亲身经历的各种现象和事件，一个个都进入到我们的头脑中而构成了思维模式。这种模式一方面指引我们快速而有效地应对处理日常生活中的各种小问题，另一方面让人始终在这个模式的范围内打转转。

创新对于成功有着至关重要的意义，我们应不断训练和深化自己的创新思维。但是培养创新思维也是有条件的，我们在此之前还必须得具备两种能力。

第一，独立思考的能力。只有养成了独立思考的习惯，才能在风风雨雨的事业之路上闯出一片天地。独立思考是一个人成功的最重要、最基本的心理素质，做一个具有创造性的人，并且在所进行的创造中获得无穷的乐趣！一位学者指出：“人们只有在好奇的引导下，才会去探索被表面所遮盖的事物的本来面貌。”好奇，可以说是创造的基础、动力。创造性思维构想的事物有如火花般闪现一瞬，稍纵即逝，这种稍纵即逝的思维的火花就是灵感。所以我们在工作中一旦发现有利于事业发展的意念、灵感，就要赶快抓住。

第二，敢于付诸行动的能力。具有创造性的员工，绝不会仅仅是个空想者，如果你拥有了创新的观点，必须立刻付诸行动。马上去做，放手去做，你就会有力量，可以克服眼前的困难，克服恐惧，达到全新的境界。如果员工总给老板提意见，而不去勤奋刻苦地工作，也不敢尝试新的方法，就会因恐惧失败而不敢迈向成功的高峰。

总之，创新是成功的牵引力，它牵引着你的梦想之旅，促使你踏上成功之路、快乐之途，创造出双赢的局面。

思想超前方能无中生有

思想超前，就是未雨绸缪，以长远的眼光，对未来早做谋划。思想超前的人，能够洞悉种种隐匿未现的机遇，从而早做准备，果断出击，实现“无中生有”的目标。

要走无中生有的路，就要运用超前思维以“见人所未见”，“为人所未为”。要走无中生有的路，就要有魄力、有决心、有方法，搭别人的车走自己的路，或借用别人的路行自己的车。要走无中生有的路，还要有很高的心理素质。

思想超前的人，能高瞻远瞩地看清时代的发展方向，所以能引领时代的潮流。青年时期的比尔·盖茨就是个具有超前思维的人物，下面我们来看看比尔·盖茨的成长经历。

比尔·盖茨中学毕业后如愿以偿地被哈佛大学录取。但是程序员的工作和计算机的魅力深深吸引着他，他每日和保罗一起夜以继日地工作，他们的技能和知识都有了很大的发展，看到了别人看不到的希望。

比尔·盖茨一边在哈佛大学读书，一边想着计算机领域的发展，而且把主要的心思用在了计算机上。而他的好友保罗则是一旦发现计算机在国际领域的新动向，就跑来告诉比尔·盖茨。有一次，保罗在一份杂志上见到了一台微型计算机照片，就拿着它来找比尔·盖茨。比尔·盖茨见说明中写着：“世界上第一部微型计算机，可与商用型号的计算机相匹敌。”比尔·盖茨超前的思维能力使他有意识地对保罗说："看来计算机像电视机一样普及的时代就要到来了。"两个人为此兴奋不已。他们在朦胧中看到了自己的事业和梦想，这两个天才少年用他们的兴趣和天才的头脑，预见到了一个庞大的新兴科技领域的出现，看到了别人看不到的希望。

比尔·盖茨和保罗在喜出望外之后，下决心大干一番。他们决定为新诞生的微型计算机编制语言，也就是系统软件。他们超前的思维已经意识到，如果没有便于应用的程序，计算机就毫无价值可言。比尔·盖茨和保罗立即进入哈佛大学的计算机中心，经过连续 8 个星期的奋战，为微型计算机设计了一个名为"登上月球"的游戏程序。保罗带着这个刚刚诞生的程序，乘飞机到新墨西哥州微型计算机诞生的公司去试用，结果第一次实验就获得了成功。

比尔·盖茨意识到一个大好的商机已经来临了，他决定离开哈佛，和保罗一起开办软件开发公司。1975 年 7 月，比尔·盖茨和保罗在亚帕克基市创立微软公司，"微软"之名出自"微电脑软件"之意。他们创办公司的宗旨是：要为各种各样的微电脑开发软件。当时，比尔·盖茨还不到 20 岁。

比尔·盖茨的经历只是一个特别的个案，但是他带给我们的思考却是极其深远的。他少年时期的超前思维以及前瞻性的眼光，对我们具有十分重要的启发及影响。我们也应向比尔·盖茨学习，努力培养自己的超前思维，看到别人看不到的希望，这样我们才能在未来的竞争中赢得主动，抢占先机。

思路突破："无中生有"，要不畏惧失败

创新意味着机会，同时也意味着风险。要走无中生有的路，要想做出无米之炊，没有点胆量、气魄是万万不能的，因此，谁要想走出前人所未走之路，谁要想成人所未成之功，谁就要不畏惧失败，要勇于承受风险。

威尔士是美国东北部哈特福德城的一位牙科医生，是西方世界医学领域对人体进行麻醉手术的最早试验者。在以前，西方医学界还没有找到麻醉人体之法，外科手术都是在极残酷的情况下进行的。

在英国化学家戴维发现笑气（氧化亚氮）以后，1844 年，美国化学家考尔顿考察了笑气对人体的作用，带着笑气到各地做旅行演讲，并做笑气"催眠"的示范表演。这天他来到美国东北部哈特福德城进行表演，不想在表演中发生了意外：在表演者吸入笑气之后，由于开始的兴奋作用，病人突然从半昏睡中一跃而起，神志错乱地大叫大闹着从围栏上跳出去追逐观众。在追逐中，他的大腿根部被围栏划破了个大口子，鲜血涌泉般地流淌不止，在他走过的地上留下一道殷红的血印。围观的观众早被表演者的神经错乱所惊呆，这时又见表演者不顾伤痛向他们追来，都惊叫着向四周奔去，表演就这样匆匆收了场。

这场表演虽结束了，但表演者腿部受伤却丝毫没有疼痛的表现却给威尔士留下了非常深刻的印象，于是他立即开始对氧化亚氮的麻醉作用进行实验研究。

1845 年 1 月，威尔士在实验成功之后，来到波士顿一家医院公开进行无痛拔牙表演。表演开始，威尔士先让病人吸入氧化亚氮，使病人进入昏迷状态，随后便做起了拔牙手术。但不巧，由于病人吸入氧化亚氮气体不足，麻醉程度不够，威尔士的钳子夹住病人的牙齿刚刚往外一拔，便痛得那位病人“啊呀”一声大叫起来。众人见之先是一惊，随之都对威尔士投去轻蔑的眼光，指责他是个骗子，把他赶出了医院。威尔士的表演失败了，他的精神也崩溃了。他转而认为手术疼痛是“神的意志”，于是他放弃了对麻醉药物的研究。

可是他的助手摩顿仍然坚持了研究。1846 年 10 月，摩顿在威尔士表演失败的波士顿医院当众再做麻醉手术实验。在众目睽睽之下，他获得了成功。

“无中生有”是需要气魄、胆识和毅力的。在创新之路上，往往有风险同行。成功属于能够不畏艰险，善于从失败中汲取经验并坚持到底的人。

形成创新思维的习惯

一位教授说过：“考试的时候，你们把我讲的内容全部复述出来，最多也只能得‘良’，我要的是你们自己的思想。”这种学术上的包容不仅开拓了学生的思维，影响到他们的学生时代，而且对他们日后的工作思路和方法都是一个启迪、一份宝贵的思想财富。

如果你想成功，一定要养成思考创新的习惯。你要不停地思考，在学习前人优秀的东西的同时，要用创新思考的习惯，突破前人的束缚。

18 世纪化学界流行“燃素学”。这种认为物体能燃烧是由于物体内含有燃素的错误学说，严重束缚了人们的思想。许多科学家都去积极寻找燃素，没有一个人对此表示怀疑。瑞典化学家舍勒也是热衷于寻找燃素的人，他从硝酸盐、碳酸盐的实验中，得到了一种气体，实际上就是氧气。但他却以为自己找到了燃素，命名为“火气”，并解释为火与热是火气与燃素结合的产物。舍勒如果不受燃素说的影响，当时就得到了氧气的发现权。英国人普利斯特在实验中也得到了氧气，可是也因为笃信燃素说，而把氧气说成“脱燃素的空气”，遭到了和舍勒同样的命运。

后来，普利斯特把加热氧化汞取得“脱燃素的空气”的实验告诉了拉瓦锡。拉瓦锡却未从众，他不受“燃素说”的束缚，大胆地提出怀疑，经过分析，终于获得了氧气的发现权，使化学理论进入了一个新的时期。

学习知识，不能完全依靠老师，也不能盲目迷信书本，应勇于质疑，勇于提出问题，这是一种可贵的探索求知精神，也是创造的萌芽。由于知识的继承性，在每个人的头脑里都容易形成一个比较固定的概念世界，而当某些经验与这一概念世界发生冲突时，惊奇就开始产生，问题也开始出现。而人们摆脱“惊奇”和消除疑问的愿望，便构成了创新的最初冲动，因此“提出问题”是创新的重要前提。

多少年来，不知有多少人为创新而向历史发出了挑战，或许人们已经把他们的容貌淡忘了，但他们的精神，他们对历史做出的贡献却影响着一代又一代的人们。你应把创新作为自己思考的特质之一，努力成就自己的事业。

思路突破：思维创新的5个阶段

知识改变命运，创新成就未来。如果没有创新意识与创新能力，我们每个人、每个企业乃至我们的国家就不可能赢得未来竞争中的生存与发展的空间。因此，自主创新之路，是我们每个人义不容辞的责任与义务，我们要学会创新，善于创新。我们应从身边的小事做起，一步一个脚印地做好创新的工作，完成创新的使命。

创新活动共分5个阶段。

1. 最初的观念

你有一个问题要解决或有一件事要做，你想找一个更好的工作，你的房子需要重新装修一下，你想把你们公司里的废料做成有用的副产品等，这些都属于最初的观念。

2. 准备阶段

现在你要寻找一个发展这个处在萌芽状态下的观念的所有可能的方法。尽可能多地收集相关资料，阅读有关书籍，记笔记，和别人交谈，提出问题。要善于接受新东西。这些都是开动我们想象力的跳板。

3. 酝酿阶段

可让你的潜意识活动起来。散散步、小睡一会儿、洗个澡、做做其他的工作或娱乐一会儿，把问题留到以后再解决。正如作家埃德娜·弗伯说过的："一个故事，要在它自己的汁液里慢慢炖上几个月甚至几年，才能成熟。"

4. 开窍阶段

这是创新过程的最高阶段。思维豁然开朗，一切东西都突然变得井井有条。达尔文一直在为写作《进化论》收集材料，直到有一天，当他坐在马车里旅行时，这些材料突然一下子融为一体了。达尔文写道："当解决问题的思想令人愉快地跳进我脑子里的时候，我的马车驶过的那个地方我至今还记得清清楚楚。"开窍是创新过程中最令人兴奋和愉快的阶段。

5. 核实阶段

不管你的见识多么高明，但开窍时得到的启示可能是根本靠不住的，这时便要发挥理智和判断的作用。你的预感或灵感都要经过逻辑推理加以验证。你要回过头来尽可能客观地看待你的设想。你要征求别人的意见，对这出色的设想加以修正，使之趋于完善；而且，经过核实，你往往会得出更新、更好的见解。

为帮助你进行创新活动，这里提供一些参考性意见。

首先你必须激发自己，要有一个明确的目的，一个强烈的愿望。最好的主意往往出自那些渴望成功的人。爱迪生为了能继续工作，就以拼命多赚钱来激励自己。在成了百万富翁以后，他说："任何不能卖钱的东西我都是不会发明的。"

其次你还必须为自己制造一种紧迫感，戒除拖延的恶习。给自己规定一个期限以提出新的思想。期限规定不但要合理，而且要有鞭策性，以造成必要的压力。期限规定后要坚决贯彻执行。

善于打破游戏规则

研究营销管理的专家们曾经提出过一个观点：竞争会造成限制。这个意思是说，传统上一般人习惯用“硬碰硬”的方式与人正面竞争，但是这种短兵相接的方式并不见得是最有效的制胜之道。因为当你正面去竞争的时候，等于你完全认同这个游戏，并愿意遵守某些固定的规则与观念，你的思想就会受制于某一个框框，反而阻碍你发挥自己的创造力。

绝大多数人宁愿相信，遵守既定规则是非常重要的概念，否则，如果人人都想打破规矩，岂不是天下大乱？然而，管理专家强调，这只是一种鼓励突破思考的方法，让你更精确、有效地达到目标。换句话说：“要打破的是规则，而不是法律。”

通常情况下，具有突破性思维的人，他们和行业规则格格不入，对每件事都产生怀疑，不喜欢墨守成规，偏爱自由闯荡。

专门从事运动心理学研究的美国斯坦福大学教授罗伯特·克利杰在他的著作《改变游戏规则》中指出：“在运动场上，很多运动同创造的佳绩，都是因为打破了传统的比赛方法。”杰出的运动员普遍具有这种“改变游戏规则”的特征。

根据罗伯特·克利杰的结论：突破思考是一种心态，可以鼓励人不断学习，不停地创造。所以，如果你想改变习惯，尝试新的挑战，那就突破规则，改变游戏方法吧！

所谓改变游戏规则，就是要掌握主控权。要改变规则不难，关键在于有没有求变的决心。一般人遇到没有把握的状况常常会犹豫，所以说人最大的敌人是自己。通常情况下，你决定“变”还是“不变”的标准是，如果你从以前的经验中找不到任何成功的例子，你就做最坏的打算——可以赔多少？只要赔得起你就做，更何况你可能会赢。

是否求变，还有一个规则：越是有许多人说不，就越该改变。在1993年美国大选中，克林顿曾经说过一句话：“我们要改变游戏规则！”而老布什总统却说：“我有丰富的经验！”也许老布什落选的一个重要原因是输在“往后看”，而不是“向前看”。

思路突破：开辟新蹊径

这个世界里充满了追随者、依附者、模仿者，他们喜欢遵循旧的轨道，喜欢以他人之思想为思想。但是社会所需要的却是那些有创新精神的人，能够抛弃走熟了的途径，而闯入新天地的人——那些离开了先例旧方而医治病人的医师，那些用别出心裁的方法办理讼案的律师，那些把新的理想、新的方法带进教室的教师，等等。

不要害怕你自己成为“创始人”。不仅仅要做一个人，还要做一个新的人，独立的人，不要老想仿效你的祖父、你的父亲、你的邻居。要知道，没有人能够因仿效他人而得到成功。成功是不能从抄袭、模仿中得来的。成功是个人的创造，是由创始的力量所造成的，所以我们要勇于去做成功路上的创始者。

日本的“经营之神”松下幸之助，就是这样一位富有智慧、善于洞察未来的成功人物。每当人们问及他成功的秘诀时，他总是说：“靠的是比别人稍微走得快了一点。”1917年，松下幸之助在确立自己事业的方向上，靠的就是在自己智慧基础上形成强烈的超前意识。严格地讲，松下幸之助能同电器结下不解之缘并没有内在的必然联系。他的祖上经营土地，父亲从事米行，而他进入社会首先是涉足商业，所有这些都与电器制造业相隔甚远，况且有关电的行业在当时是凤毛麟角的。然而，松下幸之助深信电作为一种新式能源，在给人类带来方便的同时，也会带来更多的需求。因此，投身电器制造，也一定会前途灿烂。尽管在创业伊始，他就受到挫折和打击。然而，这种超前意识使松下幸之助有了坚强的信念和必胜的信心。正是由于“稍微走得快了一点”，“松下电器”从无到有，从小变大。

PART 03 心态决定状态，想法决定做法

心态决定了一个人的状态，能攀多高，能走多远，都是心态问题。心有多高，生命状态就有多高。失败者之所以失败是因为内心空虚；成功者之所以成功是因为内心充满着力量。一个人的想法决定了他的做法，也决定了一个人的贫穷和富裕。如果你的脑袋是富有的，那么即使你暂时一无所有，你也终将创造辉煌；如果你的观念陈旧，跟不上社会的发展，很可能某日一个决策失误，就使你十几年的心血付诸东流。

冲动是生活中的隐形地雷

培根说：“冲动，就像地雷，碰到任何东西都一同毁灭。”如果你不注意培养自己冷静理智、心平气和的性情，培养交往中必需的沉着，一旦碰到“导火线”就暴跳如雷，情绪失控，就会把你最好的人生全都炸掉，最后让自己陷入自戕的囹圄。

南南的爸爸妈妈大吵了一架，起因是妈妈放在自己外套里的300元钱不见了，妈妈认定是爸爸拿的，爸爸却不承认。下班后，爸爸直接去保姆家接南南，保姆一边帮南南穿衣服，一边说：“昨天我给南南洗衣服，从她口袋里找出300元钱，都被我洗湿了，晾在……”没等保姆把话说完，爸爸立刻就把南

南拽了过去，狠狠打了她两个耳光，南南的嘴角立刻流血了。“你竟敢偷钱！害得我和你妈妈大吵了一架，这样坏的孩子不要算了！”他丢下南南掉头就走了。南南根本不知道发生了什么事，只觉得脸很痛，就哭了起来。保姆对南南妈妈说：“你家先生也太急躁了，不等我把话说完就打孩子，这么小的孩子哪知道偷钱啊！300元钱对她来说就是张花纸，一定是她拿着玩时顺手放到口袋里的。”南南被妈妈抱回家，但却总是不停哭闹，妈妈只好带她去医院做检查。

检查结果让夫妻俩完全呆住了：孩子的左耳完全失去听力，右耳只有一点听力，将来得戴助听器生活。由于失去听力，孩子的平衡感会很差，同时她的语言表达能力也将受到严重影响。南南爸爸痛不欲生，他一时冲动打出的两个巴掌竟然毁了女儿的一生，他永远也无法原谅自己，并将终生背负着对女儿的愧疚。

冲动的行为害人害己，这个事件就是一个很好的例证。

冲动是生活中的隐形地雷，我们应学会调控自己的情绪，尽量避免冲动所带来的不利后果。

生活中，大多数成功者，都是对情绪能够收放自如的人。这时，情绪已经不仅仅是一种感情的表达，更是一种重要的生存智慧。如果控制不住自己的情绪，随心所欲，就可能带来毁灭性的灾难。情绪控制得好，则可以让你化险为夷。

思路突破：冷静安详修正果

许多人因缺乏自我控制能力，不能时刻保持冷静沉着，情绪因为毫无节制而躁动不安，因为不加控制而浮沉波动，因为焦虑和怀疑而饱受摧残。

只有冷静的人才能够控制自己的情绪，才可以“修成正果”。

禅师正在打坐，这时来了一个人。他猛地推开门，又“砰”地关上门。他的心情不好，所以就踢掉鞋子走了进来。

禅师说：“等一下！你先不要进来，先去请求门和鞋子的宽恕。”

那人说：“你说些什么呀？你的话太荒唐了！我干吗要请求门和鞋子的宽恕啊？这真叫人难堪……那双鞋子是我自己的！”

禅师又说：“你出去吧，永远不要回来，你既然能对鞋子发火，为什么不能请它们宽恕你呢？你发火的时候一点也没有想到对鞋子发火是多么的愚蠢。如果你能同冲动相联系，为什么不能同爱相联系呢？关系就是关系，冲动是一种关系。当你满怀怒火地关上门时，你便与门发生了关系，你的行为是错误的，那扇门并没有对你干什么事。你先出去，否则就不要进来。”

禅师的话像一道闪电，那人开始领悟了。

于是，他先出去了。也许这是他一生中的第一次，他抚摸着那扇门，泪水夺眶而出，他抑制不住涌出的眼泪。当他向自己的鞋子鞠躬时，他的身心发生了巨大的变化。

的确，没有平和的心态，一味地冲动是无法走向成功的。冲动是指在理性不完整的状况下的心理状态和随之而来的一系列恶性行为，冲动的正面是冷静，冷静的本质又是理智，只有理智的人才能真正驾驭自己的人生。

抑郁是精神的锁链

人在不同时期，拥有不同的心态，而心态的不同，会导致不同的人生经历。大多数人都可能曾经或轻或重地陷入抑郁。抑郁是一种很复杂的情绪，是痛苦、愤怒、焦虑、悲哀、自责、羞愧、冷漠等情绪复合的结果。它是一种广泛的负面情绪，又是一种特殊的正常情绪。抑郁超过了正常界限就畸变为抑郁症，成了病态心理。由于每个人的心理素质不同，所以抑郁有时间长短、程度强弱之分。

对于抑郁的人，所有的怜悯都不能穿透那堵把他和世人隔开的墙壁。在这封闭的墙内，不仅拒绝别人哪怕是极微小的帮助，而且还用各种方式来惩罚自己。在抑郁这座牢狱里，拥有抑郁的人同时充当了双重角色：受难的囚犯和残酷的罪人。正是这种特殊的心理屏障——“隔离”，把抑郁感和通常的不愉快感区别开来。

抑郁困扰世人已经有很长一段时间了，早在两千多年前的著作中就曾有人提及抑郁症患者。

作为美国的第16任总统，林肯也经历过抑郁的困扰：“现在我成了世上最可怜的人。如果我个人的感受能平均分配到世界上每个家庭中，那么，这个世上将不会再有一张笑脸。我不知道自己能否好起来，我现在这样真是很无奈。对我来说，或者死去，或者好起来，别无他路。”

心情低落是抑郁症的主要表现。抑郁症属于心理学的范畴，却不单纯表现为心理问题，还可能诱发一些躯体上的相关症状，比如口干、便秘、恶心、憋气、出汗、性欲减退等，女性患者可能会出现闭经等症状。

抑郁症的具体症状表现有：常常不由自主地感到空虚，为一些小事感到苦闷、愁眉不展；觉得生活没有价值和意义，对周围的一切都失去兴趣，整天无精打采；非常懒散，不修边幅，随遇而安，不思进取；长时间的失眠，尤其以早醒为特征，醒后难以再次入睡；经常惴惴不安，莫名其妙地感到心慌；思维反应变得迟钝，遇事难以决断，行动也变得迟缓；敏感而多疑，总是怀疑自己有大病，虽然不断进行各种检查，但仍难排除其疑虑；经常感到头痛，记忆力下降，总是感觉自己什么也记不住；脾气古怪，常常因为他人一句不经意的话而生气，感觉周围的人都在和他作对；总是感到自卑，对自己所做的错事耿耿于怀，经常内疚自责，对未来没有自信；食欲不振，或者暴饮暴食，经常出现恶心、腹胀、腹泻或胃痛等状况，但是检查时又没有明显的症状；经常感到疲劳，精力不足，做事力不从心；变得冷酷无情，不愿意和他人交往，酷爱一个人的空间，甚至自己的父母都难以与其进行交流，害怕他人会伤害自己；对性生活失去兴趣，甚至会厌恶，觉得很恶心；常常有自杀的念头，认为自杀是一种解脱。

抑郁者的人生态度通常很消极。正是由于抑郁使人丧失了自尊与自信，总是自我责备、自我贬低，无论对环境对自我，都不能积极地对待；对环境压力总是被动地接受而不能积极地控制，更谈不上改造；对自我也总感到

难以主宰而随波逐流。于是在人生征程上没有理想与期待，只有失望与沮丧。总感到茫然无助，陷入深重的失落感而难以自拔，对一切都难以适应，只能退缩回避。我们周围常常有这类人，当生活环境发生重大变化而呈现出巨大反差时，当人生之旅中出现一些变故、遇到一些挫折时，或者仅仅是环境不如意时，便精神不振、心神不定，百无聊赖而焦躁不安，不思茶饭更无心工作，甚至不想生活，整个人跌入消极颓丧中。

思路突破：走出抑郁的监牢

抑郁是禁锢人心灵的枷锁，困扰着人们，使人不能在现实的世界中调适自我，只能渐渐退缩到自我的小天地里来逃避抑郁。

为了使我们的生活永远充满阳光，为了使我们有一个健康向上的心理，人们曾费尽心思地寻找克服抑郁的药方。

温兹洛夫指出，最有效的办法是从事可振奋情绪的活动，观看让人振奋的运动比赛、看喜剧电影、阅读让人精神振奋的书。不过值得注意的是：有些活动本身就会让人沮丧，比如，研究发现，长时间看电视通常会陷入情绪低潮。

科学家发现，有氧舞蹈是摆脱轻微抑郁或其他负面情绪的最佳方式之一。不过这也要看对象，效果最好的是平常不太运动的人。至于每天运动的人，效果最好的时期大概是他们刚开始养成运动习惯的时期。事实上，这种人的心态变化与一般人恰恰相反，不运动时心情反而容易陷入低潮。运动之所以能改变心情，是因为运动能改变与心情息息相关的生理状态。

善待自己或享受生活也是常见的抗抑郁药方，具体的方法包括泡热水澡、吃顿美食、听音乐等。送礼物给自己是女性常用的方式，大采购或只是逛逛街也很普遍。经研究发现，女性利

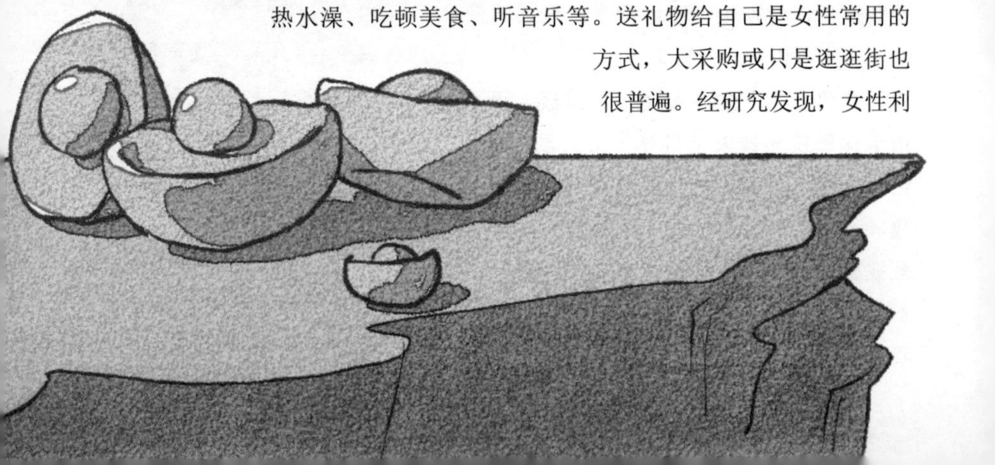

用吃东西治疗悲伤的比率是男性的3倍，男性诉诸饮酒的比率则是女性的5倍。

另一个提升心情的良方是助人，抑郁的人萎靡不振的主因是不断想到自己极不愉快的事，设身处地地同情别人的痛苦自可达到转移注意力的目的。经研究发现，担任义工是很好的方法。然而，这也是最少被采用的方法。

最后一种方式是从超凡的力量中寻求慰藉，有宗教信仰的人可借助祈祷改变任何情绪，尤其是抑郁。

浮躁断送美好前程

浮躁，乃轻浮急躁之意。轻浮急躁的人，往往什么事情也干不成。他们做事情往往既无准备，又无计划，只凭脑子一热、兴头一来就动手去干，恨不得一锹挖出一眼井、一口吃成胖子。结果必然事与愿违、欲速不达。

古时候有兄弟二人，很有孝心，每日上山砍柴卖钱为母亲治病。神仙为了帮助他们，便教他们二人，可用4月的小麦、8月的高粱、9月的稻、10月的豆、腊月的雪，放在千年泥做成的大缸内密封49天，待鸡叫三遍后取出，汁水可卖钱。兄弟二人各按神仙教的办法做了一缸。待到49天鸡叫二遍时，老大耐不住性子打开缸，一看里面是又臭又黑的水，便生气地将水洒在地上。老二坚持等到鸡叫三遍后才揭开缸盖，里边是又香又醇的酒，所以"洒"与"酒"字差了一小横。

当然，酒字的来历未必是这样的，但这个故事却说明了一个深刻的道理：成功与失败，平凡与伟大，往往没有多大的距离，就在一步之间。咬紧牙关向前迈一步就成功了；停住了，泄气了，只能是前功尽弃。这一步就是韧劲的较量，是意志力的较量。

思路突破：水温够了茶自香

很多时候，我们的内心都为外物所遮蔽、掩饰，浮躁占据了我们的整颗心，因此在人生中留下许多遗憾。在学业上，由于我们还不会倾听内心的声音，所以盲目地选择了别人为我们选定的、他们认为最有潜力与前景的专业；在事业上，我们故意不去关注内心的声音，在一哄而起的热潮中，我们也去选择那些最为众人看好的热门职业；在爱情上，我们常因外界的作用扭曲了内心的声音，因经济、地位等非爱情因素而错误地选择了伴侣……我们都是现代人，现代人惯于为自己做各种周密而细致的盘算，权衡着可能有的各种收益与损失，但是，我们唯一忽视的，便是去听一听自己内心的声音。

一个年轻人觉得在工作单位很没面子，单位领导并没有让他去重要的岗位锻炼，也没有提拔他的迹象。于是他决定外出寻求指点。他慕名来到普济寺，寻到名僧释圆，沮丧地说："人生总不如意，活着也是苟且，有什么意思呢？"

释圆静静地听着年轻人的叹息和絮叨，末了才吩咐小和尚说："施主远道而来，烧一壶温水送过来。"

不一会儿，小和尚送来了一壶温水。释圆抓了茶叶放进杯子，然后用温水沏了，放在茶几上，微笑着请年轻人喝茶。杯子冒出微微的水汽，茶叶静静浮着。年轻人不解地询问："宝刹怎么用温水沏茶？"

释圆笑而不语。年轻人喝了一口，不由得摇摇头："一点茶香都没有呢。"

释圆说："这可是闽地名茶铁观音啊。"

年轻人又端起杯子品尝，然后肯定地说："真的没有一丝茶香。"

释圆又吩咐小和尚："再去烧一壶沸水送过来。"

又过了一会儿，小和尚提着一壶冒着浓浓白气的沸水进来。释圆起身，又取过一个杯子，放茶叶，倒沸水，再放在茶几上。年轻人俯首看去，茶叶在杯子里上下沉浮，丝丝清香不绝如缕，望而生津。年轻人欲端杯，释圆作势挡开，又提起水壶注入一线沸水。茶叶翻腾得更厉害了，一缕更醇厚、更醉人的茶香袅袅升腾，在禅房里弥漫开来。释圆这样注了5次水，杯子终于满了，那绿绿的一杯茶水，端在手上清香扑鼻，入口沁人心脾。

释圆笑着问："施主可知道，同是铁观音，为什么茶味迥异？"

年轻人思忖着说："一杯用温水，一杯用沸水，冲沏的水不同。"

释圆点头："用水不同，则茶叶的沉浮就不一样。温水沏茶，茶叶轻浮水上，怎会散发清香？沸水沏茶，反复几次，茶叶沉沉浮浮，释放出四季的风韵：既有春的幽静、夏的炽热，又有秋的丰盈和冬的清冽。沏茶的水温度不够，想要沏出散发诱人香味的茶水不可能。你自己的能力不足，要想处处得力、事事顺心自然很难。要想摆脱失意，最有效的方法就是苦练内功，提高自己的能力。"

年轻人茅塞顿开，回去后刻苦学习，虚心向人求教，不久就引起了单位领导的重视。

水温够了茶自香，功夫到了自然成。历史上凡有所建树的人，往往都是不浮不躁、踏实严谨的人。任何一项成就的取得，都是与勤奋和努力分不开的，心浮气躁、急于求成根本于事无补。要想成功，必须得静下心来，认认真真地干。只要我们功夫做到家，自然能取得令人满意的结果。

摆脱焦虑的绳索

在如今这个快节奏的社会里，升学就业、职位升降、事业发展、恋爱婚姻、名誉地位，种种事情使人们承受着巨大的心理压力。由此产生焦虑情绪，造成心神不宁、焦躁不安，严重影响人们的工作和生活。产生焦虑的原因有时候匪夷所思、出人意料。

1. 守规焦虑

遵纪守法、照章办事，理所当然，又有什么好焦虑的呢？但是在某些“老实人吃亏”的场合，守规焦虑就在所难免。

我们不妨先看两个例子：一是“人行道焦虑”——过马路走人行道，应该是无忧无虑的吧？但当很多人都不走人行道，一窝蜂跨栏杆而过时，你甘心多绕些路去走人行道吗？当奔驰的车辆对人行道上的行人并不礼让，朝你直冲过来时，你敢走人行道吗？二是“排队焦虑”——当你老老实实地排着长队，等着购物、购票、分房子、评职称时，有人却在前面夹塞、在后门另排小队，也许你等上大半天甚至大半辈子都在候补之列，也许轮到你的时候什么都没有了，你心里紧张不紧张？

2. 付账焦虑

在中国，当几个熟人一起坐车、聚餐时，大家抢着购票、付账是司空见惯的景观。但是，这种争先恐后恐怕有真有假，有些场合是出于真情实意，心甘情愿地要为他人付账；有些场合则多少有点虚情假意，只是不得不做做样子。虽说AA制现在在青年中已流行开来，但一般人还是不习惯这种“分得太清”的方式，觉得既然是“熟人”，就不能太“生分”，为了表示热情主动、不分彼此，就该抢先付账，否则显得不够交情，甚至有爱占别人便宜之嫌。但如果“抢付”成功，内心又不免有点担忧：这份人情，别人会及时还吗？因此，抢付时不免“进亦忧，退亦忧”，心里面紧张一番。

3. 催账焦虑

如果请你想象一下催账人、讨债人的形象，在你的脑海中绝不会浮现出一个和蔼可亲的面目，而极有可能联想到《白毛女》一类的电影中地主逼租的镜头。其实，向人讨账并非“黄世仁”“南霸天”的专利，你自己在日常生活中恐怕也难免遇到需要向人催账的事情，但是“催账焦虑”也许最终使你没能开口。

4. 点钱焦虑

有些人一碰到钱，就显得很马虎大意，从别人手中接钱时（如领工资、取买东西找回的余款），尤其是从熟人、好友手中接钱时往往看都不看，一把塞进口袋里。待回家查点对不上数，便只好自认倒霉或者闹出不小的矛盾。其实，在这种“马虎”的背后，有一种“点钱焦虑”在作怪：不点不放心，点又显得太多心。当面一五一十地核点，似乎太不信任对方，两人都不免有点难堪，朋友之间说不定还会因此影响交情；不当面点清，一旦有差错，事后再查就说不清、道不明了。点也不是，不点也不是，自然免不了一番焦虑。

5. 诚信焦虑

中国民间流传的告诫人们如何为人处世的人生格言非常多，但在它们中间又有不少相互矛盾的说法。例如，一方面提倡“以诚待人”“以心换心”，另一方面又鼓吹“防人之心不可无”“逢人只说三分话，未可全抛一片心”。如果人们同时接受了这两种截然相反的格言，在实际生活中就难免产生“诚信焦虑”——不信任别人，不以诚相待，就会感到一种道德压力，反之，又担心被人利用。

形形色色的焦虑充斥着人们的生活，不胜枚举，它们像细菌一样侵蚀人们的灵魂和机体，妨碍人们的正常生活，影响人们的身心健康。所以，走向生活，应该从拒绝焦虑开始。

思路突破：超越焦虑，把握人生

古时候，残忍的将军要折磨俘虏时，常常把俘虏的手脚绑起来，放在一个不停往下滴水的袋子下面，水滴着……滴着……夜以继日，最后，这些不停滴落在头上的水，变成好像是用槌子敲击的声音，使俘虏精神失常。这种折磨人的方法，以前西班牙宗教法庭和希特勒手下的纳粹集中营都曾经使用过。

焦虑就像不停往下滴的水，而那不停地往下滴的焦虑，通常会使人神志失常，使人生变得灰暗。

战胜焦虑的方法之一是客观冷静地分析评估你所处的境遇，确定和估计一下可能发生的最糟糕的结果是什么。通过分析，你会发现最坏的结果并没有糟到山崩地裂、地球爆炸的程度，而如果坏事一旦真的发生，你也可以承受它。

有意思的是，我们预先担忧的事通常不会发生。就算不幸真的发生了，也往往没有预计中的可怕，损失也并不那么惨重。

其实大灾大祸在你身上发生的概率微乎其微，人们总是习惯花很多时间和精力去担忧也许永远也不会发生的事，其实这真是杞人忧天，完全没有必要的。如果你能冷静接受你所遭遇的每一件事，你就没有必要去焦虑。

恐惧是心灵的鬼魅

恐惧是一种带有强迫性质的，不以人自身的意志和愿望为转移的情绪。它是人生命情感中难解的症结之一。

面对自然界和人类社会，生命的进程从来都不是一帆风顺、平安无事的，总会遭到各种各样意想不到的挫折、失败和痛苦。当一个人预料将会有某种不良后果产生或受到威胁时，就会产生这种不愉快情绪，并为此紧张不安、忧虑、烦恼、担心、恐惧，程度从轻微的忧虑一直到惊慌失措。

现实生活中每个人都可能经历某种困难或危险的处境，体验不同程度的焦虑。恐惧作为一种生命情感的痛苦体验，是一种心理折磨。人们往往并不为已经到来的，或正在经历的事感到惧怕，而是对未知的结果产生恐慌，人们害怕无助、害怕排斥、害怕孤独、害怕伤害、害怕死亡的突然降临，同时人们也害怕丢官、害怕失职、害怕失恋、害怕丧亲、害怕声誉的瞬息失落。

马克·富莱顿说：“人的内心隐藏任何一点恐惧，都会使他受魔鬼的利用。”爱因斯坦说：“人只有献身社会，才能找出那实际上是短暂而有风险的生命的意义。”

循着哲人们的脚步，聆听他们智慧的声音，我们还有什么可以恐惧的呢？

思路突破：破解恐惧的密码

恐惧是大脑的一种非正常状态，它是由于人本身的经历的扭曲或伤害引起的。它产生的原因已经为大部分人所遗忘。我们不希望承认自己恐惧，这种恐惧感被我们沉埋在心底，犹如一个毒瘤。

亚里士多德说得很明确："我们不恐惧那些我们相信不会降临在我们头上的东西，也不害怕那些我们相信不会给我们招致那些事的人，在我们觉得他们还不会危害我们的时候，是不会害怕的。因此，恐惧的意义是：恐惧是由那些相信某事物已降临到他们身上的人感觉到的，恐惧是因特殊的人，以特殊的方式，并在特殊的时间条件下产生的。"显然，恐惧产生于惧怕，但惧怕的形成源于无知，源于对已经历或未经历的事的不认识。

无论作为个人还是作为社会，恐惧都是我们要面对的最大的挑战之一。恐惧既让我们无法充分地展示自我，同时又阻碍着我们爱自己和爱他人。没来由的、荒谬可笑的恐惧会把我们囚禁于无形的监牢里。然而，恐惧有时也可以为我们所用。某些恐惧对于自我的保护乃是必要的。对危险的本能的直觉可以提高我们的警惕，帮助我们调动一切手段来使我们免受伤害。

在危险的环境中，倘若我们丧失了警惕，我们就可能闯进"连天使也害怕涉足的境地"。

很多时候，恐惧其实并不能伤害我们。在忐忑不安的心绪的支配下，一种自然而然的焦虑就会在我们的心中积聚起来，转化为恐惧和惊慌失措。在这种情况下，我们就不能充分地享受生活了。因此要战胜内心的恐惧，我们所要做的就是从内心上正视自己的恐惧，认清它的荒唐无稽之处，然后，毫不犹豫地甩掉它，轻轻松松、潇潇洒洒地生活。

孤独营造心灵的沼泽

孤独是既不爱人也不被人爱的一种失重状态，是处于不关心他人也不被他人关心的人生夹壁，因此摆脱孤独的唯一方式在人而不在物，即以爱人之心冰释不被人爱的人生尴尬。

纽约心理学研究所所长亨利曾说："据我所知，现代心理学最重要的发现，就是在了解自己与追求自我幸福上，必须训练自己及牺牲自己，这是经过科学验证的发现。"一切指示解脱孤独的途径，若不是意在打破人与人之间的障壁，都无异于魔鬼设下的圈套和陷阱。聊天是解除孤独最易行也最廉价的方式。

有的人会把孤独与空寂相等同，事实上，孤独与空寂这两件事有极大的不同。孤独是一种完全与外界切断，没有明显理由而突然非常害怕的感觉。如果你的心中感觉什么都无法依赖，没有任何一种方法能解除你这种自我封闭式的空虚，你就明白什么叫恐惧了，这就是孤独。但是空寂完全不同，那是一种解脱的境界，当你经历过孤独，并且明白孤独是什么以后，空寂就来到了。那是一种在心理上不再依赖任何人的境界，因为你已经不再追求娱乐、舒适及满足。只有在这个时刻，你的心才是完全独立的，也只有这种心智才具有创造力。

当孤独的痛苦笼罩你的时候，你就要面对它、看着它，不要产生任何想逃走的意念。如果你逃走了，你就永远也不会了解它，它就永远躲在一角伺机而动。反之，如果你能了解孤独并且超越它，你就会发现根本不需要逃避它，于是也就不再有那种追求满足和娱乐的冲动了，因为你的心已经认识了一种不会腐败、也无法毁灭的圆满。

思路突破：用孤独沉淀心灵

在漫漫的人生长路中，孤独常常不请自来地出现在我们面前。在广阔的田野上，在“行人欲断魂”的街头，在幽静的校园里，在深夜黑暗的房间中，你都能隐约感受到孤独的灵魂。

保留一点孤独则可以使你“远看”事物，即“从事物远离”，对事物“做远景的透视”，只有这样才能达到万物合一、生命永恒的境界。在这种境界中，你“可以倾诉一切”，“可以诚实坦率地向万物说

话”，“人们彼此开诚布公，开门见山”。这也是一种艺术审美的境界，它能“使事物美丽，诱人，令人渴慕”，使人成为自己的主人，使人生获得意义和价值。

空虚，生命难以承受之轻

空虚是一种无奈，是没有依靠，找不到人生的支撑点，是一种漂浮不定的状态。空虚的前提是闲，倘若生活充实、目标明确，则不太容易空虚。

人生若无寄托，则必陷入空虚。袁宏道在写给李子髯的信中说：“人情必有所寄，然后能乐；故有以弈为寄，有以色为寄，有以技为寄，有以文为寄。古之达人，高人一层，只是他情有所寄，不肯浮泛虚度光景。每见无寄之人，终日忙忙，如有所失，无事而忧，对景不乐，即自家亦不知是何缘故，这便是一座活地狱，更别说什么铁床铜柱刀山剑树也！”

总而言之，生活就是这样，空虚生寂寞，寂寞生无聊，无聊生是非，它们合伙让人生窒息。

思路突破：让阳光充满心房

生活中经常会听到一些人长吁短叹：虽然工作、学习都很紧张，但依然感到生活空虚无聊，内心十分寂寞。当社会价值多元化导致人们无所适从时，就容易产生这种空虚感。我们要做的是充实自己的内心。

第一，调整我们当前的目标，检查一下自己的目标是否现实，遇到何种阻碍。

空虚心态往往是在两种情况下出现的，一是胸无大志，二是目标不切实际，使自己因难以实现目标而失去动力。因此，摆脱空虚必须根据自己的实际情况，及时调整生活目标，从而调动自己的潜力，充实生活内容。

第二，找朋友聊天或寻求社会帮助。

当一个人失意或徘徊时，特别需要有人给予力量和支持，予以同情和理解。和朋友适当地聊天、沟通，及时发现空虚的原因，化解空虚和寂寞。

第三，博览群书。

读书是填补空虚的良方，读书能使人找到解决问题的钥匙，使人从寂寞与空虚中解脱出来。读书越多，知识越丰富，生活也就越充实。

第四，全心投入工作。

劳动是摆脱空虚的极好措施。当一个人集中精神、全身心投入工作时，就会忘却空虚带来的痛苦与烦恼，并从工作中看到自身的社会价值，使人生充满希望。

第五，目标转移。

当某一种目标受到阻碍难以实现时，不妨进行目标转移，比如从学习或工作以外培养自己的业余爱好（绘画、书法、打球等），使心情平静下来。当一个人有了新的乐趣之后，就会产生新的追求；有了新的追求，就会逐渐完成生活内容的调整，并从空虚状态中解脱出来，迎接丰富多彩的新生活。

撩开羞怯的面纱

有位名人说过：“害羞是人类最纯真的感情现象。”通常情况下，是人就知道害羞。这种内心不安、惶恐的表现是人成长过程中正常的焦虑现象，但如果这种焦虑持久而严重地干扰了人的正常生活，则成为一种心理病态——社交焦虑症。

美国国家卫生研究院发展心理学家阿曼达·盖耶领导下的研究者、儿童精神病学家莫妮克·厄恩斯特说：“迄今为止，人们认为羞涩往往会导致人避开社交场景，我们的研究是让大家知道，在羞涩的人的大脑中，与犒赏系统有关的区域的活动更加强烈。”

在美国有40%的成年人有羞怯表情，在日本60%的人为自己害羞，在我们国家则几乎所有的人都有羞怯的时候，连宋代大诗人苏轼也曾有过“归来羞涩对妻子”的尴尬场面。心理学家认为，羞怯心理并不都是消极的，适度的羞怯心理是维护人们自尊的重要条件。女性适度的羞怯，可以使之更显得温柔和富有魅力。一个害羞的女大学生对潇洒的男子来说其吸引力可超过一个漂亮的交际花。

当然，这里讲的是“适度”，如过于羞怯，那就成了心理障碍，会给自己的交际和生活带来许多不必要的障碍和苦恼。

思路突破：8 种技巧让你远离羞怯

从心理学的角度看，羞怯起因于许多事情，但无论是先天的羞怯还是后天的，都可以通过一些行为技巧去克服。

（1）做一些克服羞怯的运动。例如：将两脚平稳地站立，然后轻轻地把脚跟提起，坚持几秒钟后放下，每次反复做30下，每天这样做两三次，可以消除心神不定的感觉。

（2）害羞使人呼吸急促，因此，要强迫自己做数次深长而有节奏的呼吸，这可以使一个人的紧张心情得以缓解，为建立自信心打下基础。

（3）改变你的身体语言。最简单的改变方法就是SOFTEN——柔和身体语言，它往往能收到立竿见影的效果。所谓“SOFTEN”，S代表微笑；O代表开放的姿势，即腿和手臂不

要紧抱；F表示身体稍向前倾；T表示身体友好地与别人接触，如握手等；E表示眼睛和别人正面对视；N表示点头，显示你在倾听并理解它。

（4）主动把你的不安告诉别人。诉说是一种释放，能让当事人心理上舒服一些，如果同时能获得他人的劝慰和帮助，当事人的信心和勇气也会随之大增。

（5）循序渐进，一步步改变。专家告诉我们，克服害羞是一项工程，也是一场我们一定能够打赢的战斗，每一个胜利都是真实可见的，只要我们去做。

（6）学会调侃。首先得培养乐观、开朗、合群的性格，注重语言技术训练和口头表达能力，还要去关注社会、洞察人生，做生活的有心人。“调侃”对于害羞的人而言，是一味效果很不错的药剂。服了它，你的一句话，可能就会让生活充满情趣，让你自己也充满自信。

（7）讲究谈话的技巧。在连续讲话中不要担忧中间会有停顿，因为停顿一会儿是谈话中的正常现象。

在谈话中，当你感觉脸红时，不要试图用某种动作掩饰它，这样反而会使你的脸更红，进一步增加你的羞怯心理。想到羞怯并不等于失败，这只是由于精神紧张，并非是你不能应付社交活动。

（8）学会克制自己的忧虑情绪，凡事尽可能往好的方面想，多看积极的一面。

羞怯是人际交往的一道障碍，让我们从羞怯中走出来吧，抛开羞怯心理，我们将能更好地享受集体生活的欢娱。

死要面子活受罪

70多年前，林语堂先生在《吾国与吾民》一书中认为，统治中国的三女神是“面子、命运和恩典”。“讲面子”是中国社会普遍存在的一种民族心理，面子观念的驱动，反映了中国人尊重与自尊的情感和需要，但过分地爱面子就会形成一种离志的心理，如果任其演化下去，终将得不偿失。

有一个博士毕业后分到一家研究所，成为该单位学历最高的人。

有一天他到单位后面的小池塘去钓鱼，正好正副所长在他的一左一右，也在钓鱼。他只是微微点了点头，这两个本科生，有啥好聊的呢？

不一会儿，正所长放下钓竿，伸伸懒腰，蹭蹭蹭从水面上如飞地走到对面上厕所。博士眼睛瞪得都快掉下来了。水上漂？不会吧？这可是一个池塘啊。

正所长上完厕所回来的时候，同样也是蹭蹭蹭地从水上漂回来了。怎么回事？博士生又不好去问，自己是博士生哪！

过了一阵，副所长也站起来，走几步，蹭蹭蹭地飘过水面上厕所。这下子博士更是差点昏倒：不会吧，到了一个江湖高手集中的地方？

博士生也内急了。这个池塘两边有围墙，要到对面厕所非得绕10分钟的路，而回单位上又太远，怎么办？

博士生也不愿意问两位所长，憋了半天后，也起身往水里跨：“我就不信本科生能过的水面，我博士生不能过。”

只听“咚”的一声，博士生栽进了水里。

两位所长将他拉了出来，问他为什么要下水，他问：“为什么你们可以走过去呢？”

两所长相视一笑：“这池塘里有两排木桩子，由于这两天下雨涨水正好在水面下。我们都知道这木桩的位置，所以可以踩着桩子过去。你怎么不问一声呢？”

上面的这个例子再经典不过了，一个人过于爱惜面子，难免会流于迂腐。“面子”是“金玉其外，败絮其中”的虚浮表现，刻意地张扬面子，或让“面子”成为横亘在生活之路上的障碍，终有一天会吃到苦头。因此，无论是人际方面还是在事业上，我们都不要因为小小的面子，为自己的生活带来不必要的麻烦和隐患。

思路突破：丢掉面子的羁绊

“面子观”是一种死守面子、唯面子为尊的价值观念和行事思想，对我们行事做人有很大的束缚。因此，我们没必要为了面子而勉强使自己显得处处比别人强。每个人都有缺陷，不要试图每一方面都在人上。聪明的人，敢于承认不如人，也敢于对自己不会做的事说不，所以他们自然能赢得一份适意的人生。

一位作家的寓所附近有一个卖油面的小摊子。一次，这位作家带孩子散步路过，看到生意极好，所有的椅子都坐满了人。

作家和孩子驻足围观，只见卖面的小贩把油面放进烫面用的竹捞子里，一把塞一个，仅在刹那之间就塞了十几把，然后他把叠成长串的竹捞子放进锅里。接着他又以极快的速度，熟练地将十几个碗一字排开，放作料、盐、味精等，随后他捞面、加汤，做好十几碗面的时间竟不到5分钟，而且还边煮边与顾客聊着天。

作家和孩子都看呆了。当他们从面摊离开的时候，孩子突然抬起头来说：“爸爸，我猜如果你和卖面的比赛卖面，你一定输！”对于孩子突如其来的话，作家莞尔一笑，并且立即坦然承认，自己一定会输给卖面的人。作家说：“不只会输，而且会输得很惨。在这世界上我是会输给很多人的。”

“尺有所短，寸有所长”，一个人若刻意追求“面面俱到”，以使自己在人前人后占尽风光，其结果只能是徒耗精力，事与愿违。因此，故事中的父亲坦然承认自己的技不如人之处，并将这种豁达大度的生活态度教给自己的孩子，使他能在今后的生活中坦然面对自己的弱势，不因虚荣而盲目与人、与自己较劲，这不能不说是明智之举。

我们常常以不屈不挠的精神坚持自己的强势，在一小方领域里死不认输，最后却输掉了整个人生。所以，正确剖析自己，敢于承认技不如人，放下不值钱的面子，走出面子围城，这不是软弱，而是人生的智慧。

自负阻碍成功

许多人总是把自负当成是激励自己继续努力和赖以为生的精神动力，事实上，自负是一种精神与心灵上的盲目。

综观历史，一些成功人士的失败，无不源于在成就面前的忘乎所以、我行我素、目空一切。

被人称为“美国之父”的富兰克林，少年得志、豪情满怀、意气风发。他的表现、风度自然也是挺胸阔步、昂首视人。

一位爱护他的老前辈意识到，一位有成就的普通人如此表现无可厚非，但作为国家领导人，这样很危险。于是他将富兰克林约出来，地点选在一所低矮的茅屋。富兰克林习惯于昂首阔步、大步流星，于是一进门只听“嘭”的一声，他的额头顿时起了一个大包，痛得连声叫喊。

迎出来的老前辈说：“很疼吧！对于习惯仰头走路的人来说，这是难免的。”富兰克林终于有所领悟。

俗话说：“满招损，谦受益。”骄傲自大的人，常因“鼻孔朝天”而四处碰壁，而谦虚的人却能时刻保持谨慎诚恳的姿态，踏踏实实地走稳人生之路。

“满”不是自我张扬，“谦”也不是自我压抑，最关键的是站在成功面前，以一颗平和的心面对未来，只有这样，才能把自己的成就保持长久。世人皆知的爱迪生的晚年经历也许能给我们一些启发。

当初那个锐意进取的爱迪生，到了晚年曾说过一句令人们目瞪口呆的话：“你们以后不要再向我提出任何建议。因为你们的想法，我早就想过了！”于是悲剧开始了。

1882年，在白炽灯彻底获得市场认可后，爱迪生的电气公司开始建立电力网，由此开始了“电力时代”。当时，爱迪生的公司是靠直流电输电的。不久，交流电技术开始崭露头角，但受限于数学知识（交流电需要较多数学知识）的不足，更受限于孤芳自赏的心态，爱迪生始终不承认交流电的价值。凭借自己的威望，爱迪生到处演讲，不遗余力地攻击交流电，甚至公开嘲笑交流电唯一的用途就是做电椅杀人！发展交流电技术的威斯汀豪斯公司，一度被爱迪生压得抬不起头来。

但一朝不等于一世，后来那些崇拜、迷信爱迪生的人在铁的事实面前惊讶地发现：交流电其实比直流电要强得多！

爱迪生辉煌的人生在接近尾声时栽了一个致命的大跟头，而且再也没能爬起来，成了他一生挥之不去的败笔。

是什么使爱迪生前后判若两人？是什么毁了一个功成名就的伟人？在逆境中，爱迪生保持了惊人的毅力与良好的心态；在顺境中，他却像历史上很多伟人一样，沉浸在自己的成就中，变得狂妄、轻率而固执。从那一刻起，他前半生积累的一切成就全部变成了负数，阻碍了社会进步，也毁了自己的一世英名。

不要相信能人会永远英明，即便连伟大的爱迪生，到晚年都保不住自己的“品牌”。古今中外的很多伟人都难逃“成功——自信——自负——狂妄——轻率——惨败”的怪圈。真正聪明的人，总是在为事业奠定了物质和制度基础后，平视自己的成就，平视周围的人，而不是仰视成就、俯视周围的人和事，只有这样的人才可能事业常青。

思路突破：谦虚让人终身受益

有人问苏格拉底是不是生来就是超人，他回答说：“我并不是什么超人，我和平常人一样。有一点不同的是，我知道自己无知。”这就是一种谦卑。无怪乎，古罗马政治家和哲学家西塞罗会说：“没有什么能比谦虚和容忍更适合一位伟人。”

一颗谦逊的心是自觉成长的开始，就是说，在我们承认自己并不知道一切之前，不会学到新东西。许多年轻人都有这种通病，他们只学到了一点点，却自以为已经学到一切。他们的心关闭起来，再没有东西进得去，他们自以为是万事通，而这恰恰是他们所犯的最严重的错误。

达·芬奇曾经说过：“浅薄的知识使人骄傲，丰富的知识则使人谦逊，所以空心的禾穗高傲地举头向天，而充实的禾穗则低头向着大地，向着它们的母亲。”

谦逊不仅是一种美德，更是通往进步之门的钥匙。没有谦逊，我们就会太过自满；没有谦逊，我们就不会睁大两眼满怀好奇地去探索新的领域。如果我们不能保持谦逊的态度，我们或许就不愿承认错误，也就找不出解决问题的方法。谦逊，是我们对人类文明的未来以及我们在其中所处的地位表示关注的应有心态，也是那些对世间一切事物不肯放任自流，希冀以奋斗不息的努力实现在地球上建成人间乐土的人们应有的心态。

自闭是一种自我囚禁

每个人活在世上都有追求，并且希望达到完善，这本是一种天性。但人性的历程始终是得失相随，难有十全十美的时候，因而每个人也都应该有一定的心理承受能力才行。特别是当人们遇到挫折或打击后，应积极努力地将紧张或焦虑心态转移或发泄出来，防止其持续作用而损害健康。如果人们面对挫折和打击，将自己“封闭”起来，甚至消极悲观，独居一隅，这样发展下去，就会构成现代生活易引发的“自闭”心理状态。

暂时的自闭孤独有时也是一种休息、放松及宣泄。但是这种自闭只能是暂时的，如果长时间陷入其中，必然会导致心灵的失衡，形成易走极端的倾向。而且，长期的封闭会阻隔个人与社会的正常交往。处在封闭环境之中的人，感觉不到封闭，就必然导致精神的萎靡，思维的僵滞，它使人认知狭窄，情感淡漠，人格扭曲，最终可能导致人格异常与变态。

在一家生物公司工作的小张和一名同事一起参加了优秀员工的角逐，但结果是他落选了，他的同事被选上了。小张很不服气地说：“论能力、论口才，我哪一点比他差？可他选上了，我却落榜了，不就是那个副经理是他老乡吗，有什么了不起。”于是，以后的其他活动他也“不屑”参加。

不得不承认，工作里好多事情也是少不了人情的，有些事情也是依靠人情才能解决的。既然现实已经如此，你就不得不接纳，去坦然面对。像小张这样的人一遇到挫折就怨天尤人、一蹶不振，很容易走向自闭。

在社会里，经历小张这般遭遇的为数不少。起初，他们都是抱着一腔热忱，想在工作中大展身手，但现实却令他们失望，受了点挫折便自暴自弃了，甚至“心如死灰”，似乎“看破了红尘”“世人皆醉我独醒”……这些人大多数在上学期间活泼开朗，只是到了工作时才“连连受挫”，因此也无意于“争名夺利”了，也不再“出头露面”了，逐渐变得内向、自闭起来。

自我封闭的心理具有一定的普遍性，各个历史时期、不同年龄层次的人都可能出现，其症状特点有：不愿意与人沟通、害怕和人交流、讨厌与人交谈，逃避社会，远离生活，精神压抑，对周围环境敏感。由于他们自我封闭，所以常常忍受着难以名状的孤独寂寞。然而，如果一个人总是将自己封闭在一个狭窄的圈子内，对自己、对社会都没有好处，因此我们一定要走出自闭的心理怪圈。

思路突破：走出自闭，沐浴群体阳光

可以说自从世界上出现人类以来，相互交往就一直存在，即使是病人，聚在一起也比独处要轻松。尤其是现代社会，与世隔绝、独处一室是非常不切实际的做法，人际关系就像是心灵的一脉清泉，在你迷茫失意时给你以滋润，在你孤单寂寞时给你以慰藉。人际关系又像是一盏灯，在人生的山穷水尽处，指引给你柳暗花明的又一村繁华。许多杰出的人士，之所以被能力不如自己的人击垮，就是因为不善与人沟通，不注意与人交流，被一些非能力因素打败。在中国这样一个看重人情世故的国家，不能融入人群无异于自毁前程，把自己逼入死胡同。

而懂得人情的聪明人，平时就很讲究感情投资，讲究人缘，其社会形象是常人不可比的，遇到困难很容易得到别人的支持和帮助。因此，这样的聪明者其交友能力都较一般人占有明显的优势。

总而言之，人是高级的感情动物，注定要在群体中生活，而组成群体的人又处在各种不同的阶层，适当时进行感情投资，有利于在社会上建立一个好人缘。只有人缘好，才能有一个好的形象，你的人际交往才能如鱼得水，你的生活才能更加顺利和美满。

依赖令你远离进步

世上有一种人，存在极强的依赖心理，总是依靠拐杖走路，尤其是依靠别人的拐杖走路。

有些人经常持有的一个最大谬见，就是以为他们永远会从别人不断的帮助中获益。力量是每一个志存高远者的目标，而事事依靠他人只会导致失败。

美国总统约翰·肯尼迪的父亲从小就注意对儿子独立的性格和精神状态的培养。有一次他赶着马车带儿子出去游玩，在一个拐弯处，因为马车速度很快，猛地把小肯尼迪甩了出去。当马车停住时，儿子以为父亲会下来把他扶起来，但父亲却坐在车上悠闲地掏出烟抽起来。

儿子叫道："爸爸，快来扶我。"

"你摔疼了吗？"

"是的，我感觉自己已站不起来了。"儿子带着哭腔说。

"那也要坚持站起来，重新爬上马车。"

儿子挣扎着自己站了起来，摇摇晃晃地走近马车，艰难地爬了上来。

父亲挥动着鞭子问："你知道为什么让你这么做吗？"

儿子摇了摇头。

父亲接着说："人生就是这样，跌倒、爬起来、奔跑，再跌倒、再爬起来、再奔跑。在任何时候都要全靠自己，没人会去扶你的。"

新生命的诞生是从剪断脐带开始的，人类注定只有靠

自己才能获得自由。生活中最大的危险，就是依赖他人来保障自己。如果一个人依赖他人，将永远也坚强不起来，永远也不会有独创力。要么独立自主，要么埋葬雄心壮志，一辈子老老实实做个普通人。因此，一个人要变得更强更有力量，就必须甩掉依赖的拐杖。

思路突破：走出依赖的围墙

雨果曾经写道：“我宁愿靠自己的力量打开我的前途，而不愿求有力者的垂青。”只要一个人是活着的，他的前途就永远取决于自己，成功与失败，都只系于自己身上。而依赖作为对生命的一种束缚，是一种寄生状态。

真实人生的风风雨雨，只有靠自己去体会、去感受，任何人都不能为你提供永远的荫庇。你应该掌握前进的方向，把握目标，让目标似灯塔般在高远处闪光；你应该独立思考，有自己的主见，懂得自己解决问题；你的品格、你的作为，你所有的一切都是你自己行为的产物，并不能靠其他什么东西来改变。

人只有依靠自己，才能配得上最高贵的东西。

不做盲从的呆瓜

跟风、随大流是人类的“通病”和习惯，是思维懒汉的“专利”，是我们内心中难以觉察到的消极幽灵。许多人总认为多数人这样做了就一定有道理，自己何必多加考虑，随大流就是了。甚至，有时从众的习惯明显存在严重缺陷，可人们仍不愿批评它，依然盲目跟随，从而导致无谓的悲哀和失败。盲从是一种被动的寻求平衡的适应，是在虚荣之风裹挟下的随大流。它源于从众，出于无奈，又有不得已而为之的意味。

每年高考报志愿时，大家都会看到这样的场面：莘莘学子拿着报考志愿表，在选择填报哪个学校与专业时却表现得束手无策。大家纷纷想寻找“热门”专业，同时对自己能否考上也心存怀疑，所以难免会发出询问：“老师，他们都填报了计算机系，你看我是不是这块料？”

在犹豫和怀疑之后，许多优秀学生最终都选择了大家趋之若鹜的“热门专业”。然而，到大学临近毕业时，他们才发现这些“热门行业”其实并不好就业。

这种现象，是在职业选择上的典型的从众心理。此类错误普遍存在，说明很多人并没有意识到社会需求的一条客观规律：物以稀为贵。

一旦千军万马都去挤一座独木桥，那么就会使桥坍塌的可能性大大增加。相反的，如果你能独具慧眼，另辟蹊径，见人之所未见，则往往更能适合社会的需要，也就更容易在社会上生存并取得成功。

生活中，很多人都有跟风、从众的心理特点和行为取向。

没有自我的生活是苦不堪言的，没有自我的人生是索然无味的，丧失自我是悲哀的。要想拥有美好的生活，必须自强自立，拥有良好的生存能力。没有生存能力又缺乏自信的人，肯定没有自我。一个人若失去自我，只是一味盲从，就会丧失做人的尊严，自然也就与成功无缘了。

思路突破：用自己的大脑支配自己的行动

前几年的流行事物中最令人惊讶的是人们对于山地自行车的青睐。该车型适宜爬山坡和崎岖不平的路面，对于平坦的都市马路毫无用处。山地车骨架异常坚实沉重，车把僵硬别扭，转向笨拙迟缓，根本无法对都市复杂的交通做出灵巧的应变。一天折腾下来，腰酸背痛，加上尖锐刺耳的刹车声，真是一个中看不中用的东西。放着好端端的轻便车或跑车不骑，却要弄上一辆如此蠢拙之物，好像一个人丢下良马，偏要骑笨牛一样。时髦先生们头戴耳机，腰挎“随身听”，脚踩山地车，一身牛仔服，表面上自我感觉良好得一塌糊涂，然而，这份潇洒的背后，却有许多无奈。

若把时髦比喻成一座令人心旌摇荡的山峰，山地车的功能便昭然若揭了。追赶时尚，大约就像骑那山地车一样，即便累个半死，也是心甘情愿。究其根源：“为什么这样？”必答曰：“别人都这样！”

盲从的人误以为：“看我多机灵，不落后于他人，别人刚这么做，我就也这么做了。”盲从的人失去了原则，往往给自己带来损失或伤害。而要想在生活中、事业上有所成就，就必须摆脱盲从众人的不良习惯，善于用自己的头脑思考问题，做出正确的人生选择。

PART 04
态度决定行动，行动决定命运

其实失败与成功决定于人们对待事情的态度，只有用积极的态度去面对人生，并将正确的态度付诸行动，才能取得最大的成功。而在行动的过程中，你行动的力度决定了你的速度，也决定了你和成功的距离。只有加大行动的力度，你才能提高成功的速度，才能比别人占得先机，抢先一步成功。

任何时候都绝不放弃希望

生活中，有些人一遇到挫折就灰心丧气、意志消沉，甚至用死来躲避厄运的打击。这是软弱者的表现，生比死更需要勇气，死只需要一时的勇气，生则需要一世的勇气。每个人的一生中都可能有消沉的时候，居里夫人曾两次想过自杀，奥斯特洛夫斯基也曾用手枪对准过自己的脑袋，但他们最终都以顽强的意志面对生活，并获得了巨大的成功。可见，一时的消沉并不可怕，可怕的是在消沉中不能自拔。要是我们能在任何时候都心存希望，无疑生活最终会为我们开启另一扇门。

如果一个人在46岁的时候，因意外事故被烧得不成人形，4年后又在一次坠机事故中腰部以下全部瘫痪，他会怎么办？再后来，你能想象他变成了百万富翁、受人爱戴的公共演说家、洋洋得意的新郎官及成功的企业家吗？你能想象他去泛舟、玩跳伞，还在政坛占得一席之地吗？

米契尔做到了这些。在经历了两次可怕的意外事故后，他的脸因植皮而变成一块“彩色板”，手指没有了，双腿那样细小，无法行动，只能瘫坐在轮椅上。意外事故把他身上65%以上的皮肤都烧坏了，为此他动了16次手术。手术后，他无法拿起叉子，无法拨电话，也无法一个人上厕所。但以前曾是海军陆战队员的米契尔从不认为他被打败了，他说：“我完全可以掌握我自己的人生之船，我可以选择把目前的状况看成倒退或是一个新起点。”6个月之后，他又能开飞机了！

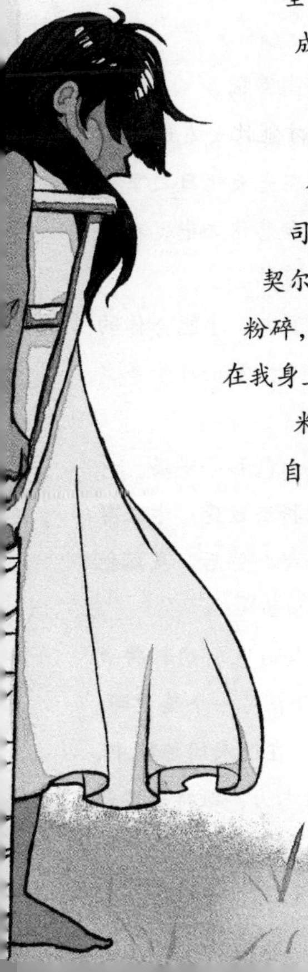

米契尔为自己在科罗拉多州买了一幢维多利亚式的房子，另外也买了一架飞机及一家酒吧。后来他和两个朋友合资开了一家公司，专门生产以木材为燃料的炉子，这家公司后来变成佛蒙特州第二大私人公司。意外发生后4年，米契尔所开的飞机在起飞时又摔回跑道，把他的12块脊椎骨摔得粉碎，腰部以下永久性瘫痪！“我不解的是为何这些事老是发生在我身上，我到底是造了什么孽，要遭到这样的报应？”

米契尔仍不屈不挠，日夜努力使自己能达到最大限度的独立自主。他被选为科罗拉多州孤峰顶镇的镇长，负责保护小镇的环境，使之不因矿产的开采而遭受破坏。米契尔后来也竞选国会议员，他用一句“不只是另一张小白脸”的口号，将自己难看的脸转化成一项有利的资产。

尽管面貌骇人、行动不便，米契尔却坠入爱河，并完成终身大事，同时拿到了公共行政硕士学位，并持续他的飞行活动、环保运动及公共演说。

米契尔说："我瘫痪之前可以做1万件事，现在我只能做9000件，我可以把注意力放在我无法再做好的1000件事上，或是把目光放在我还能做的9000件事上。告诉大家，我的人生曾遭受过两次重大的挫折，如果我能选择不把挫折当成放弃努力的借口，那么，或许你们可以用一个新的角度来看待一些一直使你们裹足不前的经历。你可以退一步，想开一点，然后你就有机会说：'或许那也没什么大不了的！'"

生活中，一些人被挫折击败的主要原因之一就是他们自认为可以被打败。而克服困难的一个最大的诀窍，就是永远不放弃希望，要相信自己可以击败困难，在得到上帝的帮助之后，便可以征服任何困难。为了做到这一点，你的心理及精神就要不断地成长。你要在心灵方面茁壮成长，换句话说，你必须比所遇到的困难更高、更壮才行。

思路突破：用乐观的态度自救

一个懂得控制自己情绪的人即使面对困境，也依然会获得幸福。

1939年，德国军队占领了波兰首都华沙，此时，卡亚和他的女友迪娜正在筹办婚礼。卡亚做梦都没想到，他会和其他犹太人一样，在光天化日之下被纳粹推上卡车运走，关进了集中营。卡亚陷入了极度的恐惧和悲伤之中，在不断的摧残和折磨中，他的情绪极不稳定，精神遭受着痛苦的煎熬。

一同被关押的一位犹太老人对他说："孩子，你只有活下去，才能与你的未婚妻团聚。记住，要活下去。"卡亚冷静下来，他下定决心，无论日子多么艰难，一定要保持积极的精神和情绪。

所有被关在集中营的犹太人，他们每天的食物只有一块面包和一碗汤。许多人在饥饿和严酷刑罚的双重折磨下精神失常，有的甚至被折磨致死。卡亚努力控制和调适着自己的情绪，把恐惧、愤怒、悲观、屈辱等抛之脑后，虽然他的身体骨瘦如柴，但精神状态却很好。

5年后，集中营里的人数由原来的4000人减少到不足400人。纳粹将剩余的犹太人用脚镣和铁链连成一长串，在隆冬季节，将他们赶往另一个集中营。许多人忍受不了长期的苦役和饥饿，最后死于茫茫雪原之上。在这人间炼狱中，卡亚奇迹般地活下来了。他不断地鼓舞自己，靠着坚忍的意志力，维持着衰弱的生命。

1945年，盟军攻克了集中营，解救了这些饱经苦难、劫后余生的犹太人。卡亚活着离开了集中营，而那位给他忠告的老人，却没有熬到这一天。

若干年后，卡亚把他在集中营的经历写成一本书。他在前言中写道：“如果没有那位老者的忠告，如果放任恐惧、悲伤、绝望的情绪在我的心间弥漫，很难想象，我还能活着出来。”

是卡亚自己救了自己，是他用积极乐观的情绪救了自己。

与卡亚不同的是，总有许多人不停地抱怨命运的不公，埋怨自己付出了辛劳的汗水，得到的却是失败和痛苦。究其原因，是因为他们不懂得用乐观的态度对待人生。

哀莫大于心死。很多时候，一个人的苦乐成败，不在于外物的左右，而在于自己的心态和看待世界的角度。如果你用悲观的态度对待生活，你的生活就会暗无天日；如果你用乐观的态度面对人生，你就会发现，生活其实到处存在着生机。

每个生命都不卑微

著名企业家迈克尔出身贫寒，在从商之前，他曾是一家酒店的服务生，干的就是替客人搬行李、擦车的活儿。

有一天，一辆豪华的劳斯莱斯轿车停在酒店门口，车主人吩咐一声：“把车洗洗。”迈克尔那时刚刚中学毕业，还没有见过世面，从未见过这么漂亮的车子，不免有几分惊喜。他边洗边欣赏这辆车，擦完后，忍不住拉开车门，想上去享受一番。这时，正巧领班走了出来。“你在干什么？穷光蛋！”领班训斥道，“你不知道自己的身份和地位吗？你这种人一辈子也不配坐劳斯莱斯！”

受辱的迈克尔从此发誓：“这一辈子我不但要坐上劳斯莱斯，还要拥有自己的劳斯莱斯！”他的决心是如此强烈，以至于这成了他人生的奋斗目标。许多年以后，当他事业有成时，果然买了一部劳斯莱斯轿车！

如果当初迈克尔也像领班一样认定自己的命运，那么，也许今天他还在替人擦车、搬行李，最多做一个领班。

霍兰德说："在最黑的土地上生长着最娇艳的花朵，那些最伟岸挺拔的树木总是在最陡峭的岩石中扎根，昂首向天。"高普更是一语道破天机，他说："并非每一次不幸都是灾难，早年的逆境通常是一种幸运，与困难做斗争不仅磨炼了我们的人生，也让我们为日后更为激烈的竞争准备了丰富的经验。"

每个人都不卑微，都具有特殊才能，每个人都应该尽量地灵活运用自己的这项特殊才能。有很多人以为自己所具有的这项才能只是一些难登大雅之堂的"小玩意儿"，根本不曾想过利用这些"小玩意儿"来体现自身的价值。而杰出人士正是因为勤于思考，善于发掘利用自己的才能，才获得了很大的成功。

思路突破：不懈追求才能羽化成蝶

有一条毛毛虫，它一缩一伸，一伸一缩，终于爬上了一片树叶，从这里它能观望四周昆虫们的活动。它好奇地看着它们唱呀，跳呀，跑呀，飞呀，一个比一个来劲儿。在它的身边，一切生命都尽情地展现着它们的活力。可就只有它，可怜巴巴的，没有清脆响亮的歌喉，天生不会跑、不会飞，它只能蠕动着，连这样一点点的移动都深感不易。当毛毛虫艰难地从一片叶子爬到另一片叶子上，它觉得它似乎走了漫漫征程，周游了整个世界。它过得虽然这样艰难，可它倒是从来不抱怨自己命运不好，也从不嫉妒那些活蹦乱跳的昆虫们。它知道，昆虫各有各的不同。它呢，只是一条毛毛虫，当务之急是学会吐出细细亮亮的柔丝，好用这些细丝编织起一个结结实实的茧子来。

毛毛虫没有时间胡思乱想，它得下劲儿干，在有限的时间里把自己从头到脚严密地包裹在一个温暖的茧子里。

"那么接着我该做什么呢？"它在与世隔绝的全封闭的小茧屋里自问道。

"该做的事会一件一件来的！"它仿佛听到有人在回答它，"耐着点儿性子吧，马上就会知道下一步该做什么了！"

终于，它熬到了清醒的时候，发现自己已经不再是从前那条行动笨拙的毛毛虫。它灵活地从小茧屋中爬出来，摆脱了那个狭小的天地，此时，它惊喜地看到自己已经长出了一对轻盈的翅膀，五色斑斓，鲜丽可爱。它快活地扇了扇，它的身子简直像羽毛一样轻盈。于是它翩翩地从这片叶子上飞起，在那片叶子上落下，飘飘逸逸，融入蔚蓝的雾霭之中。

在现实生活中，很多人企图不劳而获、坐享其成，结果都为此付出了惨重的代价，或越来越贫穷，或走上了邪路。天上不会掉馅饼，想要收获，就必须付出自己的努力。当我们看到美丽的蝴蝶时，不要忘记这是丑陋的毛毛虫付出了艰苦努力的结果！

走出失败的心理阴影

一位成功人士说得好：“失败意味着你尚未达到追求的目标，或者是离目标远了一些。就像在追求过程中摔了一跤，或在山路上打了个滑儿，摔跤和打滑儿并不能说明全部，只是说明前进暂时受阻。但这种受阻很可能只是一个小小的插曲，它只会使你未来的胜利和成功更刺激、更有价值。”

然而，许多失败者的悲哀，往往在于失败后缺乏足够的智慧和勇气，跳不出习惯性的误导，总是自觉不自觉地在同一条路上前行。这些人一想到改变，同时就会想到一系列可能出现的困难，甚至很棘手的困难，于是，就在老路上越走越远，离成功也越来越远。

其实，失败在很大程度上标示着人生的一个新的起点，许多人正是在遇到失败后，才爆发出前所未见的潜力，成就前所未有的事业。

玛丽·凯在美国可谓家喻户晓，然而在创业之初，她历经失败，走了不少弯路。但她从来不灰心、不泄气，最后终于成为一名大器晚成的化妆品行业的“皇后”。

20世纪60年代初期，玛丽·凯已经退休回家，可是过分寂寞的退休生活使她突然决定冒一冒险。经过一番思考，她把一辈子积蓄下来的5000美元作为全部资本，创办了玛丽化妆品公司。

为了支持母亲实现“狂热”的理想，两个儿子也“跳往助之”，一个辞去一家月薪480美元的人寿保险公司代理商工作，另一个也辞去了休斯敦月薪750美元的职务，加入母亲创办的公司中来，宁愿只拿250美元的月薪。玛丽·凯知道，这是背水一战，是在进行一次人生中的大冒险，弄不好，不仅自己一辈子辛辛苦苦的积蓄将血本无归，而且还可能葬送两个儿子的美好前程。

在创建公司后的第一次展销会上，她隆重推出了一系列功效奇特的护肤品。按照原来的想法，这次活动会引起轰动，一举成功。可是，“人算不如天算”，整个展销会下来，她的公司只卖出去15美元的护肤品。

意想不到的残酷现实使她失声痛哭……

在残酷的事实面前，玛丽·凯不禁失声痛哭，而在哭过之后，她反复地问自己：“玛丽·凯，你究竟错在哪里？”

经过认真的分析，她终于悟出了一点：在展销会上，她的公司从来没有主动请别人来订货，也没有向外发订单，而是希望女人们自己上门来买东西……难怪在展销会上落得如此的后果。

玛丽擦干眼泪，从第一次失败中站了起来，在抓生产管理的同时，加强了销售队伍的建设……

经过20年的苦心经营，玛丽·凯化妆品公司由初创时的雇员9人发展到现在的5000多人，由一个家庭公司发展成为一个国际性的公司，拥有一支20万人的推销队伍，年销售额超过3亿美元。

玛丽·凯终于实现了自己的梦想。

已经步入晚年的玛丽·凯能创造如此的奇迹，并不是上天的怜悯，而是由于她面对挫折时永不服输的精神。失败很常见，但失败之后，不“偃旗息鼓”，不被困难击倒，不向命运屈服，那么你的人生路上定会绽放无数的成功之花。

思路突破：运用积极的自我暗示

心理学家认为，潜意识就像一块肥沃的土地，如果不在上面播种成功的种子，就会野草丛生，一片荒芜。积极的心理暗示可以自动地把成功的种子和创造性的思想播入潜意识的沃土里。经常进行积极自我暗示的人，在挫折面前看到的是成长的机会和希望；而经常进行消极自我暗示的人，在希望和机会面前看到的却是问题和困难。

自我暗示所形成的意识，决定了一个人能否成功。如果你希望自己成为一名成功人士，就不要忘记自我暗示这个法宝，运用它使自己鼓足勇气，摆脱失败，走向胜利。

1832年，有一个年轻人失业了。而他却下决心要当政治家，当州议员，糟糕的是他竞选失败了。在一年里遭受两次打击，这对他来说无疑是痛苦的。但是他并没有气馁，他告诉自己，失败只是暂时的，只要努力，成功一定会降临到他的身上。他又着手办自己的企业，可一年不到，企业就倒闭了。在以后的17年里，他不得不为偿还债务而四处奔波、历尽磨难。

此间，他再一次决定竞选州议员，这次他终于成功了。他认为自己的生活可能有了转机。可就在离结婚还差几个月的时候，他的未婚妻不幸去世。他心力交瘁，卧床不起，患上了严重的神经衰弱症。

1838年，他觉得身体稍稍好转时，又决定竞选州议长，却失败了；1843年，他又竞选美国国会议员，但这次仍然没有成功……

试想一下，如果是你处在这种情况下会不会放弃努力呢？他一次次地尝试，一次次地失败。企业倒闭，情人去世，竞选败北，要是你碰到这一切，你会不会放弃，放弃你的梦想？他没有放弃，尽管灾难一次次降临到他的身上，他始终积极地坚强地面对生活。他始终告诉自己，尽管现实很残酷，但只要你不认输，你就一定能够扭转局面！1846年，他又一次竞选国会议员，终于当选了。

在以后的日子里，他仍在失败中奋起，一次又一次地努力，最后，1860年，他当选为美国总统。他就是亚伯拉罕·林肯。

林肯一直没有放弃自己的追求，一直在做自己生活的主宰，他以积极的自我暗示，为自己迎来了辉煌的人生。他以自己的经历告诉我们：成功不仅是运气和才能的问题，关键在于适当的准备和不屈不挠的决心。面对困难，不要退却，不要逃避，保持积极乐观的心态，你的心灵将永远不会被风雪覆盖。只要你能在困境中积极暗示自己，你必将唤醒巨大的潜能，去开创崭新的人生。

学会从失败中获取经验

一件事情上的失败绝不意味着你的整个人生都是失败的，失败只是暂时的受挫，不要把它当成生死攸关的问题。不要被失败所困，花点时间找出失败的原因，并从中汲取教训。如果你不能摆脱失败的阴影，那么你将会裹足不前。相反，如果你永远保持积极的心态，你将会离成功更近一些。

爱迪生从自己“屡败屡战”的经历中总结出一条宝贵的经验。他说：“失败也是我需要的，它和成功一样对我有价值。只有在我知道一切做不好的方法以后，我才知道做好一件工作的方法是什么。”从这个意义上，我们应该认识到挫折和险境未必不是机遇，我们不仅要把成功视为珍宝，也要把失败看作财富。

失败也是对人的意志的严峻考验。不明智的人，在成功面前就会骄傲自满；清醒的人，在失败面前更能锻炼自己的意志。我们在逆境中的表现是我们成熟与否和气质优劣的最好检验。真理在燧石的敲打下闪闪发光，失败就是锤炼人意志的燧石。那些献身于人类伟大事业的创造者，在接连不断的挫伤和失败面前，不但没有被压倒，反而变得更加坚强，表现出了坚定不移、向着既定目标前进的英雄气概。

失败是生活中的一个组成部分，是有所进取、求变创新和参与竞争的过程中一个正常的组成部分。只要你进取，就必然会有失误；只要你还活着，就绝不是彻底失败！既然如此，失败又有什么可怕呢？

思路突破：掌握反败为胜的诀窍

对于志向高远、坚忍不拔的人来讲，失败只是意味着自己尚未成功。反败为胜，奋起努力，铸造新的辉煌是每一位有梦想、有抱负的人士必须掌握的一项技能。

1. 专注于自己的优势

一位有名的成功学家曾经花了十几年的时间研究，发现成功者的成功路径各不相同，但有一点却是相同的——就是扬长避短。

著名效率专家博恩·崔西说：“人们并不会在事情被搞砸时大惊小怪，倒是会称颂、惊叹那些偶然做出的美好、正确的事。”能力不足是极为正常的，每个人的长处都只在某个方面。如果你想要成为一名成功人士，就应该专注于自己的长处，并努力培养它，这才是自己时间、精力和资源投资的正确方向。

2. 虚心求教

凡是成大事者都有这种乐于征询他人意见的好习惯。一个聪明、有所作为的大人物，要善于利用各种方法使人主动向他提供意见，并且善于审查这些意见，从中摘取有益于自己的加以利用。

美国早期政界名人路易斯·乔治，治理政务也以精明周密而著称，但是他对于自己的学问还是常感怀疑。每当他做好了财政预算送交议会审核之前，都会和几位财政专家聚首商议，即使一些极细微的地方，也不肯放过。他的成功秘诀可以一言以蔽之，就是“多多求教于人”。

3. 坚持到底

罗薇尔太太是美国房地产业最著名的房产推销大师，她开始从事房地产销售第一年，一栋房子也没有卖出去，她感到万念俱灰。这时，公司举办了一个为期5天的销售课程，从那以后，她连续8年成为世界房地产销售冠军。她说了一句令人深省的话：“成功者绝不放弃，放弃者绝不成功。”

别坐等别人来帮你

一个村夫独自去山上，遭到一只秃鹰的袭击。秃鹰猛烈地啄着村夫，将他的鞋子和袜子撕成碎片后，便狠狠地啃起村夫的双脚。

这时有一位打柴人经过，看见村夫鲜血淋漓地忍受痛苦，不禁驻足问他：“为什么要忍受秃鹰的啄食呢？”

村夫回答：“实在没有办法啊。这只秃鹰刚开始袭击我的时候，我曾经试图赶走它，但是它太顽强了，几乎抓伤我的脸颊，因此我宁愿牺牲双脚。啊，我的脚差不多被撕成碎屑了，真可怕！”

打柴人说：“你只要一枪就可以结束它的生命呀。”

村夫听了，尖声叫嚷：“真的吗？那么你助我一臂之力，好吗？”

打柴人回答：“我很乐意，可是我得去拿枪，你还能支撑一会儿吗？”

在剧痛中呻吟的村夫，强忍着被撕扯的痛苦说：“无论如何，我会忍下去的。”

于是打柴人飞快地跑去拿枪。但就在打柴人转身的瞬间，秃鹰突然拔身冲起，在空中把身子向后拉得远远的，以便获得更大的冲力，然后如同一根标枪般，把它的嘴向着村夫的喉头深深啄去。村夫终于等不及援助，扑倒在地。

如果说在这个世界上，只有一个人能帮助你，那个人就是你自己。面对困境，你只有勇敢自救，才能掌控人生的航向，主宰自己的命运。如果你把希望寄存在别人身上，被动消极地等待别人的救助，你无异于把自己的命运交由他人或“上帝”摆布，那么你的一切都不会由你说了算了。

思路突破：困境中勇敢自救

在困境中不要有等待他人援助的心理，要学会自己拯救自己。依赖他人的心理会使你消极怠工，让你陷入更危险的境地。

一头驴子不小心掉进一口枯井里，它哀怜地叫喊、求救，期待主人把它救出去。驴子的主人召集了数位乡邻出谋划策，却想不出好办法，大家倒是认定反正驴子已经老了，“人道毁灭”也不为过，况且这口枯井迟早也会被填上。

于是，人们拿起铲子开始填井。当第一铲泥土落到枯井中时，驴子叫得更响了，它显然明白了主人的意图。

又是一铲泥土落到枯井中，驴子出乎意料地安静了，人们发现，此后每一铲泥土打在它背上的时候，驴子都会做一件令人惊奇的事情：它努力抖落背上的泥土，踩在脚下，把自己垫高一点。

人们不断把泥土往枯井里铲，驴子也就不停地抖落那些打在背上的泥土，使自己再升高一点。就这样，驴子慢慢地升到了枯井口，在人们惊奇的目光中，从从容容地走出枯井。

这则故事给我们3个启

示：第一，假若你现在正身处枯井中，求救的哀鸣换来的也许只是埋葬你的泥土。那么，驴子教会我们走出绝境的秘诀，便是拼命抖落打在背上的泥土，把本来用来埋葬你的泥土变为拯救自己的泥土，即将不利因素转化为有利因素；第二，无论绝望与死亡如何惊天动地，有时候要走出"枯井"也就这么简单；第三，驴子走出枯井时的从容，应该说是现代人，尤其是从困境中走出来的人，在面向未来时，应该达到的一种境界。

"求人不如求己"，凡事都依靠自己的人，也就能够从容地把握自己的人生。你的命运你做主，不要妄想有其他人来替你做主，依靠自己才是最明智的选择。

行动永远是第一位的

天下最可悲的一句话就是："我当时真应该那么做，但我却没有那么做。"经常会听到有人说："如果我当年就开始那笔生意，早就发财了！"一个好创意胎死腹中，真的会叫人叹息不已，永远不能忘怀。一个人被生活的困苦折磨久了，如果有了一个想要改变的梦想，那他已经走出了第一步，但是若想看见成功的大海，只走一步又有什么用呢？

因此，你有了梦想，只有行动起来，最终才能摆脱受折磨的命运。

连绵秋雨已经下了几天，在一个大院子里，有一个年轻人浑身淋得透湿，但他似乎毫无觉察，满脸怒气地指着天空，高声大骂着："你这该千刀万剐的老天呀，我要让你下十八层地狱！你已经连续下了几天雨了，弄得我屋也漏了，粮食也霉了，柴火也湿了，衣服也没得换了，你让我怎么活呀？我要骂你、咒你，让你不得好死……"

年轻人骂得越来越起劲，火气越来越大，但雨依旧淅淅沥沥，毫不停歇。

这时，一位智者对年轻人说："你湿淋淋地站在雨中骂天，过两天，下雨的龙王一定会被你气死，再也不敢下雨了。"

"哼！它才不会生气呢，它根本听不见我在骂它，我骂它其实也没什么用！"年轻人气呼呼地说。

"既然明知没有用，为什么还在这里做蠢事呢？"

年轻人无言以对。

智者说："与其浪费力气在这里骂天，不如为自己撑起一把雨伞。自己动手去把屋顶修好，去邻家借些干柴，把衣服和粮食烘干，好好吃上一顿饭。"

"与其浪费力气在这里骂天，不如为自己撑起一把雨伞。"智者的话对于我们来说，不失为一句"醒世恒言"。与其在困境中哀叹命运不公，为什么不把这些精力用在改变困境的行动上呢？

思路突破：用行动改变现状

一位哲人曾这样说过："我们生活在行动中，而不是生活在岁月里。"要改变你的生活，你首先要行动起来，只有行动才是改变你现状的捷径。

曾亲眼目睹两位老友因车祸去世而患上抑郁症的美国男子沃特，在无休止的暴饮暴食后，体重迅速膨胀到了无法自抑的地步，直线逼近200公斤。当逛一次超市就足以让沃特气喘吁吁缓不过气儿时，沃特意识到自己已经到了绝境。绝望之中的沃特再也无法平静，他决定做点什么。

打开年轻时的相册，里面的自己是一个多么英俊的小伙子啊。深受刺激的沃特决定开始徒步全美国的减肥之旅，迅速收拾好行囊，沃特带着接近200公斤的庞大身躯出发了。穿越了加利福尼亚的山脉，行走了新墨西哥的沙漠，踏过了都市乡村，旷野郊外……整整一年时间，沃特都在路上。他住廉价旅馆，或者就在路边野营。他曾数次遇到危险，一次在新墨西哥州，他险些被一条剧毒的眼镜蛇咬伤，幸亏他及时开枪将之打死。至于小的伤痛简直就是家常便饭，但是他坚持走过了这一年，一年后，他步行到了纽约。

他的事情被媒体曝光后，深深触动了美国人的神经。这个徒步行走立志减肥的中年男子，被《华盛顿邮报》《纽约时报》等媒体誉为“美国英雄”，他的故事感动了美国。不计其数的美国人成为沃特的支持者，他们从四面八方赶来，为的就是能和这个胖男人一起走上一段路。每到一个地方，就会有沃特的支持者们在那里迎接他。

当他被美国收视率最高的节目之一——《奥普拉·温弗利秀》请到现场时，全场掌声雷动，为这个执着的男人欢呼。出版商邀请他写自传，电视台找他拍摄专辑……更不可思议的是，他的体重成功减掉50公斤，这是一个多么惊人的数字！

许多美国人称：沃特的故事使他们深受激励，原来只要行动，生活就可以过得如此潇洒。沃特说这一切让他感到意外：“人们都把我看作是一个美国英雄式的人物，但我只是一个普通人，现在我意识到，这是一次精神的旅行，而不仅仅是肉体。”他的个人网站“行走中的胖子”，吸引了无数访问者，很多慵懒的胖子开始质问自己：“沃特可以，为什么我不可以？”

徒步行走这一年，沃特的生活发生了巨变。从一个行动迟缓的胖子到一个堪比“现代阿甘”的传奇式人物，沃特用了一年的时间，他的收获绝不仅仅是减肥成功这么简单。放弃舒适的固有生活，做一种人生的改变，人人都可以做到，但未必人人愿意行动。所以，沃特成功了。

你也是，只要付诸行动，没有什么不可以。勇敢行动起来，创造自己生命的奇迹吧！

成为命运的强者

苦难是孕育智慧的摇篮，它不仅能磨炼人的意志，而且能净化人的灵魂。如果没有那些坎坷和挫折，人绝不会有这么丰富的内心世界。苦难能毁掉弱者，也能造就强者。有这么一个硬汉，在种种逆境中凭着一股顽强的斗志硬是渡过了所有的难关，并最终成就了一番事业。

这个人就是美国杰出的小说家、诺贝尔文学奖获得者海明威。

1899年7月21日，海明威出生于美国伊利诺伊州芝加哥市郊的橡树园镇。他10岁开始写诗，17岁时发表了他的小说《马尼托的判断》。上高中期间，海明威在学校周刊上发表了不少作品。

14岁时,他曾学习过拳击。第一次训练,海明威被打得满脸鲜血,躺倒在地。但第二天，海明威还是裹着纱布来了。20个月之后，海明威在一次训练中被击中头部，伤了左眼，这只眼睛的视力再也没有恢复。

1918年5月，海明威志愿加入赴欧洲红十字会救护队，在车队当司机，被授予中尉军衔。7月初的一天夜里，他的头部、胸部、上肢、下肢都被炸成重伤，人们把他送进野战医院。他的膝盖被打碎了，身上中的炮弹片和机枪弹头多达230余个。他一共做了13次手术，换上了一块白金做的膝盖骨。有些弹片没有取出来，到去世时仍留在体内。他在医院躺了3个多月，接受了意大利政府颁发的十字军勋章和勇敢勋章，这一年他刚满19岁。

1929年，海明威的《永别了，武器》问世，作品获得了巨大的成功。成功后的海明威便开始了他新的冒险生活。1933年，他去非洲打猎和旅行，并出版了《非洲的青山》一书。1936年，他写成了短篇小说《乞力马扎罗的雪》和《麦康伯短暂的幸福生活》。

1939年，他完成了他最优秀的长篇小说《丧钟为谁而鸣》。

日本偷袭珍珠港后，海明威参加了海军，他以自己独特的方式参战，改装了自己的游艇，配备了电台、机枪和几百磅炸药，到古巴北部海面搜索德国的潜艇。

1944年,他随美军在法国北部诺曼底登陆。他率领法国游击队深入敌占区，获取大量情报，并因此获得一枚铜质勋章。

他靠着顽强的性格战胜了一切在常人看来是不可能战胜的困难和挫折。就在他生命的最后，海明威鼓足力量，做了最后的冲刺。1952年发表的中篇小说《老人与海》给他带来了普利策文学奖和诺贝尔文学奖的崇高荣誉。《老人与海》中的老人是海明威最后的硬汉形象。那位老人遇到了比不幸和死亡更严峻的问题——失败。老人拼尽全力，只拖回一具鱼骨。"一个人并不是生来就要给打败的，你尽可以消灭他，可就是打不败他。"这是老人的话，也是海明威人生的写照。

成功的人有着顽强拼搏的性格，这种顽强的精神让他们在困难和挫折面前不会消沉、不会堕落，反而让他们越挫越勇，最后成为"真的猛士"，并在历经艰难险阻、风风雨雨后收获了一片属于自己的阳光。

思路突破：磨砺坚忍的意志

坚忍，是克服一切困难的保障，它可以帮助人们成就事业，实现理想。

有了坚忍，人们在遇到大灾祸、大困苦的时候，就不会无所适从；在各种困难和打击面前，就能顽强地生存下去。世界上没有其他东西可以代替坚忍，它是唯一的，也是不可缺少的。

以坚忍为资本从事事业的人，他们所取得的成功，比以金钱为资本的人更大。许多人做事有始无终，就因为他们没有足够的坚忍力，使他们无法达到最终的目的。一个伟大的人，一个有坚忍力的人却绝非这样，他不管情形如何，总是不肯放弃，不肯停止，失败之后，他会含笑而起，以更大的决心和勇气继续前进。

一个希望获得成功的人，要不停地问自己："你有耐心、有坚忍力吗？你能在失败之后，仍然坚持吗？你能不顾任何阻碍，一直前进吗？"

你只有充分发挥自己的天赋和本能，才能找到一条通往成功的通天大道。一个下定决心就不再动摇的人，无形之中能给人一种最可靠的保证，他做起事来一定肯于负责，一定有成功的希望。因此，我们做任何事，事先应确定一个目标，之后，就千万不能再犹豫了，应该遵照已经定好的计划，按部就班地执行，不达目的绝不罢休。举个例子来说：一位建筑师打好图样之后，若完全依照图样，按部就班地去动工，一座理想的大厦不久就会成为实物。倘若这位建筑师一面建造，一面又把那张图样东改一下，西改一下，试问，这座大厦还有建成之日吗？成功者的特征是：绝不因受到任何阻挠而颓丧，只知道盯住目标，勇往直前。

获得成功有两个重要的前提：一是坚决，二是忍耐。人们最相信的就是意志坚强的人，当然意志坚强的人有时也许会遇到艰难，碰到挫折，但他绝不会在失败面前一蹶不振。

如何培养坚忍的意志？很简单，只要你确定人生的目标，专注于你的目标，那么你所有的思想、行动及意念都会朝着那个方向前进。而当你在前进的途中遭遇困难和障碍时，只要你能保持一颗永不放弃的决心，你的意志力就会不断增强，它将协助你冲破人生的重重障碍，直抵成功的彼岸。

业精于勤荒于嬉

《颜氏家训》中说："天下事以难而废者十之一，以惰而废者十之九。"惰性往往是许多人虚度时光、碌碌无为的性格因素。许多人奉行"今天不为待明朝，车到山前必有路"。结果，青春年华在这无休止的拖拉中流逝殆尽。

懒惰，从某种意义上讲就是一种堕落，一种具有毁灭性的东西，它就像一种精神腐蚀剂一样，慢慢地侵蚀着你。一旦背上了懒惰的包袱，生活将是为你掘下的坟墓。

一位母亲在出门前，怕自己的儿子饿着，给他烙了几张足以吃半个月的大饼；又怕儿子懒得动手，就给他套在了脖子上。然而当她一周后回家时，看到儿子已经饿死了，大饼却剩下一大半。原来儿子只将脖前的饼啃掉，啃完后又懒得用自己的手去转一下，以便吃到另一面，结果就被饿死了。

这个故事虽然有些夸张，却说明了懒惰的恶劣本质。一个连自己的手都懒得抬起，害怕或不愿意付出相应劳动的人，还能奢望拥有什么呢？

思路突破：美好的生活要靠勤劳获取

“懒惰”是个很有诱惑力的怪物，一生中谁都会与这个怪物相遇。比如，早上躺在床上不想起来，起床后什么事也不想干，能拖到明天的事今天不做，能推给别人的事自己不做，不懂的事自己不想懂，不会做的事自己不想做……许多本来可以做到的事，因为一次又一次的懒惰拖延而错过了成功的机会。所以，要想改变懒惰的现状，一定要走上勤奋的道路。

“勤奋是通往荣誉圣殿的必经之路！”这是古罗马皇帝临终前留下的遗言。古罗马人有两座圣殿，一座是勤奋的圣殿，一座是荣誉的圣殿。他们在安排座位时有一个顺序，必须经过前者，才能到达后者——说明勤奋是通往荣誉圣殿的必经之路。

艾伦是一个公司的速记员。一个星期六下午，同事们约好了去看球赛，这时一位律师走进来问艾伦，去哪儿能找到一位速记员来帮忙。艾伦告诉他，其他的速记员都看球赛去了，如果晚来5分钟，自己也会走。艾伦又说：“球赛随时都可以看，工作第一，让我来帮你吧。”

律师问应该付多少钱给艾伦，艾伦开玩笑地回答：“哦，既然是你的工作，大约1000元吧。换了别人，我就免费帮忙。”律师笑了笑，向艾伦表示谢意。

艾伦确实是在开玩笑，他早把1000元的事忘得一干二净。但在6个月后，律师却支付他1000元，还邀请艾伦到自己的公司工作，薪水比现在的高一倍。

艾伦只是在不经意间多做了一点点事情，结果却得到如此巨大的回报。这样看来，比别人勤奋一点点，你将会受益匪浅。

很多人认为，只要完成分配的任务就可以了，其实只想这些还远远不够，你还需要多做一些事情，多承担些责任。也许你的付出无法立刻得到相应的回报，但不要灰心失望，只要你一如既往地投入，回报可能会在不经意间，以出人意料的方式出现。你付出的努力如同存在银行里的钱，当你需要的时候，它随时都会为你服务；当你不需要时，它也会为你储蓄升值。所以拒绝懒惰，走向勤奋吧，只有这样，你才能拥有一个美好的明天。

走出命运的低谷

这个世界上没有那么多“不可能”，即使被宣判了“死刑”，我们也可以用意志的力量让上天改判。真正顽强的生命总是不肯屈服于命运，而是用自己的努力来战胜它。

1940 年 6 月 23 日，在美国一个贫困的铁路工人家庭，一位黑人妇女生下了她一生中的第 20 个孩子，这是个女孩，取名威尔玛·鲁道夫。众多的孩子让这个贫困的家庭捉襟见肘，连怀孕的母亲也常常饿肚子，孕妇营养不良使得威尔玛早产，这就注定了威尔玛先天性发育不良。

4 岁那年，威尔玛不幸同时患上了双侧肺炎和猩红热。在那个年代，肺炎和猩红热都是致命的疾病。母亲每天抱着小威尔玛到处求医，医生们都摇头说难治，她以为这个孩子保不住了。然而，这个瘦小的孩子居然挺了过来。威尔玛勉强捡回来一条命，她的左腿却因此残疾了，因为猩红热引发了小儿麻痹症。从此，幼小的威尔玛不得不依靠拐杖来行走。看到邻居家的孩子追逐奔跑时，威尔玛的心中蒙上了一团阴影，她沮丧极了。

在她生命中那段灰暗的日子里，经历了许多苦难的母亲不断地鼓励她，希望她相信自己并能超越自己。虽然有一大堆孩子，母亲还是把许多心血倾注在这个不幸的小女儿身上。母亲的鼓励给了威尔玛希望的阳光，威尔玛曾经对母亲说：“我有个梦想，不知道能不能实现。”母亲问威尔玛的梦想是什么。威尔玛坚定地说：“我想比邻居家的孩子跑得还快！”母亲虽然一直不断地鼓励她，可此时还是忍不住哭了，她知道孩子的这个梦想将永远难以实现，除非出现奇迹。

在威尔玛 5 岁那年，一天，母亲听说城里有位善良的医生免费为穷人家的孩子治病。母亲便把女儿抱进手推车，推着她走了 3 天，来到城里的那家医院。母亲满怀希望地恳求医生帮助自己的孩子。医生仔细地为威尔玛做了检查，然后走进里屋，医生出来的时候拿了一副拐杖。母亲对医生说：“我们已经有拐杖了。我希望她能用自己的腿走路，而不是借助拐杖。”医生说：“你的孩子患的是严重的小儿麻痹症，只有借助拐杖才能行走。”

坚强的母亲没有放弃希望，她从朋友那里打听到一种治疗小儿麻痹症的简易方法，那就是泡热水和按摩。母亲每天坚持为威尔玛按摩，并号召家里的人一有空就为威尔玛按摩。母亲还不断地打听治疗小儿麻痹症的偏方，买来各种各样的草药为威尔玛涂抹。

奇迹终于出现了！威尔玛 9 岁那年的一天，她扔掉拐杖站了起来。母亲一把抱住自己的孩子，泪如雨下。4 年的辛苦和期盼终于有了回报！

11 岁之前，威尔玛还是不能正常行走，她每天穿着一双特制的钉鞋练习走路。开始时，她在母亲和兄弟姐妹的帮助下一小步一小步地行走，渐渐地能穿着钉鞋独自行走了。11 岁那年的夏天，威尔玛看见几个哥哥在院子里打篮球，她一时看得入了迷，看得自己心里也痒痒的，就脱下笨重的钉鞋，赤脚去和哥哥们玩篮球。一个哥哥大叫起来："威尔玛会走路了！"那天威尔玛可开心了，赤脚在院子里走个不停，仿佛要把几年里没有走过的路全补回来似的。全家人都集中在院子里看威尔玛赤脚走路，他们觉得威尔玛走路比世界上其他任何节目都好看。

13 岁那年，威尔玛决定参加学校举办的短跑比赛。学校的老师和同学都知道她曾经得过小儿麻痹症，此时腿脚仍不太利索，便都好心地劝她放弃比赛。威尔玛决意要参加比赛，老师只好通知她母亲，希望母亲能好好劝劝她。然而，母亲却说："她的腿已经好了。让她参加吧，我相信她能超越自己。"事实证明母亲的话是正确的。

比赛那天，母亲也到学校为威尔玛加油。威尔玛靠着惊人的毅力，一举夺得 100 米和 200 米短跑的冠军，震惊了校园，老师和同学们都对她刮目相看。从此，威尔玛爱上了短跑运动，想办法参加一切短跑比赛，并总能获得不错的名次。同学们不知道威尔玛曾经不太灵便的腿为什么一下子变得那么神奇，只有母亲知道女儿成功背后的艰辛。坚强而倔强的女儿为了实现比邻居家的孩子跑得还快的梦想，每天早上坚持练习短跑，直练到小腿发胀、酸痛也不放弃。

在 1956 年的奥运会上，16 岁的威尔玛参加了 4×100 米的短跑接力赛，并和队友一起获得了铜牌。1960 年，威尔玛在美国田径锦标赛上以 22 秒 9 的成绩创造了 200 米的世界纪录。在当年举行的罗马奥运会上，威尔玛迎来了她体育生涯的巅峰。她参加了 100 米、200 米和 4×100 米接力比赛，接连获得了 3 块奥运金牌。

从威尔玛的事迹中我们可以感悟到：逆境并不可怕，只要我们学会去拼搏，逆境反倒会成为磨砺我们意志的试金石。只要我们在逆境中不屈不挠地奋斗下去，我们必将步出生命的低谷，迎来灿烂的人生。

思路突破：将劣势转化为优势

一位神父要找 3 个小男孩，帮助自己完成主教分配的 1000 本《圣经》销售任务。

神父觉得自己只能完成 300 本的销售量，于是他决定找几个能干的小男孩卖掉剩下的 700 本《圣经》。神父对于“能干”是这样理解的：口齿伶俐，小男孩必须言辞美妙，能让人们欣喜地做出购买《圣经》的决定。于是按照这样的标准，神父找到了两个小男孩，这两个男孩都认为自己可以轻松卖掉 300 本《圣经》。可即使这样，还有 100 本没有着落。为了完成主教分配的任务，神父降低了标准，于是第三个小男孩找到了，给他的任务是尽量卖掉 100 本《圣经》，因为第三个男孩口吃很厉害。

5 天过去了，那两个小男孩回来了，并且告诉神父情况很糟糕，他们俩总共只卖了 200 本。神父觉得不可思议，为什么两个人只卖掉了 200 本《圣经》呢？正在发愁的时候，那个口吃的小男孩也回来了，他没有剩下一本《圣经》，而且带来了一个令神父激动不已的消息：他的一个顾客愿意买他剩下的所有《圣经》。这意味着神父将能卖掉超过 1000 本《圣经》，神父将更受主教青睐。

神父彻底迷惑了。被自己看好的两个小男孩让自己失望，而当初根本不当回事的“小结巴”却成了自己的福星，神父决定问问他。

神父问小男孩：“你讲话结结巴巴的，怎么这么顺利就卖掉我所有的《圣经》呢？”小男孩答道：“我……跟……见到的……所有……人……说，如……果不……买，我就……念《圣经》给他们……听。”

小男孩知道自己的缺点就是口吃，所以他顺势将自己的缺点转化成了优点。顾客们都很害怕听见一个口吃的人读上一段《圣经》，而这是一个虔诚的教徒所不能拒绝的，于是他的《圣经》卖得精光。而且在卖《圣经》的过程中，有位顾客为他的精神所打动，就打算帮助他买下所有剩下的《圣经》。所以，有的时候缺点不一定是件坏事，如果引导得好，就能把缺点转化为优点。

克服拖延的毛病

《明日歌》曾经写道：“明日复明日，明日何其多！日日待明日，万事成蹉跎。”生活中拖延的现象屡见不鲜，会让人一事无成，甚至毁掉前程。所以生活中一定要克制拖延，克制拖延你才能成功。

深夜，一个危重病人走到了他生命中的最后一分钟，死神如期来到了他的身边。他对死神说：“再给我一分钟好吗？我想利用这一分钟看一看天，看一看地，想一想我的朋友和亲人。如果运气好的话，我还可以看到一朵绽开的花。”

死神说：“你的想法不错，但我不能答应。因为我早已留了足够的时间让你去欣赏这一切，你却没有去珍惜。我把你的时间明细账罗列如下：做事拖延的时间从青年到老年共耗去了36500小时，折合1520天。做事有头无尾、马马虎虎，使得事情不断要重做，浪费了大约300多天。因为无所事事，你经常发呆；你经常埋怨、责怪别人，找借口、找理由、推卸责任；你利用工作时间和同事侃大山，把工作丢在一旁毫无顾忌；工作时间呼呼大睡，你还和无聊的人煲电话粥；你参加了无数次无所用心、懒散昏睡的会议，这使你的睡眠时间远远超出了20年；你也组织了许多类似的无聊会议，使更多的人和你一样睡眠超标；还有……”

说到这里，这个危重病人断了气。死神叹了口气说：“如果你活着的时候能节约一分钟，你就能听完我给你记下的账单了。”

每个人的生命都是有限的。你可

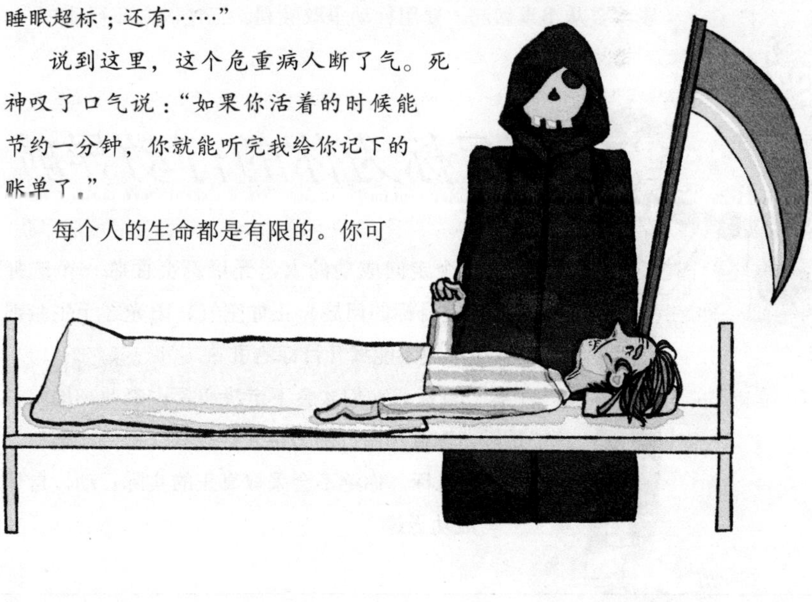

以给自己时间，但生命却不会给你时间，正如中国古代诗人李商隐所吟诵的“人间桑海朝朝变，莫遗佳期更后期”。

有些事情你的确想做，但却总是在拖延，同时你安慰自己并没有真正放弃决心。你会跟自己说：“我知道我要做这件事，可是我也许会做不好或不愿意现在就做。应该准备好再做，于是，我当然可以心安理得了。”每当你需要完成某个艰苦的工作时，你都可以求助于这种所谓的“拖延法宝”，这个法宝成了你最容易、也是最好的逃避方式。你拖延得了一时，却拖延不过一世。在你避免可能遭到失败的同时，你也失去了取得成功的机会。

思路突破：从现在开始行动

不要逃避今天的责任而等到明天去做，因为，明天是永远不会来临的。现在就采取行动吧，即使你的行动不会使你马上成功，但是总比坐以待毙要好。当你养成“现在就动手做”的习惯，那么你就将掌握个人主动进取的精髓。

生命中真正的财富往往属于那些能以行动积极寻求的人。成功不会由挂着皇家徽章的管弦乐队伴随着而来，它往往属于长期艰苦努力工作的人。

不要等待“时来运转”，也不要由于等不到而觉得恼火和委屈，要从小事做起，要用行动争取胜利。记住，立即行动！

用目标为你的行动导航

每一个走向成功的人，无疑都会面临一个选择方向、确定目标的问题。正如空气、阳光之于生命那样，人生须臾不能离开目标的引导。

有了目标，人们才会下定决心攻占事业高地；有了目标，深藏在内心的力量才会找到“用武之地”。若没有目标，你绝不会采取真正的实际行动，自然与成功无缘。

只要你选准了目标，选对了适合自己的道路，并不顾一切地走下去，终能走向成功。确立了目标并坚定地“咬住”目标的人，才是最有力量的人。目标，是一切行动的前提。事业有成，是目标的赠予。确立了有价值的目标，才能较好地分配自己有限的时间和精力，较准确地寻觅突破口，找到聚光的“焦点”，专心致志地向既定方向猛打猛冲。那些目标如一的人，能抛除一切杂念，聚积起自己的所有力量，全力以赴地向目标高地挺进。

思路突破：制定目标的技巧

要成功就要设定目标，没有目标是不会成功的。目标就是方向，就是成功的彼岸，就是生命的价值和使命。

而目标的设定也是需要技巧的，当你确立了自己人生的终极目标之后，你就应该为了你的终极目标制定多个向总目标一步步接近的具体目标，然后慢慢执行，最后达到终极目标。

你的计划应根据不同的时间长度而有所分别，如1小时、1星期、1年、10年。显然，考虑明年1年的计划与考虑今后10年的计划，那是有很大不同的。你能够而且应该超前计划10年，但是你不能想得很精细，因为不确定的因素太多了。温斯顿·丘吉尔在谈到筹划国家事务时曾经说：“人总是要向前看的，但是要预见目前看不见的东西又总是困难的。”你能够而且应该计划一个小时内要做的事，你也能够很精确地制订这个计划，但是，一个小时对你当然不会有太大的影响。

你可以将自己的目标大致做如下分类：

1. 长期目标

长远目标仍然与所追求的整个生活方式密切相关——你想从事的职业类型，你是否想结婚，你向往的家庭类型，你追求的总的生活境况。设计将来应当有一些总体性的考虑，在考虑长远计划时，不必拘泥于细节，因为以后的变化太多。应该有一个全局性的计划，但又要具有一定的灵活性。

2. 中期目标

中期目标是5年左右的目标，它包括你正渴望得到的那种专门的训练和教育，你生活历程中的经验。你要能够较好地把握住这些目标，并且在实施中预见你能否达到目的，并按照情况的变化不断调整努力的方向。

3. 短期目标

短期目标指的是1个月至1年的目标。你要很现实地确定这些目标，并且能够迅速明晰地说出你是否正在实现它们。不要为自己设立不可能实现的目标。人总是希望自己有所进步，但也不能要求过高，以免达不到而挫伤信心。目标要实际，但更要不惜一切去实现。

4. 小目标

小目标指的是1天到1个月的目标。控制这些目标比控制较长远的目标容易得多。你能列出下一个星期或一个月要做的事，并且你完成计划也是大有可能的（假如你的计划是合理的）。假如你发现你的计划过大，以后要修改它。考虑到的整块时间越小，你就越能控制每一整块的时间。

制订切实可行的计划

法国作家雨果说过："有些人每天早上计划好一天的工作，然后照此实行。他们是有效利用时间的人。而那些平时毫无计划，靠遇到事现打主意过日子的人，只有'混乱'二字。"

制订计划是一种很好的行为，它能有效地引导我们的行动，使我们的生活变得井井有条起来。那么，我们又该如何制订切实可行的计划呢？

在制订工作计划的过程中，我们要明确自己的工作是什么，明确每年、每季度、每月、每周、每日的工作及工作进程，并通过有条理的连续工作，来保证以正常速度执行任务。在这里，要为日常工作和下一步进行的项目编出目录，这不但是一种不可低估的时间节约措施，也是提醒我们记住某些事情的方法。

思路突破：将计划付诸行动

菲尔德爵士指出："制订计划是为了达成计划，计划制订好之后，就要付诸行动去实现它。如果不化计划为行动，那么所制订的计划就失去了意义。"

实际上，制订计划相对容易，难的是付诸行动。制订计划可以坐下来用脑子去想、用笔去写，实现计划却需要扎扎实实的行动，只有行动才能化计划为现实。

计划制订好后，就要坚决地投入行动。观望、徘徊或者畏缩都会使你延误时间，以致使计划化为泡影。很多人都有过这样的经验，刚订好计划时颇有磨刀霍霍的干劲，可是过了几天后就没劲了，更别提实现计划了。

当你拟妥一项计划后，首要的步骤就是把它写在纸上，当你把计划写下来之后，最重要的一步就是立即让自己行动起来。一个真正的决定必然是有行动的，不管要行动到什么程度，打一个电话或拟一份行动方案都是可行的。只要在接下去的10天内每天都有持续的行动，这10天的行动必然会形成习惯，最终把你带向成功。

把计划转化为行动，可尝试按以下步骤进行：

1. 将没有开始行动的若干原因写下3条

为什么我当时没有行动？是不是当时有什么困难？回答这些问题有助于你认识未付诸行动的原因，乃是跟去做的痛苦有关，因此宁可拖延。如果你认为这跟痛苦无关的话，那么不妨再多想一想，或许是这个痛苦在你眼里微不足道，以至于你并不认为那是痛苦。

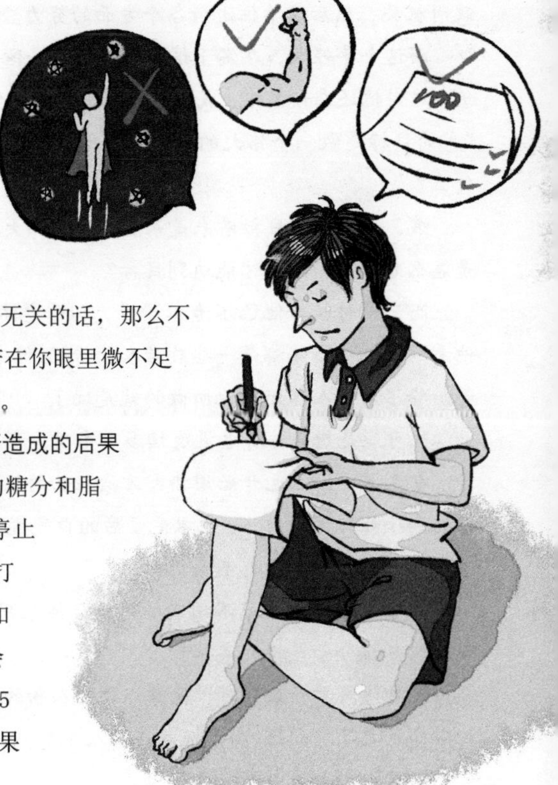

2. 写出如果你不马上改变所造成的后果

如果你再不停止吃那么多的糖分和脂肪，那么会怎么样？如果你不停止抽烟，后果会如何？如果你不打通认为应该打的电话会怎样？如果你不每天运动的话，对健康会有什么影响？2年、3年、4年及5年后会生出什么样的毛病？如果你不改变的话，在人际关系上得付出什么样的代价？在自我形象上会付出什么代价？在钱财上会付出什么样的代价？对这些问题你要怎么回答呢？找出能使你感到痛苦的答案，那么痛苦便会成为你的朋友，帮助你改掉不能马上改变的坏习惯，以实现人生计划。

绕开好高骛远的行动陷阱

有一个年轻人，给自己定下的目标是做一个伟大的政治家。

在这样一个和平的时代，要做一个伟大的政治家，他就应该先读大学的政治专业，或者别的文科专业，然后在分配的时候努力进入一个能够得到晋升的政府机关，然后在单位进行各个方面的努力。

而这个年轻人，在定下这个目标之后，他竟然什么都没有去做。

这时他还在读高中，成绩平平。家里人督促他学习的时候，他是这么说的："我的目标是做一个伟大的政治家，做一个像毛泽东那样的伟大人物，读书做什么？"

哦，他的这个目标看来是来自于那些伟大人物的激发。奇怪的是，他到底是怎么想的呢？怎么才能达到目标？

高三的时候，他已不专心学习，似乎也不想去考大学了，只是看课外书，他看的课外书当然都是一些政治人物传记，像《林肯传》《丘吉尔传》《周恩来》等。除了看伟人传记，他所做的就是玩了。

他可能是想，林肯也没有读多少书呀，那些伟大人物都没有读多少书呀。

在生活中，他也开始用伟大政治人物的眼光来看待人和事物。比如，他的妹妹和小姐妹闹矛盾了，他以毛主席的口气说："你们两个，吵什么嘛！要团结，不要搞分裂；要和平，不要搞战争！"

当老师批评他学习不用功的时候，他又用领袖的语气说："知识越多越反动嘛！知识分子是棵大毒草！"

在对待同学、家长时，他都以伟大人物的口气说话。久而久之，人人都对他敬而远之了。而他，由于沉浸在伟人梦中，不好好读书，结果当然没考上大学。

一个没受过高等教育的青年，在现在的和平年代里，有可能成为一个伟大的政治人物吗？也许有可能。但即使有，也是对那些肯上进、求进取的青年来说的，却不是他这样的青年。那么，他是个什么样的青年？

从他的表现来看，毫无疑问，他是个典型的好高骛远的人。所谓好高骛远，就是不切实际地追求过高的目标。每个人都有自己的极限，超过自己极限的事，当然是不可能做到的。叫一个从来没有念过书的人去做爱因斯坦，这可能吗？

思路突破：踏实跨出你的每一步

很多人都想在生活中寻找一条成功的捷径，其实成功的捷径很简单，那就是勤于积累，脚踏实地。

很多身陷贫穷，没有取得成功的人常常都想通过买彩票、买股票等投机方法获得成功。但往往通过这种方式成功的人却没有几个。

这些人的想法和做法其实离获取成功的方法很远。那成功的捷径到底是什么呢？答案其实很简单，那就是一步一个脚印地前进。

事情往往是这样的，那些心存侥幸、渴望点石成金的人往往会一无所获、双手空空；而那些看似没有多少进步的人，积累一段时间以后，就会获得成功。因此，生活中的有心人必须记住：踏实跨出你的每一步，你就能积少成多，获得成功。

消除犹豫不决的行动障碍

有许多人没能意识到自己的潜力，过分的谨慎阻碍了他们前进的脚步。他们知道自己能干得更好，但他们从没有向前进取过。同那些比他们成功的人相比，他们自觉不如，总是找很多的理由说服自己。他们看见了机遇，但不去抓住它们。他们看到老朋友成功了，就纳闷自己为什么不行。他们想拥有万贯家财，但就是不采取行动。

从很大程度上看，他们的惰性和忧虑是直接的。惰性指的是物体保持自身原有的运动状态的性质，不受外力作用就不会变化。惰性的原理也适用于人，也许就适用于你。要想在工作中取得很大的变化，也许得下大决心、花大力气。

在面对是否采取行动的问题上，特别是当这种行动涉及冒险时，我们会发现自己容易犹豫不决、坐失良机。在这种情况中，是传统的观点在作怪：不要轻易去尝试，不要轻易鲁莽行动，这里很可能有危险。

缺乏信心是人们常常犹豫不决的原因。我们能完全意识到我们的弱点，而怀疑就经常从这里产生。我们对一切了解得太多，所以我们生性谨慎，宁愿推迟重大的决定，有时甚至无动于衷。

怎样才能知道别人比你决心更大呢？如果你既了解自己，也了解他人，你可能不会对他们的恶习和弱点感到吃惊，他们完全有可能比你更加踌躇。问题是，你对你的一切知道得又具体又透彻，而对他人的一切却了解甚微。其实，你与“那人”可能十分相同，只要你有相同的成功机遇，你完全可以同他一决高下。

思路突破：在行动中引发行动

大自然中没有任何一种事情可以自己行动，即使我们天天要用的几十种机械设备也离不开这个原理。因此，每一个行动前面都有另一个行动。

如果你想调节家里的室温，你必须选择行动；如果你想让你的汽车变速，那么你必须换挡才可以。这个原理同样也适用于我们的心理，先使心理平静，才能理顺思路，发挥作用。

有一位幽默大师曾说：“每天最大的困难是离开温暖的被窝走到冰冷的房间。”他说得不错，当你躺在床上认为起床是件不愉快的事时，它就真的变成一件困难的事了。就是这么简单的起床动作，即把棉被掀开，同时把脚伸到地上的自动反应，都足以击退你的恐惧。

凡成功者都不会等到精神好时才去做事，而是推动自己的精神去做事。

为了养成行动的好习惯，你可以遵照以下两点去做。

第一，用自动反应去完成简单的、烦人的杂务。

不要想它烦人的一面，什么都不想就直接投入，一眨眼就完成了。

大部分的家庭主妇都不喜欢洗碗，拿破仑·希尔的母亲也不例外。但她自己发明了一套做法来解决这个问题，以便有时间做她喜欢做的事。

她离开饭桌时便带着空盘子，在她根本没想到洗碗这个工作时，就已经开始洗碗了，几分钟就可以洗好。这种做法不是比清洗一大堆堆了很久的脏盘子更好吗？

现在就开始练习，先做一件你不喜欢的工作，在还没想到它讨厌之前就赶快做，这是处理杂务最有效的方法。

第二，将这种方法推而广之。

把这种方法应用到“设计新构想”“拟订新计划”“解决新问题”，以至应用到需要仔细推敲的工作上。不能等精神来推动你去做，要推动你的精神去做。

这里有个技巧保证有效，用一支铅笔和白纸去计划。铅笔是使你“全神贯注”的最好工具。潜能大师安东尼·罗宾认为，如果要从“布置豪华、设备完善的办公室”跟“铅笔与纸”中任选一项来提高工作效率的话，他宁肯选择铅笔与纸，因为用铅笔与纸可以把心思牢牢专注在一个问题上。

把你的想法写在纸上时，你的注意力就会集中在上面，你的潜能也会因此而被发掘出来。因为我们无法一心二用，何况你在纸上写东西时，也会同时将它写在心里。如果把相关的想法同时写出来，就可以记得更久，记得更准确，这是许多实验已经证实并得出的结论。

一旦养成这个习惯，你的思想就会促使你行动，你的行动就会引发新的行动。

PART 05
脑袋决定口袋，观念决定贫富

一个人如果想让自己获得更大的利益，想让自己的口袋鼓起来，就必须意识到，在日益激烈的竞争中，精明的头脑是越来越重要了。脑袋里的智慧有多少，口袋里的钞票就有多少。所有成就大业的人之所以成功，不是因为他们的能力比我们强多少，也不是因为他们比我们更努力，而是他们与我们的思维方式和做事方式不一样。观念的区别决定了命运的差别，也决定了人一生的贫富差别。

穷人最缺什么

法国富翁巴拉昂去世后，《科西嘉人》报刊登了他的一份特别遗嘱：

“我曾是穷人，但当我走进天堂时，我却是一个大富翁。在跨入天堂之门前，我不想把我的致富秘诀带走。在法兰西中央银行，我有一个私人保险箱，那里面藏有我的秘诀。保险箱的3把钥匙在我的律师和2位代理人手中。

“谁若能通过回答‘穷人最缺少的是什么’而猜中我的秘诀，他将得到我的祝贺。当然，那时我已不可能从墓穴中伸出双手为其睿智鼓掌，但他可以从那只保险箱里荣幸地拿走100万法郎，那是我给予他的掌声。”

遗嘱刊出后，《科西嘉人》报收到大量信件。绝大部分的人认为，穷人最缺少的是金钱。穷人还能缺少什么？当然是钱了。还有一部分人认为，穷人最缺少的是机会，穷人最缺少的是技能，穷人最缺少的是帮助和关爱。总之，答案五花八门。

一年后，也就是巴拉昂逝世周年纪念日时，律师和代理人按巴拉昂生前的交代，在公证部门的监督下打开了那只保险箱。

在48561封来信中，一位叫蒂勒的小姑娘猜对了巴拉昂的秘诀。蒂勒和巴拉昂都认为，穷人最缺的是野心，即成为富人的野心。

颁奖之日，主持人问9岁的蒂勒，为什么想到野心，而不是其他。她说："每次，我姐把她11岁的男友带回家时，总是警告我：'不要有野心！不要有野心！'我想，也许野心可以让人得到自己想得到的东西。"

现今的社会生活中，每个人都想发财，每个人都有一个发财的美梦。但是，许多人很快就放弃了自己的梦想，于是生活就失去了动力，人生也就失去了意义。这就是大多数人失败和默默无闻的原因。不要放弃野心，即使你一辈子都没有实现你的发财梦，你也会觉得不枉此生。你只要行动，就会有收获。拿破仑·希尔把致富的过程总结为6大步骤：

（1）牢记你所渴望金钱的确切数目。

（2）决定一下，你要付出什么以求报偿。

（3）设定你想拥有所渴望金钱的确切日期。

（4）草拟实现渴望的确切计划，并且立即行动，不论你准备妥当与否，都要将计划付诸实施。

（5）简单明了地写下你想获得的金钱数目，及获得这笔钱的时限。

（6）一天朗读2遍你写好的告白，早晨起床时念一遍，晚上睡觉前念一遍。

这6大步骤的核心就是要行动，任何伟大

的财富追求只有在行动中才会变为现实。由此，我们每个人都应该执着地坚持自己创富的信念，保持昂扬的斗志，让梦想焕发惊人的力量，推动我们勇往直前，切莫让“没有发财的命”之类的想法演化成一种借口，成为制约你创造财富的枷锁。

思路突破：将欲望转换为财富

欲望有助于成功，因为成功是努力的结果，而努力又大都产生于强烈的欲望。正因为这样，强烈的创富欲望，便成了成功创富最基本的条件。如果你不想再过贫穷的日子，就要有创富的欲望，并让这种欲望时时刻刻鞭策你、激励你，让你向着这一目标坚持不懈地前进。创富的欲望是创造和拥有财富的源泉。

你怎样思考，你就会怎样去行动。你要是强烈渴望致富，你就会调动自己的一切能量去追求财富，使自己的一切行动、情感、个性、才能与创富的欲望相吻合。这样，经过长期的努力和调节，你便会成为一个你所渴望的创富者，使创富的欲望变成现实。相反，你要是创富的欲望不强烈，一遇到少许挫折，便会偃旗息鼓，将创富的欲望淡化或压抑下去。

历史和现实都可以证明，欲望的力量可以使穷人变成富翁，使失败者重整旗鼓，使残疾人享有健康……欲望的力量就在于，使人在强烈的欲望冲动下，把那些不可能的事变成可能，把“自己不行”的卑微感彻底抛开，昂首阔步地走向成功。尤其是在创富过程中，欲望越强烈，成功的可能性就越大，离成功的目标也就越近。

只靠学校教育成不了亿万富翁

在现实生活中，经常有人这样认为：“只要把学上好了，财富自然就有了。”这个论断到底正确与否？在回答之前，我们先来看这样一项调查。

据有关部门一次对中国15个省市千万富翁调查的结果显示：

受教育程度为硕士及以上者为310人，占3.1%；大学本科2 420人，占24.6%；大学专科2 503人，占25.4%；高中2 230人，占22.6%；初中1 201

人，占12.2%；中专1026人，占10.4%；小学172人，占1.7%。

从调查结果来看，中国的千万富翁受教育程度集中在中学、大专、本科上，平均值在大专水平，本科学历的富翁中以年轻人居多。由此可见，能否成为富翁，其关键并不在于学历的高低。

从现实中的事例来看，挣钱也许并不需要多么高的教育背景、多么高的学历。许多成功人士没有受过多少学校教育，或在获得大学学位前就离开了学校。这些富人中有通用电气的创始人托马斯·爱迪生、福特汽车公司的创始人亨利·福特、微软的创始人比尔·盖茨、CNN的创始人泰德·特纳、戴尔计算机公司的创始人米歇尔、苹果电脑的创始人斯蒂夫·乔布斯，以及保罗品牌的创始人拉尔夫·劳伦。

也就是说，高学历并不代表着高成功率，学历代表过去，能力代表将来。日本西武集团主席堤义明认为，学历只是一个人受教育时间的证明，不等于一个人有多少实际的才干。日本索尼公司董事长盛田昭夫在总结自己的成功时，曾写过一本书叫《让学历见鬼去吧》。盛田昭夫提出要把索尼公司的人事档案全部烧毁，以便在公司里杜绝学历上的任何歧视，因为那样会阻碍公司的发展。他在索尼公司大力提倡不论学历高低，只比能力大小的做法。

学知识、拿文凭是一种好现象，但轻视低学历却是一种怪现象了。一个人的理论知识可以通过在学校接受教育或者自学来培养，日后的发展只能在实践中锻炼。要把理论与实践有机地结合起来，通过努力不断适应社会发展和市场发展的需要。只有找到了适合自我的工作需求，并在其中有创意地工作，你才能超越一般的劳动者，成为人才。

需要再次强调的是，文凭或学位也许能帮助你找一份工作，但它不能保证你在工作上的进步和你赚取财富的多少。商业最注重的是能力，而不是文凭。对某些人来说，教育意味着一个人的脑子里储藏着多少信息和知识，但死记硬背事实、数据的教育方法不会使你达到目的。目前，社会越来越依靠书本、档案和机器来储存信息，如果你只能做一些一台机器就能做的事情，那你就真的会陷入困境了。

真正的教育、值得投资的教育是那些能开发和培养你的思维能力的教育。一个人受教育的程度如何，要看他的大脑得到了多大程度的开发，要看他的思维能力。但亿万富翁并不是一纸文凭所能成就的，只要你时刻锻炼自己大脑的思维能力，即使你没有接受多么高深的学校教育，你也能成为亿万富翁。相反，如果你只去死记硬背知识，而不开发自己的大脑，即使你是博士生，也只能贫穷一生。

思路突破：赚钱能力是通过积累和学习而来的

在现实生活中，穷人总认为富人赚钱一定有秘诀，不然不会那样轻易就成功的。假设富人真的有秘诀的话，那就是善于学习别人的经验，也就是说，用已经证明有效的方法来帮助自己成功。穷人之所以没有成功，是因为他们不去学习别人的经验，都只是在用自己的经验。

只要你能够了解成功的人做哪些事情、采取哪些行动，只要你能跟他们做同样的事情，你就一定可以成功。

但富人学习，不是盲目地学，而是知道自己应该学什么，学这些东西干什么用。富人学东西，都是主动地学，哪怕所学的东西在当时看起来可有可无。

富人无论选择学什么，都是用心去掌握所学知识与技能的精髓，并要求自己能达到学以致用，而且能举一反三。他能把所学的东西变成改变自己命运的力量，变成自己真正的财富。

经验的累积，在过程上非常复杂。失败中可能有成功，成功之中也可能包含着失败。一个人只要每天反省他的为人处世，找出成功、失败的原因，再加以分析检讨，默记于心，当作将来为人处世的参考，这就是经验。如果不知道反省，只会糊里糊涂地过日子，经验从哪里来呢？所以从“经验”的意义来看，经营者把业务交给部属，就是让他们有增加经验的机会。相反，如果要求部属依令行事，那就等于把部属当成一部机器，只会被动地运转，然后渐渐老化，最后报废，又怎能增加经验呢？

积累经验，不仅要做有心人，还要做勤快人。经验教训时时处处都有，小事上也可能有大经验、大教训，故此不能疏忽、偷懒，否则就有可能放过一个个机缘。

经验的累积，见闻是必不可少的，但仅此远远不够，最重要的还应该是体验。“百闻百见，不如一次体验”，正是松下幸之助的经验之谈。松下幸之助把体验置于见闻之上，指出其对人生的重要。他说：“我们不能日复一日，虚度人生，要不断累积体验。无论是站在什么立场，这都是很重要的。”

见闻和体验都是获取知识和能力的途径。从体验中获取的知识、养成的智慧、锻炼的能力，比单纯的智慧更有实践意义。这并非否认口耳相传、书本相传的智慧和能力，而是说体验得来的智慧和能力对于个体来说更有价值，对于生活实践来说更有作用。

总之，一个人要想成为亿万富翁，就不要满足于从书本上获取的知识，而应寻找各种机会跟成功者在一起。你要成为什么行业的顶尖人物，就必须跟这个行业的顶尖人士在一起。只要你能够进入那个环境，跟他们学习，你一定可以得到你要的结果。同时，也要积极实践，在曲折前进中累积教训，培养能力，如果你能一直这样坚持，那么你离成功也就不远了。

安于现状便永享贫穷

穷人都有共同的特点，能习惯一切，也能适应一切。只知道做事情，不琢磨自己所做的事情对自己到底有什么样的意义，自己这样做下去会有什么样的结果。或者什么也不想，什么也不去做，只是随着生活的习惯前行，走到哪步算哪步。

日本三洋电机的创始人井植岁男，有着成功的事业和辉煌的人生。

有一天，他家的园艺师傅对他说：“社长先生，我看您的事业越做越大，而我却像树上的蝉，一生都待在树干上，太没出息了。您教我一点创业的秘诀吧？”

井植岁男点点头说：“行！我看你比较适合园艺工作。这样吧，在我工厂旁有2万平方米空地，我们合作来种树苗吧！1棵树苗多少钱能买到呢？”

“40日元。”

井植岁男又说：“好！扣除过道，2万平方米大约能种2万棵，树苗的成本是大概100万日元。3年后，1棵树可卖多少钱呢？”

“大约300日元。”

“100万日元的树苗成本与肥料费由我支付，以后3年，你负责除草和施肥工作。3年后，我们就可以收入600多万日元的利润，到时候我们每人一半。”

听到这里，园艺师傅却慌忙拒绝说：“哇！我可不敢做那么大的生意！”

最后，他还是在井植岁男家中栽种树苗，按月领取工资……

看，园艺师傅的思维就是典型的穷人思维。他也想致富，但一听说要涉及那么多钱，他可能考虑到风险，考虑到未来的辛苦，考虑到自己将遇到的困难，考虑到……他就放弃了行动，最后只能以“我可不敢做那么大的生意”来终结自己，继续过按月领取工资的生活。

穷人面对自己的处境，从来不问问自己：我想了吗？我做了吗？我竭尽全力了吗？很多事情的成功，都不是一蹴而就的，需要一个人努力努力再努力、坚持坚持再坚持才可以实现。但是，穷人没有耐心，他们可以将就，可以凑合。

他们之中游手好闲者有之，不学无术者有之，破罐破摔者有之，空有皮囊者有之。没有机会不去创造机会，有机会也抓不住机会，却整天抱怨这抱怨那。无论在家里，还是在社会上，总有那么多人庸庸碌碌，虚度光阴。贫困的生活，不仅造成他们的身体营养不良，也使他们的灵魂、目光、意志和思想更加贫穷。

思路突破：从现在起，改变自己

人都有一种思想和生活的习惯，就是害怕自己的环境改变和思想变化，人们喜欢做经常做的事情，不喜欢做需要自己变化的事情。所以，很多时候，我们没有抓住机会，并不是因为我们没有能力，而是因为我们害怕改变。

你是否在做一件事情的时候问过自己：“我做过的事情，是否让我自己满意？”如果目前你所做的事情、你所处的位置连你自己都不满意，那说明你没有做到卓越。既然事情没有做到卓越，你依然贫穷，为什么不寻求改变呢？

许多亿万富翁几乎都经历过贫困的童年生活，他们为自己低下的社会地位感到屈辱，他们渴望像富有的人一样拥有财富、摆脱贫困，再也不想一无所有。像富有的人一样干，我也行！正是他们强烈的渴望使他们走上了富裕的道路。

别人能做到的，你也能做到！你深深珍惜的梦想是你的一部分，别人致富的实践是你需要借鉴的宝典。所以，要坚信自己能像他们干得一样好，那么开始起航吧，让亿万富翁的榜样为你的行动提供动力！

头脑是最大的差距所在

哲学家普罗斯特曾说过：“真正的发现之旅，不在于寻找世界，而在于用新视野看世界。”世界瞬息万变，现代人在面对新世纪的挑战时，首先要改变自己的思想观念，与时俱进，不能故步自封、抱残守缺，更不能一成不变、裹足不前。而必须以新思想、新观念、新视野适应世界的种种变化。

“亿万财富买不到一个好的想法，一个好的想法却可以赚进亿万财富。”一个人想要过上富有的生活，简而言之，就是要靠脑袋致富，而不是靠领薪水过日子；要靠组织网络倍增财富，而不是靠单打独斗赚血汗钱。所有的成功首先都源于心灵，所有的构架首先都是思想的构架。建筑物所有的细节首先在建筑师的头脑里完成，施工者仅仅是围绕建筑师的设计放置石头、砖块和其他材料。

而实际上，我们每个人都是建筑师，我们所做的每一件事都预先在大脑里有某种程度的设计。

很多时候，使我们陷入贫穷的正是我们思想上的贫穷。任何东西都是首先创造于头脑，随后才是实物。如果我们的思考能力更强些，我们就会是更好的物质劳动者。

美国成功学大师拿破仑·希尔博士依赖自己所创的“心理创富学”而拥有亿万资产。他曾指出：“人的心灵能够构思到而又确信的，就可以成为财富。”并提出了心灵创造财富的公式：财富=想象力+信念。

想象力是灵魂的工场，也是财富的“核反应堆”。它可以给你带来一个创富的目标，让世界上许多事物向你展示出新奇的面目，但仅止于此还不够，你还必须以坚定的信念，去加以实现。关于行动的重要性，曾获得过1978年度诺贝尔物理学奖的罗伯特·威尔逊在谈到科学的创造过程时说过：“科学家在动手解决一个确定会有答案的难题时，他的整个态度才会随之发生根本改变，此时他实际上已经找到了一半的答案。”因此，当我们有一个致富的创意存在于大脑中时，不妨相信财富已经在某处存在，仅需要我们动手去捉住它罢了。

思路突破：学习富翁的思维方式

犹太经典《塔木德》中有这样一句话：“要想变得富有，你就必须向富人学习。在富人堆里即使站上一会儿，也会闻到富人的气息。”穷人之所以穷，富人之所以富，不在于文凭的高低，也不在于现有职位的卑微或显赫，很关键的一点就在于你是恪守穷思维还是富思维。

爱思考的人不一定是一个富人，但富人一定是一个善于思考的人。因为思考是让一切做出改变的开始，也只有通过思考，才可以让一切改变。

穷人愿意付出力气，但却舍不得动自己的大脑，他认为思考是一件很痛苦的事情或者是自己不能做的事情。穷人因为不善于思考，所以就不能做出改变，所以就成不了富人。

成功和失败的分水岭往往就是我们没有去思考，而有的人去思考了、去努力了，然后成功了。平庸的人只知道埋头苦干，而成功的人却能“投机取巧”，努力提高自己的思考能力或者总结经验，这对于发现商机来说是很重要的。

钱要用在合适的地方

英国著名文学家罗斯金说："通常人们认为，节俭这两个字的含义应该是'省钱的方法'。其实不对，节俭应该解释为'用钱的方法'。也就是说，我们应该怎样去购置必要的家具，怎样把钱花在最恰当的用途上，怎样安排在衣、食、住、行，以及教育和娱乐等方面的花费。总而言之，我们应该把钱用得最为恰当、最为有效，这才是真正的节俭。"

工作已经有四五年的小蓓近来忽然间发现，钱越挣越多了以后自己的消费方式也发生了变化。曾一度爱赶时尚潮流的她现在消费越来越理性，不仅不再盲目追时髦、比阔绰，而且也开始学会勤俭持家了。比如把洗衣服、洗菜水攒起来冲厕所，省钱是一方面，关键是节省了紧缺的水资源。

出行方面，小蓓也曾考虑过买车，考虑到北京交通的复杂状况以及朋友帮她算过账，她毅然选择坐公交车或打车的出行方式。从家到单位7公里，有一趟直达的空调公交车，再加之不用朝九晚五地赶时间地工作，现在她一直坐公交车上班，晚上玩得晚了就打车回家。这样每年给她节省下来的钱她都用在假期和父母一块出游上了。

现在人们生活都讲究品位，但小蓓更追求回归自然的生活方式。闲下来的时候她更愿意徒步逛逛后海，累了找个石凳坐坐。有时还会去爬香山喂松鼠，再给可爱的松鼠买上两块钱的花生，体会人与自然

融合的惬意，比花五六千块钱办一张健身卡跑到室内呼吸别人的废气舒服得多。她越来越相信一个道理：幸福不与花钱多少成正比，最关键的是钱要花在刀刃上。

现实生活中，人们往往认为有钱就能解决一切问题，于是在生活的方方面面常常是“慷慨解囊”，一掷千金。其实，这是一种盲目的浪费行为，金钱只有用在合适的地方，才能发挥它的最大效应，盲目乱用，只能造成无谓的浪费和损失。

思路突破：把钱花在刀刃上

要想做到把钱花在刀刃上，那么对家中需添置的物品要做到心中有数，经常留意报纸的广告信息。比如：哪些商场开业酬宾，哪些商场歇业清仓，哪里在举办商品特卖会，哪些商家在搞让利、打折或促销活动等。掌握了这些商品信息，再有的放矢，会比平时购买实惠得多，如果你没有事先准备，想想你口袋中的钱，还能办那么多的事吗？

要培养节俭的习惯，但同时也要注意绕开节俭的沼泽地。

“没有投资就没有回报”，“小处节省，大处浪费”，还有许多家喻户晓的谚语都反映了错误的节约不仅无益反而有害的常识。

有些人浪费了大量的时间，用错误的方法来节省不该节省的东西。有个老板曾经制定了这样一条规矩，要他的员工不顾一切地节省包装绳，即使要耗费大量的时间也在所不惜。他还要求尽量省电，而昏暗的店面让许多顾客望而止步。他不知道明亮的灯光其实是最好的广告。

一个人能否拿出10至15元钱参加一次宴会，这本身并不是什么问题。他可能为此花掉了15元钱，但他也许通过与成就卓著的客人结交，获得了相当于100元钱的鼓舞和灵感。那样的场合常常对一个追求财富的人有巨大的刺激作用，因为他可以结交到各种经验丰富的人。在自己力所能及的情况下，对任何有助于增进知识、开阔视野的事情进行投资都是明智的消费。

如果一个人要追求最大的成功、最完美的气质和最圆满的人生，那么他就会把这种消费当作一种最恰当的投资，他就不会为错误的节约观所困惑，也不会为错误的“奢侈观念”所束缚，而是要把钱花在合适的地方。这样才能良好地理财，也才能发挥出钱财的最大效应。

穷人做事情，富人做事业

如果有人投资让你去开一家杂货店，你会怎么想？

从做事情的角度考虑，开杂货店用不着风吹日晒雨淋，除了进货，大部分时间都是坐着，可以闲聊，可以看报，可以织毛衣，轻松无比。钱也有得赚，进价6毛的，卖价1元，七零八碎的，一个月下来，衣食至少无忧。

但换一个角度想，开了杂货店，你就开不成饮食店、书店、鞋店、时装店，总之，做一件事的代价就是失去了做别的事的机会。人生几十年，如果不想在一个10平方米的杂货店内耗掉，你就得想到底做什么更有前途。从事业的角度，你要考虑的就不是轻松，也不是一个月的收入，而是它未来发展的潜力和空间到底有多大。

杂货店不是不可以开，而是看你以怎样的态度去开。如果把它当作一件事情来做，它就只是一件事情，做完就脱手；如果是一项事业，你就会设计它的未来，把每天的每一步都当作一个连续的过程。

作为事业的杂货店，它的外延是在不断扩展的，它的性质也在变。如果别的店只有2种酱油，而你的店却有10种，你不仅买一赠一，还送货上门，免费鉴定，传授知识，让人了解什么是化学酱油，什么是酿造酱油，你就为你的店赋予了特色。你的口碑越来越好，渐渐就会有人舍近求远，穿过整个街区来你的店里买酱油。当你终于舍得拿出2000元钱去注册商标时，你的店就有了品牌，有了无形资产。如果你想扩大规模，想增加店面，或者用连锁的方

式，或者采取特许加盟方式，你的店又有了概念，有了进一步运作的基础。

这就是事情和事业的区别，也是穷人和富人的差距。因此，如果你把追求财富当作一种事业，你就会站在一个更高的角度来看待它，因而也就更容易在生意场上取得成功。从对许多经济成功人士的采访看，赚钱使他们感到快乐，不在于自己的金钱增加了多少，而在于自己通过赚到的钱，证明了自己的价值，这种满足感才是快乐的源泉。这种满足感使自己在赚钱的时候感觉自己是在从事一种事业，从而极大地激发了自己的创造性和幸福感。

思路突破：选择自己感兴趣的事业

要想成为亿万富翁，首先要选择自己感兴趣的事业。只有选择你感兴趣的事业，你才会热爱你的工作，付出你的精力，挖掘你的潜能。

詹姆斯先生在选择职业方面是一个很好的例子。詹姆斯先生生活在中上层的家庭，进过预备学校，他的前18年住在纽约大都市的一个漂亮的居民小区。詹姆斯先生每年的收入超过70万美元，算是一个富翁，一个资产型富翁。他在每年所实现的收入中，每1美元就有超过20美元的净资产。每周工作日的早晨，他5点35分起床，面带笑容，并且很快就投入工作。

在解释自己的工作态度时，詹姆斯说："我没有经济上的担忧……我一心只想着去工作……我要去实现我的生意目标，这非常重要。我没有财力上的问题。我不像有些老板，住着昂贵的房子，银行里却没有钱……他们有财务上的担心。而且，我每天都很想去公司，我想做这个，又想做那个。我就是凭着这个动力去工作……就是想把工作做好。"

他长期不停地工作，每天早早起床，其背后的动力是什么呢？詹姆斯先生的动力与大多数经济成功者的动力是一样的——他们的财富越多，他们就越有可能说："我的成功直接源于我对自己的事业或生意的热爱。"

詹姆斯先生现在已经是一个非常成功的富翁，即使再过20年，他也有足够的钱使他及家人活得舒舒服服，但他仍然黎明即起，每天辛勤工作。他的目的只有一个，只是想把生意做得越来越好。

从詹姆斯先生的身上，我们可以看到"热爱"的力量，但只有你感兴趣的事业，你才会热爱。因此，选择一个你终生感兴趣的事业是相当重要的。

兴趣，是一个人力求认识、掌握某种事物并经常参与该种活动的心理倾向。人们对某种职业感兴趣，就会对该种职业活动表现出肯定的态度，就能在职业活动中调动整个心理活动的积极性，开拓进取，努力工作，这样自然有助于事业的成功。反之，如果对某种职业不感兴趣，硬要强迫他做自己不愿做的工作，这无疑是对意识、精力、才能的浪费，自然无益于工作的进步。

一个人的兴趣爱好是很多的，一般说来，兴趣爱好广泛的人，选择职业时的自由度就大一些，他们更能适应各种不同岗位的工作。广泛的兴趣可以促使人们注意和接触多方面的事物，为自己选择职业创造更多有利条件。在你踏上致富之路前，必须选择好自己的职业。

勇于开创自己的事业

曾经有人说："淘金者需要梦想，发财者需要胆量。"一个人若想成为亿万富翁，创业是一条途径。

生活中，许多人都仅仅满足于当一名雇员，替别人打工，生活虽然有保障，但永远不会大富大贵。而有些人却选择做企业主或投资者，因为他们更相信自己的能力和眼光。他们还具有强烈的欲望，总是希望自己能够干一番大事，这也是为什么他们会选择做企业主和投资者的原因。

惠尔特和普克德在大学毕业之后，曾有段时间饱尝了寻找工作的苦。后来他们有所领悟，转变了思维观念：与其找工作，不如自己创业，为别人提供创业机会。摆脱了受雇于人的思想束缚，他们决定干自己的事业。两人合伙凑了538美元，在加州租了一间车库，办起了公司，分别取二人姓名中的第一个字母为公司名称，这就是后来闻名于世的惠普公司。

创业之初，迎接他们的是凄风苦雨：

他们苦心研制出的音响调节器推销不出去;试制出的发球出界显示器无人问津。但这并没有使两个人气馁，他们依然雄心勃勃，夜以继日地研究、改进，四处奔波去推销。功夫不负有心人，他们研制的检验声音效果的振荡器开始有了几个买主,这令他们感到欣慰。第二年,他们的辛苦终于有了回报,赚了1563美元。

他们为自己赚的1563美元感到高兴，同时也深深地感受到了创业的艰辛，又从这艰辛中体验到了常人无法感受的快乐。

20世纪70年代初，普克德凭着他在商海搏击的经验，认为微电子是工业的未来。于是普克德为惠普定了决策，在“硅谷”创业，以微电子工业作为惠普的发展方向，他们在后来的业务活动的开展中自始至终坚持这一发展方向。1972年，惠普研制出世界上第一台手持计算器，这一研制成果为微电脑的开发提供了条件。手持计算器成为微电脑的重要组成部分。1984年，惠普又研制出激光喷墨打印机。时至今日，惠普在电子计算机硬件技术方面仍然是首屈一指的，是全世界微电子工业最重要的电子元器件、配套设备供应商之一。

人生面临着无数次选择，离校步入社会寻找用人单位几乎是每个人就业的思维方式。你本可以自己独辟一片天地，可如果跳不出这个思维方式，就只能四处奔波找工作。

因此，靠自己获取财富的首要途径，就是要勇于自己创业！

思路突破：创业前做好思想和物质准备

每年都有很多人投入到创业的大潮中，他们当中有的成功了，享受到了创业带来的荣誉与财富；有的失败了，失去了所有的积蓄，甚至还背上沉重的债务。商海中起起伏伏，成功与失败在不停地交替上演。因此，在你决定创业前，一定要先审视自己是否做好了充分的思想和物质准备。

作为一个雇员和一位老板，由于两者所处的位置不同，他们的责任和感受也截然不同。如果你打算从雇员转变为老板，先问问自己能否接受其中的转变。为此你要有以下的准备：

1. 安全感

在创业之初，这种感觉很少能体会到。因为这个阶段，你只是在自己预期目标的支配下努力着，但预期目标并未实现，它的实现过程需要你的付出，包括对未来事业的规划与忧虑。有一些私人企业会因为缺乏准备、缺乏资金、缺乏精力以及缺乏对生意的敏锐度而告失败。私人企业就像赌博，无论赌注大小都会有输赢两种情况，只不过赌注大小和输赢大小因人而异罢了！

2. 地位

作为受雇者，如果有一辆公司的配车，人们总是把你想得比拥有一辆私人轿车的人来得重要。因为，这是一个地位的标志，表明你在公司很受重用，表明你所从事的工作已小有所成。而经营个人企业时，这种地位的取得却没有那么容易。你需要付出许多努力，在事业有一定根基后，才能得到社会的认同。而这个努力的过程无法预知有多长，它是你的机遇和努力程度共同作用的结果。

3. 财富

你可能会拥有财富。但这只是一种可能，在生意场上，有赔有赚很正常，不要认为做生意一定能赚钱，“下海”前要先了解自己的“水性”怎样。做生意发财是目的，但同样要有足够的心理准备，赔了就当交学费了。当你有了这种承受能力后再涉足商海，才是明智的决定。

4. 家庭生活

你也许认为，作为一个私企老板，你可以每天在家工作，你可以与家人在一起。但实际上，你不但不可能真正地与家人拥有很多的闲暇时间，相反，你的工作时间可能比一般受雇者更多。尤其在创业初期，许多意想不到的工作会耗费你大量时间，每天的24小时差不多要被你用成每天工作25小时。

如果你能勇敢地承受以上的各项要求，接下来就应该做好创业的准备工作。

（1）选择创业的行业。最好选择自己熟悉而有能力掌握的行业。先审慎检视一下创业的时机以及自己的条件，对市场必须深入了解，行销计划必须具体可行。

（2）寻求志同道合，真正能共创事业、同甘共苦的合作伙伴。因为在创业过程当中，人才扮演着极为重要的角色。

（3）预测可能遇到的困难，并评估自己的实力是否足以承受得住。

（4）充裕的资金计划。如果可能，多筹措一些资金是最理想的。无可否认，如能预先妥善规划详尽的资金运用表，当然会倍增奋斗的信心以及成功的概率。

（5）做好最坏的打算。如果市场或者经营环境发生重大变化而无法按照预定计划执行时，要如何应变？如何掌握东山再起的机会？

如果你确认自己做好了创业的思想和物质准备，并且确定经营个人企业是适合自身发展的，那么不要犹豫，坚定信心，立即行动起来吧！

做生意，要练就“市场眼”

有位哲人说过：世界上并不缺少美，缺少的只是发现。同样，在商品经济社会中并不缺少商机，缺少的也是发现，而且是适时的发现。发现早了，虽然证明你独具慧眼，但客观条件不具备，不能真正地操作而产生利润，所以还不能算真正的商机；发现晚了，等先到者将蛋糕瓜分完了，后来者只有残汤剩水了。如果一个商机失去了，就应该用心捕捉下一个商机。凡是赚了钱的人，他们获取成功的一个共同特质就是——永不言晚！因为处处留心皆商机，钱就在你身边，看你怎么去赚。如果对商机是又想又怕：“商机可不是我们普通人能发现的。”那么，你可能永远也不能发现商机。

一温州人范鸣强携妻儿到北京旅游，徜徉在宽阔的天安门广场，他感慨万千，神思遐想。突然，他来了灵感：为什么不在天安门城楼上开一家“马列书店”？店内以红黄“国旗色”为主色调，高处悬挂马克思、列宁、毛泽东、邓小平等伟人画像，所售图书均为经典著作。在这个万众景仰的地方，还怕没有销路？

得知这个想法的朋友没有不笑他“太痴狂”的：“你就等着遇红灯吧！”

1999年，新中国成立50周年，马克思主义传入中国100周年。范鸣强觉得是时候了，他神色肃穆地叩开了天安门城楼管理处的大门。

出人意料的是，当范鸣强说了自己的想法后，天安门城楼管理处当即拍板同意。为了表示对这块“红色阵地”的支持，还破例对这家书店免收租金。

多关心看似不起眼的零散信息，往往能带来商机。现代社会是信息社会，大家获取信息的渠道都差不多，所以，即使里面有商机，也是过眼烟云、明日黄花了 。精明之人就要广辟信息渠道，发掘获取最有价值的信息。零散信息便是重要的一种，它指的是信息的内容尚未经专门机构加工整理就直接作用于人的感觉，如一句“闲话”、一点“灵感”、一个“点子”等。这种零散信息产生于日常生活之中，流淌于百姓大众之间，不费一钱一物，因为其非正规、非主流的特性，决定了它不被多数人重视的结果，实际上它可能产生的价值却不可小视。

思路突破：善于发现远处的商机

经商不会是一帆风顺的事情。遇到困难、挫折，你将如何处理？是在困难和挫折面前倒下，还是能正视它们，力求解决？在这里赠上一言：不妨把你的眼光放得远一点，善于发现远处的商机，成功也许就在前面等着你。

1980年夏天的一个早晨，一个17岁的少年离开老家安徽桐城县，带着父亲给的5元钱，去长沙姑母家。

姑母家也很拮据，少年只得想法挣钱。姑母借来一个冰棒箱，少年天天去卖冰棒，收入甚微，少年并不甘心就这样下去。

一天，他看见一个小男孩在垃圾桶里不停地翻捡，心里一动："我也试试去捡垃圾如何？"

他拉住小男孩打听，知道了许多捡垃圾的事宜。他离开姑母家，和捡垃圾的人一起住到了长沙市郊。

开头的屈辱是难免的，人人都是这么过来的，慢慢就不觉得怎么样了。他每天早晨出去，晚上回来就有了一些钱。

捡了一年，他有了经验，也看出了门道。垃圾在收购者那里转了一手，如果避开这些中间商，直接送到工厂，收益会更大。

看了这步棋，他决定自己收购垃圾。没想到，效益马上上升，月收入由几百元上升到几千元。

干了一年，他又看出了新的门道。他将捡垃圾的人组织起来，

50个人一组，如金属组、塑料组、玻璃组等，他成了垃圾头。

几年后，他又看出了新的门道。他把当废铁卖的旧自行车集中起来，搞起了自行车翻新的业务，还搞起了废旧轮胎的翻新业务和铝合金加工业务。这些加工业逐渐发展壮大，到1993年，他捡垃圾的第13个年头，他拥有了自己的3个工厂，资产达数百万元。

此时，他又看出了下一步。他感受到城市环保的重要性，决定从白色污染着手。他花了2年时间考察，先后去了日本、德国、新加坡、马来西亚等地，最后选择了日本的先进设备，于1999年6月，投资1300多万元，建起了长沙环保塑化炼油厂。与此同时，他又从治理“黑色污染”着手，成立了环保橡胶制粉厂，产品用于铺设柏油路，防滑防冻，销路很好。2000年7月，他又投资了新的项目，综合性无害化焚烧医疗垃圾处理厂。

这时，当年那个受人歧视的捡垃圾少年已经成了长沙市家喻户晓的垃圾大王。

后来，他又看出了下一步棋，要搞废旧家电的回收再利用。他说，从环保的角度讲，每生产一件新的家电，就意味着将有一件废旧家电被利用。

无论任何时候，他总能看到远处的一步棋。这就是他能在垃圾堆里从小干到大的重要原因。

这就是眼光独特、有远见的价值。一个富有经济头脑，眼光敏锐的人，从来不会仅仅局限于发现小商机，而是会处处从长远考虑，努力把小生意做大，做强。也正是凭借这种远见和气魄，他们才能在人生的道路上走得更好，更辉煌。

冒险成就大财富

常言道：“不入虎穴，焉得虎子。”想创造机会，却不想冒风险，那是不可能的。大凡成功人士，无不独具慧眼，他们在机会中能看到风险，更能在风险中捉住机遇。

格蒂于1893年出生于美国的加利福尼亚州，父亲是一位商人。他小时候很调皮，但读书的成绩还算不错，后来进入英国的牛津大学读书。1914年毕业返回美国后，他最初的意愿是想进入美国外交界，但很快就改变了主意。

他为什么改变了主意呢？因为当时美国石油工业已进入方兴未艾的年代，一种兴致勃勃的创业精神鼓舞着年轻的格蒂到石油界去冒险。他想成为一个独立的石油经营者。于是，他向父亲提出，让他到外面去闯一闯。他向父亲借了一笔钱之后，便独自来到俄克拉荷马州，第一次进行他的冒险事业。

1916年春，格蒂领着一支钻探队，来到一个叫马斯科吉郡石壁村的附近，以500美元租借了一块地，决定在这里试钻油井。工作开始后，他夜以继日地奋战在工地上。经过一个多月的艰苦奋战，终于打出了第一口油井，每天产油720桶。格蒂从此进入了石油界。就在同年5月，他和他父亲合伙成立了“格蒂石油公司”。

1919年，格蒂以更富冒险的精神，转移到加利福尼亚州南部，进行新的冒险计划。但最初的努力失败了，在这里打的第一口井竟是个“干洞”，未见一滴油。但他不甘失败，在一块还未被别人开采的小田地里取得了租借权，决心继续再钻。然而这块小田地实在太小了，载运物资与设备的卡车根本无法开进去。他采纳了一个工人的建议，决定采用小型钻井设备。他和工人们一起，把物资和设备一件件扛到这块狭窄的土地上，然后再用手把钻机重新组合起来。办公室就设在泥染灰封的汽车上，他们奋战了一个多月，终于在这里打出了油。

随后，他移至洛杉矶南郊，进行新的钻探工作。这是一次更大的冒险，因为购买土地、添置设备以及其他准备工作，已花去了大笔资金，如果在这里不成功，那么将意味着他已赚取到的财富将会化为乌有。他亲自担任钻井监督，每天在钻井台上战斗十几个小时。打到3000米，未见有油。打到4000米，仍未见有油。当打到4350米时，终于打出油来了。不久，他们又完成了第二口井的钻探工作。仅这两口油井，就为他赚取了40多万美元的纯利润。这是1925年的事情。

格蒂的冒险一次次地获得成功，促使他想去冒更大的险。1927年，他在克利佛同时开4个钻井，又获得成功，收入又增加80万美元。这时，他建立了自己的储油库和炼油厂。1930年他父亲去世时，他个人手头已积攒下数百万美元了。以后的岁月，幸运也常伴格蒂身边。他所买的租田，十之八九都会钻出油来。而且，他的事业也一直顺风满帆，直到他成为世界著名的富豪。

要想做成任何一件事都有成功和失败两种可能。当失败的可能性大时，却偏要去做，那自然就成了冒险。问题是，许多事很难分清成与败，那么这时候也是冒险。而商战的法则是冒险越大，赚钱越多。事实上，冒险与收获常常是结伴而行的，险中有夷，危中有利。要想有卓越的结果，就要敢冒风险。一个人纵然有强烈的致富欲望，但却不敢冒险，就永远做不到最大、最强。

思路突破：时刻注意机会成本

对创富者来说，做一项买卖的成本不仅是付出的金钱与精力，还有一个巨大的易被忽视的成本：你因无法同时做另一件事而放弃的机会和财富，这也是你的机会成本。因此你在做任何事情时，一定要仔细权衡其中的机会成本，千万不能因小失大。

机会成本观念还要求舍小事管大事。有些人事必躬亲，不论大小事都要亲自参与，不放心让别人独立工作，自以为“无论大事小事，我不经手就一定会出差错”。这看上去是节省了人手，殊不知，在他为烦琐小事忙得焦头烂额的时候，竞争对手已经轻装上阵，远远地把他抛在身后了。

在决定冒险之前，我们一定要考虑机会成本的问题，没有机会成本观念的人，往往会因小失大，导致失败。

美国佛罗里达州的约翰·莫特勒是一个为了实现自己的梦想而甘冒风险的人。他在一个条件优越而又忙碌的会计岗位上工作了10余年。但是他却准备辞去这份无忧无虑的工作，而去圆自己当老板的梦想。

他的妻子、他的所有朋友，甚至他的老板和同事都认为他这样做简直就是疯了。但是经过仔细认真地计划后，他对自己要面对的风险充满信心。最后，他毅然辞去了会计工作，开始构建自己的事业——专门生产、销售风味小吃。

莫特勒对风险有足够的准备，因为他事先做了细致的规划。在他开始自己事业的冒险以前，他就已经把所有的空余时间都用在了厨房里，研究食谱，品尝、调制各种不同口味的小吃。他的周全翔实的计划、坚忍不拔的毅力和耐心以及努力终于获得了回报。

从采取行动到实现自己的梦想仅仅3年时间，约翰·莫特勒就已成为百万富翁了。他销售风味小吃一事成了整个美国家喻户晓的美谈。当然，再也没有人说他的行为是"疯了"。

当我们面对风险时，应该像莫特勒表现出来的那样充满自信。恰当的计划能够让我们对大多数的风险挑战有所准备。

风险是一把双刃剑，冒风险去做一件事情之前，必须将机会成本考虑在内，以便更好地规避风险，走向成功。

机遇是产生金钱的"酶"

机遇是产生金钱的重要因素，任何人都会遇到，只不过有的人多一些，有的人少一些，有的人不断获取，有的人却逐渐失去。当你懂得如何打开机遇大门时，你就找到了致富的"酶"。

丹皮尔从哈佛大学毕业后，进入一家企业做财务工作，尽管赚钱很多，但丹皮尔很少有成就感，经常被沮丧的情

绪笼罩着。他不喜欢枯燥、单调、乏味的财务工作，他真正的兴趣在于投资，做投资基金的经理人。

丹皮尔为了消除自己的沮丧情绪，就出去旅行。在飞机上，丹皮尔与邻座的一位先生攀谈起来，由于邻座的先生手中正拿着一本有关投资基金方面的书，双方很自然地就转入了有关投资的话题。丹皮尔特别开心，总算可以痛快地谈论自己感兴趣的投资了，因此就把自己的观念以及现在的职业与理想都告诉了这位先生。这位先生静静地听着丹皮尔滔滔不绝的谈话，时间过得很快，飞机很快到达了目的地。临分手的时候，这位先生给了丹皮尔一张名片，并告诉丹皮尔，他欢迎丹皮尔随时给他打电话。这位先生从外表来看，只是一名普通的中年人，因此丹皮尔没有在意，继续自己的旅程。回到家里，丹皮尔整理物品的时候，发现了那张名片，仔细一看，丹皮尔大吃一惊，飞机上邻座的先生居然是著名的投资基金经理人！自己居然与著名的投资基金经理人谈了 2 个小时的话，并留下了良好的印象。丹皮尔毫不犹豫，马上提上行李，飞到纽约。一年之后，丹皮尔成为一名投资基金经理。

如果没有在飞机上的这次机遇，丹皮尔也许还要在那家企业的财务岗位上继续待下去。机遇为丹皮尔带来了财运。

机遇往往在瞬间就决定了人生和事业的命运，抓住了机遇，就彻底地改变了自己的命运、前途。每个成功者的背后都有许多条交错往复的路，而机遇就像是在每条道口旁的路标，指引着善于把握时机者踏上成功之途，而把无所用心者置于迷茫之中。

我们要善于发现和抓住机遇。所谓“谋事在人，成事在天”，说的是事业成功取决于两方面的因素，一是主观努力，二是客观机遇。因此，一个成功企业家必须具备的重要素质就是“是否善于发现和抓住机遇”。机遇是产生金钱的“酶”，只要你能抓住那稍纵即逝的机遇，你就相当于抓住了金钱。

思路突破：做好准备，迎接机遇

真正成为富人的人都知道这样一个道理，那就是机遇只会降临到有准备的人身上，如果你时刻都梦想着机遇来临，不做准备，那么即使机遇来临了，你也抓不住。只有不放过任何小事，认真地做好准备工作，机遇才能被抓住，被利用。

机会只留给有准备的人。不要浪费你自己宝贵的时间去倾听那些抱怨没有机会的人。审视你自己，如果机会出现，你能否把握住？你是否已经做好了准备？认真工作的人绝不会抱怨没时间或没机遇，只有整天无所事事的人才会怨天尤人。有些人因为掌握住机遇、会利用机遇，所以一生受益；但也有些人随意放弃各种机遇。机遇的存在源于努力，如果一个人能认真看待自己的生活，那么财富机遇就会顺势而来。

流动的金钱才能创造价值

生命在于运动，财富也在于运动。作为金钱，可以是静止的，而资金必须是运动的，这是市场经济的一般规律。资金在市场经济的舞台上害怕孤独，不甘寂寞，需要明快的节奏和丰富多彩的生活。把赚到的钱存在手中，把它静置起来，总不如合理的投资利用更有价值，也更有意义。

犹太人的金钱法则就是：钱是在流动中赚出来的，而不是靠克扣自己攒下来的。他们崇尚的是“钱生钱”，而不是“人省钱”。有个犹太商人说：“很多人如果把钱流通起来，就会觉得生活上失去了保障。因此，男 人每天为了衣、食、住在外面辛苦工作，女人则每天计算如何尽量克扣生活费存入银行。人的 生就这样过去，还有什么意思呢？而且，当存折上的钱越来越多的时候，在心理上觉得相当有保障，这就养成了依赖性而失去了冒险奋斗的精神。这样，岂不是把有用的钱全部束之高阁，使自己赚钱的机会溜走了吗？”

一位理财学者曾这样说过：“认为储蓄是生活上的安定保障，储蓄的钱越多，则在心理上的安全保障的程度就越高，如此累积下去，就永远不会得到满足，再说，哪有省吃俭用一辈子，在银行存了一生的钱，光靠利滚利而成为世界上有名的富翁的人？”

不少人认为钱存在银行能赚取利息，能享受到复利，这样就算是对金钱有了妥善的安排，已经尽到了理财的责任。事实上，利息在通货膨胀的侵蚀下，实质报酬率接近于零，等于没有理财。

每一个人最后能拥有多少财富，是难以预料的事情，唯一可以确定的是，将钱存在银行只能保证生活安定，而想致富，比登天还难。将自己所有的钱都存在银行的人，到了年老时不但不能致富，常常连财务自主的水平都无法达到，这种事例在现实生活中并不少见。选择以银行存款作为理财方式的人，无非是让自己有一个很好的保障，但事实上，把钱长期存在银行里是最危险的理财方式。

通常贫穷人家对于富人之所以能够致富，较正面的看法是将其归于富人比自己努力或者他们克勤克俭，较负面的想法是将其归之于运气好或者从事不正当或违法的行业。但这些人万万没想到，真正造成他们的财富被远抛诸后的，是他们的理财习惯。因为穷人与富人的理财方式不同，穷人的财产多是存放在银行，富人的财产多是以房地产、股票的方式存放的。

一位成功的企业家曾对资金做过生动的比喻：“资金对于企业如同血液对于人体，血液循环欠佳导致人体机理失调，资金运转不灵造成经营不善。如何保持充分的资金并灵活运用，是经营者不能不注意的事。”这话既显示出这位企业家的高财商，又说明了资金运动加速创富的深刻道理。

其实，经营者最初不管赚到多少钱，都应该明白俗话中所讲的“家有资财万贯，不如经商开店”“死水怕用勺子舀”这个道理。生活中人们都有这样的感觉，钱再多也不够花。为什么？因为“坐吃山空”。试想，一个雪球，放在雪地上不动，它永远也不可能变大；相反，如果把它滚起来，就会越来越大。钱财亦是如此，只有流通起来才能赚取更多的利润。

从经济学的角度看，资金的生命就在于运动。资金只有在进行商品交换时才产生价值，只有在周转中才产生价值。失去了周转，不仅不可能增值，而且还失去了存在的价值。如果把资金作为资本，合理地加以利用，那就会赚取更多的钱。

当然从事经营，风险是时刻存在的。古人讲："福兮祸之所伏，祸兮福之所倚。"赢利是与风险并存的。

在金钱的滚动中，在资本的运动中，发挥你的才智，开启你的财商，你就可能成为新的富豪。

思路突破：铜钱眼里翻跟斗

在商业经营中，钱能生钱，也就是说，有了一定数量的钱，再加上合理有效的运用和调配，就能获取更多的钱。如何合理地运用，调配已有的金钱，这是对一个经营者的才干和智慧的考验。然而，中国有句俗话，叫作"巧妇难为无米之炊"，作为一名经营者，无论你有多么强的经营能力，如果没有钱供你运用、支配，那么，所有的一切都是空中楼阁。

中国传统商人有"一文钱创天下"的志向和能力，但他们也知道，完全靠自己一文钱一文钱地积累，这个发家过程无疑会十分漫长。因此，跳过最初资金积累阶段，直接由借贷——负债经营入手，便成为许多商人的经营捷径。

胡雪岩曾说他自己就知道"铜钱眼里翻跟斗"，这"因人成事"，大约也应该算作是这"跟斗"的一种"翻"法。所谓因人成事，说到底，也就是根据自己面对的实际情况，灵活选择自己的对策，不失时机地开创自己的事业。从筹措、积累资金的角度看，"因人成事"其实也与有多大力量办多大事情相类似，但它不是那种从少到多慢慢积累的被动等待方式，而是一种积极主动的精神。

中篇

好方法

PART 01

只为成功找方法，不为问题找借口

凡事找借口的员工，一定是单位里最不受欢迎的员工；凡事找方法的员工，一定是单位里优秀的员工！对于职场人士来说，当遇到困难时，能否主动去找方法解决这一点，对他在职场中能否成功和发展具有决定性作用。

方法是解决问题的敲门砖

日本的火箭研制成功后，科学家选定A海岛做发射基地。经过长久的准备，进入可以实际发射的阶段时，A岛的居民却群起反对火箭在此发射。于是全体技术人员总动员，反复地与岛上居民谈判、沟通。虽然最后终于说服了岛上的居民，可是前后却花费了3年的时间。

后来他们重新检讨这件事情时，发现火箭的发射基地并不是非A岛不可。当时只要把火箭运到别的地方，那么，3年前早就完成发射了。可是此前，却从来没有人发现这个问题。当时他们太执着于如何说服岛民的问题上，所以才连“换个地方”这么简单而容易的方法都没有想到。

在我们的工作和生活中，类似的例子屡见不鲜。销售经理经常对业务员说：“再多跑几家客户！”上司经常对下属说：“再努力一些！”但是这些建议都有一个漏洞：一个人之所以成功，很多时候并不是看他是否勤奋和努力，更多时候是看他能不能迅速地找到解决问题最简单的方法。

美国前总统罗斯福在参加总统竞选时，竞选办公室为他制作了一本宣传册。在要分发这些宣传册的前两天，突然传来消息说这本宣传册中一张图片的版权属于某家出版社，他们无权使用。重新修改的话时间已经来不及了，可如果这样分发下去，将意味着要付出一笔巨大的版权赔偿。

一般的做法是派人去这家照相馆协调，以最低的价格买下这张照片的版权。竞选办公室非但并没有这样做，他们还通知该照相馆："总统竞选办公室将在宣传册中放一幅罗斯福总统的照片，贵照相馆的一幅照片也在备选之列。由于好几家照相馆都在候选名单中，所以竞选办公室决定进行拍卖，出价最高的照相馆将会得到这次机会。如果贵馆感兴趣的话，可以在收到信后的两天内将投标寄出，否则将丧失竞价的机会。"结果，竞选办公室很快就收到这家照相馆的竞标和支票。

通过这个巧妙的办法，竞选办公室不仅解决了版权赔偿问题，而且还把这个问题变成了一个赚钱的机会。

英国著名的美学家博克说："有了正确的方法，你就能在茫茫的书海中采撷到斑斓多姿的贝壳。否则，就会像瞎子一样在黑暗中摸索一番之后仍然空手而回。"其中所包含的道理并非仅仅指读书。在许多时候，选择好科学的方法是十分重要的。

方法比勤奋更重要

有的人做事毫无头绪，尽管看起来他们很勤奋，几乎天天出现在加班的行列里，但工作结果却总是无法令人满意。

在一家知名的证券公司工作的小李，毕业于国外的一所金融学院，既有着令人羡慕的教育经历，也是公司公认的勤奋员工。但是，工作了5年的他仍然只是一名普通的职员，这是为什么呢？问题就在其工作方法上。

每次领导布置一项任务时，小李都会以百分之百的热情投入工作，他会找到所有需要的数据，然后进行统计分析。每天他都在不停地做着统计与分析，每当遇到一项复杂的数据时，他非要弄个明明白白不可。他似乎陷入了一种“分析陷阱”，不能自拔。时间一天天地过去，最终他也没有拿出一个切实可行的办法。

工作不同于学术研究，勤奋笃实的作风固然没错，但探究“为什么”远不如“什么对目前的工作最有益”更重要。以错误的方法工作，直接导致了小李工作效率的低下，虽然消耗了大量精力，花去了大把的时间，却没有取得应有的效果。

有两只蚂蚁想翻越一段墙，到墙那头寻找食物。一只蚂蚁来到墙根就毫不犹豫地向上爬去，可是当它爬到大半时，就由于劳累、疲倦而跌落下来。可是它不气馁，一次次跌下来之后，又迅速地调整一下自己，重新开始向上爬去。

另一只蚂蚁观察了一下，决定绕过墙去。这只蚂蚁很快便绕过墙，找到食物，开始享受起来，而第一只蚂蚁仍在不停的跌落中重新开始。

简单的故事却向我们昭示了一个深刻的道理：很多时候，方法比勤奋更重要。第一只蚂蚁毫不气馁的勇气值得我们借鉴，但是在不断努力、不断失败之后，我们是否该停下来想想，会不会有一个方法，这样或许远比我们拥有勤奋的态度要来得有效。失败留给我们的不仅仅是要我们继续努力，更多的是经验教训，需要我们从中获得些什么，改善些什么。没有对失败的反思，总是一次次重复失败，只能是白费力气。

当然，我们不能否认勤奋、毅力等品质对于解决问题和成功的重要性，但是在许多时候，一个好的方法能让你事半功倍，在勤奋同等的情况下获得突出的成绩。

爱因斯坦曾经提出过一个公式：W＝X+Y+Z。这里，W代表成功，X代表勤奋，Z代表不浪费时间、少说废话，Y代表方法。从这个公式中我们可以知道，正确的方法是成功的三要素之一。

如果只有勤奋刻苦的精神和脚踏实地的作风，而没有正确的方法，是不能取得成功的。成功需要的不仅仅是勤奋，也不单纯与花费的时间、精力成正比，同样需要方法。只有正确的方法才能提高解决问题的效率，才能保证成功！

方法比敬业更重要

在美国企业中流传着这样一句话：“上帝不会奖励只知道努力工作、兢兢业业的人，而是会奖励找对方法工作的人。”一旦方法对路，工作中的难题便更容易解决，一个人的工作能力也就凸显出来了。

无论是世界500强企业，还是一般的民营企业，都会遇到这样的问题：员工缺乏创新意识，不会创造性地解决问题；员工只知道一味地苦干，而不知道怎样提高工作效能；员工只知道完成任务，不懂得做企业发展真正需要的事……造成这些问题的根源就在于方法上的缺失。方法是提升工作效能的关键，很多人工作业绩不理想并不是因为他们不勤奋、不敬业，而是因为没有找到正确的方法。

联想集团有个很有名的理念:“不重过程重结果，不重苦劳重功劳。”这是写在《联想文化手册》中的核心理念之一。在这个手册中，还明确记录道:这个理念，是联想公司成立半年之后开始格外强调的。联想为什么会着重强调这一理念呢？原来这一理念的提出源自联想的创始人柳传志早年刚刚创建联想的一段经历。

联想刚刚成立时，只有几十万元，却由于过于轻信他人，被人骗走了一大半资金，使公司元气大伤。毫无疑问，刚刚创业时候的联想，大家都很有干劲和热情，很有一种敬业的精神。但是，光有干劲和热情，光有敬业的精神，并不能保证财富增加与事业的成功。不仅如此，商场如战场，光有善良、热情、好心等品质，如果缺乏智慧和方法，完全可能给企业造成巨大的损失！

吸收了这一教训，联想后来做事不仅越来越冷静、踏实，而且特别重视策略、方法。联想自成立至今，它已经从几个下海的知识分子的公司，变为了一家享誉海内外的高科技公司。它之所以有这样大的发展，毫无疑问与这个核心理念密切相关。

我们经常听到某些人讲："没有功劳也有苦劳。"苦劳固然使人感动，但是在市场经济体制下，只有那些做出实际业绩，能够为企业创造实实在在业绩的人才能够赢得公司的青睐，才能够获得更好的发展。

一位曾在外企供职多年的人力资源总监颇有感触地说："所有企业的管理者和老板，只认一样东西，就是业绩。老板给我高薪，凭什么呢？最根本的就要看我所做的事情，能在市场上产生多大的业绩。"不管你的能力如何，不管你是否敬业，你想在公司里成长、发展、实现自己的目标，需要有业绩来保证你实现你的梦想。只要你能创造业绩，不管在什么公司你都能得到老板的器重，得到晋升的机会，因为你创造的业绩是公司发展的决定性条件。而要创造出良好的业绩，只是单纯的敬业是不够的，关键是你要找到正确的方法。

业绩至上，方法至上。仅仅会埋头苦干、不问绩效的"老黄牛"的时代已经过去了，企业更需要能插上效益翅膀的"老黄牛"。

发现问题才有解决之道

爱因斯坦说："发现问题，提出问题，比解决问题更重要……因为解决问题也许仅是一个数学上或实验上的技能而已，而提出新的问题、发现新的可能性，从新的角度去看旧的问题，都需要有创造性的想象力，而且标志着科学的真正进步。"

解决问题是个人能力的综合，而发现问题更是个人水平的体现。无法发现问题、创造性地使用知识，对个人乃至企业的发展是毫无用处的，往往很容易让我们陷入困境。唯一让我们不陷入问题所带来的困境中的方法，就是主动寻找问题。成功需要人们寻找解决问题的方法，但成功更需要我们有超越他人的发现问题的能力。“电话之父”贝尔的成长经历就是一个很好的例子。

贝尔原是语音学教授，一天他在家修理电器时偶然发现，当电流接通或截断时，螺旋线圈会发出噪音。于是他想，是否能以电传送语音甚至发明电话？

这一设想一提出，立即遭到许多人的讥笑，说他不懂电学才会有如此奇怪的想法。贝尔的确一点也不懂电学，但他并没有放弃，而是千里迢迢前往华盛顿，向美国著名的物理学家、电学专家约瑟夫·亨利请教。亨利对他的想法给予了充分肯定，并鼓励贝尔去学习电学知识。

亨利的肯定对贝尔产生了很大的影响，他辞去了教授职务，一心扎入发明电话的试验中。他刻苦用功地学习着电学知识。两年后，世界上第一部电话，由贝尔试验成功。

为何电话不是由那些懂得电学知识的专家发明的，而是由一个语音学家发明的？只因为他善于发现问题，使他比别人更快地找到了“市场的标靶”和可以奋斗的目标。而相关知识，即使一时不具备，也可以去学。

一个人具有某方面的能力是很重要的。但真正要想获得成功，他还必须具备捕捉问题的能力。

当然，发现问题并不等于是解决了问题，我们也并不期许所有的问题被解决时，就是完善的、完美的。问题的解决有待社会的发展、个人能力的提高。但是不可否认，有了发现才能有所认识，提出问题才可能解决问题，发现问题是解决问题的第一步，也是重要的一步。

4000多年前，我们的祖先黄帝发现了“磁石”可指南的现象，因而设计了“指南车”，并用于战争；哥白尼发现了“地心说”的谬误而提出了“日心论”的科学假设；马克思发现了“资本的剩余价值”而提出了“科学社会主义”的构想；爱因斯坦12岁时就提出“假如我以光速追随一条光线的运动，那会看到什么现象”，这个问题最终成为他一生为之奋斗的目标，并获得巨大的成功……

创造奇迹的关键，在于具备一双能够发现问题的眼睛。许多伟大的发明和创造都是从不经意的发现开始，难题的解决也基于它本身的发现，或许只是一个简单的想法，一个美丽的假设。但正是因为问题的发现，它才得到了关注和认识，才有了解决的可能。

不止一条路通向成功

生活中，我们不可能总是一帆风顺。当一条路已经走不通时，如果还继续坚持，那就是走入了死胡同。此时，积极思考、大胆开拓新的道路，将会给你带来意想不到的成功与收获。物质和知识的贫穷不是最可怕的，最可怕的是想象力和创造力的贫穷。时代在变化，如果你能够随着时代的发展而发展，寻找多条通往成功的道路，你就会永远立于不败之地。

在现实中，许多问题是很多人都遇到过的，所以我们习惯按照既定的方法或常规的思路去解决。虽然经验能帮助我们省去许多麻烦，但是同样也会让我们走入一种思维定式，让我们忽略了许多能解决问题的方法，甚至有的方法会更快更好。许多情况下，解决问题的方法并非只有一种，就如同通往罗马的路不只一条一样。我们没有找到另一条路，是因为我们尚未发现它，而并非它不存在。

物理学家甲、工程学家乙和画家丙三个人讨论谁的智商高。他们互不服气，最后决定通过一场比赛来评判三人的智力水平。

主考官把他们领到一座塔下，给了他们每人一只气压表，让他们依靠气压表得到这座塔的高度。规则是：只要达到目的，什么方法都可以，创造性最强的为胜。

比试的这三人，职业不同，知识结构也不同，各人用的方法自然也各不相同。

乙尤其高兴，也觉得这对他来说再简单不过了，于是他很快站出来，在塔底测量了大气气压，登上塔顶又测量了一次气压，得到塔底和塔顶气压的差值，再根据每升高12米气压下降1毫米汞柱的公式，计算出塔的高度。他自己觉得，这是一份最准确的答卷。

甲不慌不忙地登上塔顶，探出身来，看着手表的秒针，轻轻松手让气压表自由落下，准确记录了气压表落到地面所需的时间，再根据自由落体公式，算出塔的高度。他很得意，这个方法很不错，所得结论与塔的实际高度不会相差太远。

最后轮到丙，这可难住他了。他既没有甲的学识，又没有乙的经验，科学办法他拿不出来，眼前几乎是一个“绝境”。不过，他很镇定。没有科学条件是劣势，但没有思维定式则是优势，这就为他提供了更大的选择空间。丙想，没有正路就走偏路，反正能达到目的就是胜利。他发挥想象力，对各种可能的方法搜寻了一番，禁不住笑了起来，因为办法太简单了：他将气压表送给看守宝塔的人——作为交换条件，让守塔人到储藏间把塔的设计图找出来。就这样，画家得到了图纸，拂去设计图上的灰尘，很快得到了塔的精确高度。

比赛的结果可想而知，自然是画家丙获得了最后的胜利。

画家虽然没有物理学方面的知识，

也没有工程学方面的知识，但他却能在无计可施的情况下，将目光投向图纸。

“条条大路通罗马”，没有什么问题的解决方法是唯一的。如果此路不通，那么可以适时地转换思路和方法，往往能得到意想不到的效果。

那些胸怀抱负、渴望成功的人，都会为他们的人生做一番规划。他们制订详细的步骤、严谨的计划，坚持按照计划努力，并相信只有这样才能确保成功。当他们在实施计划的过程中遇到挫折或不可避免的变化时，就会像很多书籍所鼓励的那样:坚持！再坚持！却不会发挥自己的想象力和创造力，开辟另一条通往成功的道路。在他们一再遭受挫折与失败后，不禁心灰意冷，沮丧失望，哀叹时运的不济、命运的不公。他们不知道：通向成功的路不止一条。

只为成功找方法，不为问题找借口

顾凯在担任云天缝纫机有限公司销售经理期间，曾面临一种极为尴尬的情况：该公司的财务发生了困难。这件事被销售人员知道了，并因此失去了工作的热忱，销售量开始下跌。后来情况更为严重，销售部门不得不召集全体销售员开一次大会，顾凯主持了这次会议。首先，他请手下最佳的几位销售员站起来，要他们说明销售量为何会下跌。这些被叫到名字的销售员一一站起来以后，每个人都有一段令人震惊的悲惨故事要向大家倾诉：商业不景气、资金缺少、物价上涨等。当第 5 个销售员开始列举使他无法完成销售配额的种种困难时，顾凯突然跳到一张桌子上，高举双手，要求大家肃静。然后，他说道：“大会暂停10分钟，让我把我的皮鞋擦亮。”

然后，他令坐在附近的一名小工友把他的擦鞋工具箱拿来，并要求这名工友把他的皮鞋擦亮，而他就站在桌子上不动。

在场的销售员都惊呆了，他们有些人以为顾凯发疯了，人们开始窃窃私语。只见那位小工友先擦亮他的第一只鞋子，然后又擦另一只鞋子，他不慌不忙地擦着，表现出第一流的擦鞋技巧。

皮鞋擦亮之后，顾凯给了小工友1元钱，然后对所有的销售员说：“我希望你们每个人，好好看看这个小工友。他拥有在我们整个厂内擦鞋的特权。他的前任年纪要大得多，尽管公司每周补贴他200元的薪水，而且工厂里有数千名员工，他仍然无法从这个公司赚取足以维持他生活的费用。可是这位小工友不仅不需要公司补贴薪水，还可以赚到相当不错的收入。他和他的前任的工作环境和工作的对象也完全相同。现在我问你们一个问题，那个前任拉不到更多的生意，是谁的错？是他的错，还是顾客的错？”

那些推销员不约而同地大声说：“当然是那个前任的错。”

“正是如此！”顾凯回答说，“你们现在推销缝纫机和一年前的情况完全相同：同样的地区、同样的对象以及同样的商业条件。但是，你们的销售成绩却比不上一年前。这是谁的错？是你们的错，还是顾客的错？”

同样又传来如雷般的回答：“当然，是我们的错。”

“我很高兴，你们能坦率地承认自己的错误。”顾凯继续说，“你们因为听到公司财务发生困难的消息，而影响了工作热情。现在，只要你们回到自己的销售地区，并保证在30天内，每人卖出5台缝纫机，那公司就不会再发生什么财务危机了。你们愿意这样做吗？”

大家都说“愿意”，后来果然也办到了。那些他们曾强调的种种借口，如商业不景气、资金缺少、物价上涨等，统统消失了。

卓越的必定是重视找方法的人。在他们的世界里不存在借口这个字眼，他们相信凡事必有方法去解决。事实也一再证明，看似极其困难的事情，只要用心寻找方法，必定会成功。真正杰出的人只为成功找方法，不为问题找借口，因为他们懂得：寻找借口，只会使问题变得更棘手、更难以解决。

在变化中化解问题

从哲学的角度来讲，唯一不变的东西是变化本身。我们生活在一个瞬息万变的世界里，应当学会适应变化。尤其是职场中人，在竞争日益激烈的今天，要培养以变化应万变的理念，勇于面对变化带来的困难，才能做到卓越和高效。

在一次培训课上，企业界的精英们正襟危坐，等着听管理教授关于企业运营的讲座。门开了，教授走进来，矮胖的身材、圆圆的脸，左手提着个大提包，右手擎着个圆鼓鼓的气球。精英们很奇怪，但还是有人立即拿出笔和本子，准备记下教授精辟的分析和坦诚的忠告。

“噢，不，不，你们不用记，只要用眼睛看就足够了，我的报告非常简单。”教授说道。

教授从包里拿出一只开口很小的瓶子放在桌子上，然后指着气球对大家说：“谁能告诉我怎样把这只气球装到瓶子里去？当然，你不能这样，嘭！”教授滑稽地做了个气球爆炸的姿势。

众人面面相觑，都不知教授葫芦里卖的什么药，终于，一位精明的女士说：“我想，也许可以改变它的形状……”

“改变它的形状？嗯，很好，你可以为我们演示一下吗？”

“当然。”女士走到台上，拿起气球小心翼翼地捏弄。她想利用其柔软可塑的特点，把气球一点点塞到瓶子里。但这远远不像她想的那么简单，很快她发现自己的努力是徒劳的，于是她放下手里的气球，说道：“很遗憾，我承认我的想法行不通。”

“还有人要试试吗？”

无人响应。

“那么好吧，我来试一下。”教授说道。他拿起气球，三下两下便解开气球嘴上的绳子，“嗤”的一声，气球变成了一个软耷耷的小袋子。

教授把这个小袋子塞到瓶子里，只留下吹气的口儿在外面，然后用嘴巴衔住，用力吹气。很快，气球鼓起来，胀满在瓶子里，教授再用绳子把气球的嘴儿给扎紧。“瞧，我改变了一下方法，问题迎刃而解了。”教授露出了满意的笑容。

教授转过身，拿起笔在写字板上写了个大大的“变”字，说道：“当你遇到一个难题，解决它很困难时，那么你可以改变一下你的方法。”他指着自己的脑袋：“思想的改变，现在你们知道它有多么重要了。这就是我今天要说的。”

有句话这样说：“只在河滩上沉思，永远得不到珍珠。”所以，要想得到珍珠一定要运用方法，而方法总是在变化中产生，尽管此种变化也可能蕴藏着一种危机，但没有危机也就没有变化得出的方法。

身处职场，你只有在不断变化中努力寻求解决问题的办法，才能最大限度地引爆自我，做出超人的成绩。

“此路不通”就换方法

当你驾车驶在路上，眼看就要到达目的地了，这时车前突然出现一块警示牌，上书4个大字：“此路不通！”这时你会怎么办？

有人选择仍走这条路过去，大有不撞南墙不回头之势。结果可想而知，已言明“此路不通”，那个人只能在碰了钉子后灰溜溜地掉转车头返回。这种人在工作中常常因“一根筋”思想而多次碰壁，空耗了时间和精力，却无法将工作效率提高一丁点，结果做了许多无用功。

有人选择停车观望，不再向前走，因为“此路不通”，却也不掉头，或者是认为自己已经走了这么远，再回头心有不甘且尚存侥幸心理，若我走了此路又通了岂不亏了；或者是想如果回头了其他的路也不通怎么办？结果停车良久也未能前进一步。这种人在工作中常常会因懦弱和优柔寡断而丧失机会，业绩没有进展不说，还会留下无尽的遗憾。

还有另一类人，他们会毫不犹豫地掉转车头，去寻找另外一条路。也许会再次碰壁，但他们仍会不断地进行尝试，直到找到那条可以到达目的地的路。这种人是工作中真正的勇者与智者，他们懂得变通，直到寻找到解决问题的办法，并且往往能够取得不错的业绩。

“此路不通”就换条路，“此法不行”就换方法，应该成为每一个人的生活理念。

A地由于一些工厂排放污水，使很多河流污染严重，以至于下游居民的正常生活受到了威胁，环保部门每天都要接待数十位满腹牢骚的居民，于是联合有关当局决定寻找解决问题的办法。

他们考虑对排污工厂进行罚款，但罚款之后污水仍会排到河流中，不能从根本上解决问题。这条路，行不通。

有人建议立法强令排污工厂在厂内设置污水处理设备。本以为问题可以得到彻底解决，但在法令颁布之后发现污水仍不断地排到河流中。而且，有些工厂为了掩人耳目，对排污管道乔装打扮，从外面不能看到破绽，可污水却一刻不停地在流。这条路，仍行不通。

之后，当地有关部门立刻转变方法，采用著名思维学家德·波诺提出的设想：立一项法律——工厂的水源输入口，必须建立在它自身污水输出口的下游。

看起来是个匪夷所思的想法，经事实证明却是个好方法。它能够有效地促使工厂进行自律：假如自己排出的是污水，输入的也将是污水，这样一来，能不采取措施净化输出的污水吗？

“此路不通就换方法”，正是遵循了这个信条，才最终找到了解决问题的办法。

一个真正卓越的人，必是一个注重寻找方法的人。当他发现一条路不通或太挤时，就能够及时转换思路，改变方法，寻找一条更为通畅的路。

抓住问题的关键点

新加坡著名作家尤今有这样一次经历：当他还是一名记者时，一次，他托一位同事代买圆珠笔，并再三叮嘱他：“不要黑色的，记住，我不喜欢黑色，暗暗沉沉，肃肃杀杀。千万不要忘记呀，12支，全部不要黑色。”第二天，同事把那一打笔交给他时，他差点昏过去：12支，全是黑色的。

他的同事却振振有词地反驳：“你一再强调黑色的、黑色的，忙了一天，昏沉沉地走进商场时，脑子里印象最深的两个词是：12支，黑色。于是我就一心一意地只找黑色的买了。”其实，只要言简意赅地说“请为我买12支蓝色的笔”，相信同事就不会买错了。从此以后，尤今无论说话、撰文，总是直入核心，直切要害，不去兜无谓的圈子。

由此可见，无论是工作、学习还是处理生活问题，都要讲究方法。只有抓住关键问题，切中问题的要害，才能使我们的工作和学习事半功倍。

有一家核电厂在运营过程中遇到了严重的技术问题，导致了整个核电厂生产效率的降低。核电厂的工程师虽然尽了最大的努力，但还是没能找到问题所在。于是，他们请来了一位顶尖的核电厂建设与工程技术顾问，看看他是否能够确定问题的所在。顾问穿上白大褂，带上写字板，就去工作了。在两天的时间里，他四处走动，在控制室里查看数百个仪表、仪器，记好笔记，并且进行计算。

临离开前顾问从衣兜里掏出笔，爬上梯子，在其中一个仪表上画了一个大大的“×”。“这就是问题所在。”他解释说，“把连接这个仪表的设备修理、更换好，问题就解决了。”顾问走后，工程师们把那个装置拆开，发现里面确实存在问题。故障排除后，电厂完全恢复了原来的发电能力。

大约一周之后，电厂经理收到了顾问寄来的一张 1 万美元的“服务报酬”账单。电厂经理对账单上的数目感到十分吃惊。尽管这个设备价值数十亿美元，并且由于机器的故障损失数额巨大，但是以电厂经理之见，顾问来到这里，只是到各处转了两天，然后在一个仪表上画了一个“×”就回去了。对于这么一项简单的工作收费 1 万美元似乎太高了。

于是，电厂经理给顾问回信说：“我们已经收到了您的账单。能否请您将收费明细详细地逐项分列出来？好像您所做的全部工作只是在一个仪表上画了一个‘×’，1 万美元相对于这个工作量似乎是比较高的价格。”

过了几天，电厂经理收到顾问寄来的一份新的清单，上面写道：“在仪表上画‘×’：1 美元；查找在哪一个仪表上画‘×’：9999 美元。”

这个简单的故事向我们揭示了一个深刻的道理：一个人，如果想在生活中获得成功、成就和幸福，一条最重要的定律——就是必须知道其生活中的每一个阶段的关键点何在，这是我们成就每一件事情的至关重要的决定因素。从重点问题突破，是高效能人士思考的习惯之一，如果一个人没有重点的思考，就抓不住事物的关键。那么，他做事的效率必然会十分低下。相反，如果他抓住了主要矛盾，解决问题就变得容易多了。

不按牌理出牌

在牌桌上“按牌理出牌”，输赢的幅度或许不会太多，赢也赢得不痛不痒，输也不会输得完全彻底。其实“牌理”即规律，违背规律必然会受到惩罚，所谓“不按牌理出牌”，不是不按规律办事，而是不按常人所认为的“牌理”出牌，决策者是在超前性思维指导下，把握的是事物发展的潜在规律和发展趋势，是对规律的灵活运用。

有许多事情看上去很简单，但发现的过程却是复杂和艰辛的。而想要在“司空见惯”的日常现象中发掘简单中的不简单，探寻混乱中的规律，你必须脱离正统，拥有与众不同的思维习惯，不按牌理出牌。

不打破鸡蛋的大头，怎么能够将它竖立起来呢？再好的创意若没有付诸行动，就看不到成果，就毫无价值可言。事实上，我们不需要怕，只要谨慎小心，不低估自己的创意就一定能够取得理想的成就，须知很多人的成就一开始也是来自那些看起来不怎么样的想法和创意。

非常之人，行非常之事。当我们一部分人对创造力的价值一无所知时，另一部分人已经凭借“不按牌理出牌”的创新方式在商战中大开财源。

其实，所有的人或多或少都具有与生俱来的冒险特质。而关键是，是否敢冒不按牌理出牌的险。敢于冒险，对锻炼人格也大有益处。人生不如意事十之八九，平时刻意让自己去应付一些难题，这样可以让你预习如何去面对突发的状况。如果你从不冒险一试，那你的一生也不过是随波逐流，随时会有大浪头把你打下去。

PART 02

发散性思考法

发散性思考是根据已有的信息，从不同角度、不同方向进行思考，以寻求多样性的答案。它的意义在于，找出多种可能性，思路越宽广，想到的解决问题的方法越多，这样我们可以从众多的可选项中找到最佳途径。发散性思维具有流畅性，可以让你在很短的时间内产生大量的思路，对于创新有非常重要的意义。

组合发散法

你玩过拼图游戏吗？一张图被分割成很多小块儿，你需要把那些小块儿拼凑起来，组合成一张完整的画面。我们的大脑在思考一个问题的时候，也是通过逻辑思维将与思考问题相关的各种因素组合起来，运用综合我们可以进行发明创造，运用分析我们可以全面地、完整地考虑一件事。

组合发散法是发散性思考法的一种，虽然强调发散，但是并不是没有原则地漫天撒网。就像玩拼图游戏一样，如果忽略事物之间的逻辑关系，就不能组合成一张完整的图。我们想到的事物必须属于一个系统，可以构成一张“图”。因此在进行组合发散的时候要考虑事物的价值，对事物进行选择。

“组合”并不是把两个事物生搬硬套地放在一起，而是按照事物之间的内在联系，把它们有机地结合起来。

组合发散法有两方面的意义，一方面可以帮助我们创造新事物，另一方面可以帮助我们全面地了解一件事情。

现在市面上有各种各样的铅笔，人们使用起来非常方便。然而在最初的时候，人们是使用光秃秃的石墨写字的。石墨容易断，而且写字的人总是弄得满手黑。后来，德国纽伦堡的一位木匠把石墨和木条组合起来，形成了现代铅笔的雏形。

1662 年，弗雷德里克·施泰德勒根据这个原理开办了第一家铅笔工厂，他将细石墨放入带槽的木条,然后用另一根涂了胶的木条把石墨笔芯夹在中间，再将笔杆加工成圆柱形或者八棱柱形。

1858 年，美国费城有一位名叫海曼·利普曼的画家对铅笔进行了又一次改进——在铅笔顶端粘上一块小橡皮，再用金属片把小橡皮固定在铅笔上。这是对组合发散的简单运用，然而就是这样一个简单的组合，海曼·利普曼却为此申请了一项专利，后来以 55 万美元的价格卖给了一家铅笔公司。

许多事物都可以根据一定的原则组合起来：不同功能的事物组合起来就具有了多种功能，比如手机和数码相机组合起来就成了有拍照功能的手机；不同的颜色、声音、形状和味道可以进行组合，比如几种不同的酒混合在一起，形成口味独特的鸡尾酒。

当我们考虑一个复杂问题的时候，常常有所遗漏，不可能面面俱到。运用组合发散法我们可以将问题拆分开，从各个角度详细分析之后再重新组合起来，这样我们就能得出一个客观的结论。

这种分析问题的方法适用于拥有多方意见的问题上。偏听偏信就会做出错误的结论——运用发散组合的思考方法，我们就能做出客观公正的评判。

何谓发散性思考

有人曾做过这样的实验：在黑板上画一个圆圈，问大学生画的是什么？大学生回答很一致："这是一个圆。"同样的问题问幼儿园的小朋友，得到的答案却五花八门：有人说是"太阳"、有人说是"皮球"、有人说是"镜子"……大学生的答案当然正确，从抽象的角度看确实只是一个圆。但是，比起幼儿园的小朋友来，他们的答案是不是显得有些单调呆板呢？幼儿园的小朋友的那些丰富多彩的答案是不是更值得我们喝彩呢？

心理学家认为，人类在4岁之前的大脑是最具有开发潜能的。随着年龄的增长、知识的增加，人的思维逐渐被束缚住了。人们思考问题的时候局限在常见的、已知的圈子里，不能想到更多的解决问题的方法。一旦现有的条件不能满足常规的解决问题的途径，人们就束手无策了。这就需要我们用发散性思考来开发思维空间。

发散性思考的意义在于找出多种可能性。思路越广阔，想到的解决问题的方法就越多。我们可以从众多的可选项中找出最佳途径。

缺乏发散性思维的人总是想到一个思路之后就不再思考了，得到一个说得通的解释就不再去探索其他的解释了，这样就养成了懒惰的思维习惯。要想养成发散性思维的习惯，可以从发散性思维的3个特性入手进行训练。

首先，发散性思维具有流畅性，可以让你在很短的时间内产生大量的思路。如果你的思维的流畅性很好，你的思路就如行云流水，创意迭出。心理学家克劳福德建议我们用属性列举法来训练思维的流畅性。简单的训练方法如下：

（1）用你能想到的所有定语形容某一个名词。

（2）想出一个故事的多个结局。

（3）给一个故事拟定多个标题。

（4）用给定的字组成尽可能多的词，或用给定的词语组成尽可能多的句子。

其次，发散性思维具有变通性。变通性要求你重新解释信息，强调跨域转化，即用一种事物替换另一种事物，从一个类别跳转到另一个类别。训练变通性可以提高人们触类旁通的能力。简单的训练方法如下：

（1）说出给定的定语能够描述的所有东西。

（2）对给定的一系列词按照一定的类别进行组合。比如蜜蜂、鹰、鱼、麻雀、船、飞机等，按照飞行的、游水的、凶猛的、活的等类别进行组合。

最后，发散性思维具有独特性，可以让你别出心裁地产生不同寻常的想法和见解。独特性的意思是指这种思维方式是唯一的、非凡的、别人想不到的。独一无二的思维方式可以得到意想不到的结果。独特性建立在流畅性和变通性的基础之上，可以说流畅性和变通性是途径，独特性是结果。只有产生大量的、不同类别的思路，才能从中找到能够出奇制胜的创造性想法。

此外，发散性思考还要求我们敢于提出新观点和新理论。现成的、固定的答案是发散性思考的最大障碍，如果你敢于对现有的答案提出质疑，也许能够另辟蹊径找到更加便捷、更加有效的方法。

一些研究者提出可以用组合发散法、辐射发散法、因果发散法、关系发散法、头脑风暴法和特性发散法这6个方法进行发散性思考。这些方法对解决日常生活中的问题非常有效，可以帮我们找到一些小窍门。

辐射发散法

顾名思义，这种思维方法就像自行车的辐条一样以车轴为中心向各个方向辐射。

我们可以用辐射发散法扩展一项技术的应用领域，使它在更广阔的范围内发挥作用。比如，我们围绕“电”进行辐射发散，可以想到电灯、电扇、电视、电脑、电磁炉、电动机、电饭锅、电热毯等。

运用辐射发散法思考，我们首先要确定一个中心点，即要有一个明确的需要解决的问题，然后围绕这个问题向各个方向做辐射状的积极思考，尽可能多地寻找解决方案。在思考过程中，我们要突破点、线、面的限制，多角度、多层次、多方位、多关系地思考，尽可能地拓展思维空间，不拘一格地提出新观念、新方法、新概念、新思想。除了在空间上向更宽、更广的方向进行辐射之外，我们还可以在时间上向纵深的方向进行辐射，不仅着眼于现在，还可以从历史的角度、未来的角度进行思考。

比如，我们要研究一种有效的广告形式，首先提取出要考虑的因素：吸引人的、形象宣传、可信的、给消费者带来好处，然后运用辐射发散引出满足各因素的方法。

吸引人的：显眼的位置、大的、闪亮的、出乎意料的、惊奇、频繁出现的……

形象宣传：好看的、高质量的、迷人的、优雅的、完美的……

可信的：诚实的、权威的、官方的、获得认可的……

给消费者带来好处：折扣、回报、承诺、实惠……

由以上这些，我们可以想到在商场搞庆典活动，在显眼的位置张灯结彩达到吸引眼球的效果，并塑造良好的企业形象和产品形象；在活动现场举办由公证处公正的抽奖活动可以体现出权威性和诚实可信，并给消费者带来好处。

辐射的目的是获得尽可能多的备选答案，我们想到的思路越多，所产生的设想就会越新颖。通过辐射发散思考，我们能够得到很多设想，其中有新颖独特的想法，也有常规的想法，有优秀的创意，也有拙劣的创意，有操作性强的方案，也有不可行的方案。我们需要从中挑选出最合适、最有效、最便捷、最符合我们需要的解决问题的方案，因此在辐射发散之后，还要有一个筛选的过程。

对于个人来说，在进行辐射发散思考的时候，最好先对自己的思考方向进行分类，然后沿着不同的方向进行思考，这种分类的方法比漫无目的地辐射更有系统性，可以得到更全面的辐射点。相反地，也许可以想到很多方面，但是没有逻辑、没有系统，因此很容易忽略掉一些东西。

比如，我们在前面提出的问题：尽可能多地写出砖头的用途。你想到了多少种答案呢？你可能会想到盖房子、砌围墙、建桥梁、铺路、做棋子、当磨刀石、当画笔……如果先确定几个思考的方向，然后分别沿着每个方向进行辐射发散，就能够得到更多的答案了。我们可以把砖头的用途分为：建筑类、游戏类、生活类、艺术类、科学类等几个大的方向，如果想到一些无法归类的用途，则归入“其他类”。

建筑类：盖房子、砌围墙、建桥梁、铺路、垒灶台、垒烟囱……

游戏类：当棋子、当球门、当道具、做积木、丢砖游戏、气功表演、当多米诺骨牌……

生活类：当磨刀石、当板凳、当枕头、当秤砣、当垫脚石、堵烟囱、堵鼠洞、当锤子……

艺术类：当画笔、当绘画颜料、当雕塑原料、当乐器、做首饰……

科学类：航天研究材料、化学实验材料、测量压力和重力、做模具、做机器零件……

其他类：卖钱、自卫武器、爱情见证物、做标记……

显而易见，用这种分类的方法可以更加全面地分析问题。请用这种辐射发散的思考方法来思考这个问题：酒瓶的用途有哪些？首先确定你想从哪几个方面进行思考，然后填充在那个方面想到的用途中。

1. ____________________

____

____

2. ____________________

____

____

3. ____________________

____

____

4. ____________________

5.

因果发散法

事物之间普遍存在着因果联系：下雨导致地面湿，“春种一粒粟”导致“秋收万担粮”，勤奋学习导致考上好大学，助人为乐导致好人缘……

由果及因的发散思考在解决复杂问题的时候比较常见，只有找到问题的症结所在，才能找到解决问题的有效方案。比如，侦探在破案的时候就要以案发结果为中心点进行发散思考，由果溯因推断导致案件的可能原因，然后运用推理排除种种可能，剩下的一种可能就是答案了。

我们在处理生活中的问题的时候，同样可以采取这种由果及因的方法推导出引发某一现象的原因。这种思维方法还有助于我们总结失败的教训，比如考试失败了，我们运用因果发散思考法想想可能是哪些原因导致的失败：没有记住知识，没有掌握解题方法，做题的时候粗心大意，考试的时候紧张……然后，对照自己的实际情况排除那些不相符的原因，就会找到导致失败的真正原因。下次考试的时候克服掉这个原因就能避免失败了。

除了由果及因的发散思考，我们还应该进行由因及果的发散思考，这种思考方法可以预测事情未来的发展方向，避免盲目性。比如当我们在实施一项计划之前，就要全面地考虑这项计划会产生什么影响，不仅要考虑有利的影响，还要考虑不利的影响，不仅要考虑对自身的影响，还要考虑对竞争者的影响。经过多方发散，才能得出全面的预测，避免盲目行事。

这是一种很实用的思考方法，当你为一件事犹豫不决的时候，就可以用由因及果的思考方法考查一下有哪些理由在支持你做或不做。比如：

一个南方女孩和一个北方男孩相爱了。有一天晚上，男孩向女孩求婚。女

孩有点不知所措，她说："让我想想。"她回家后拿出一张纸，左边写上"不嫁"，右边写上"嫁"。在不嫁的那一栏，她写下：

1. 他工作不稳定，收入不高。

2. 南北方生活习惯差异大，将来会有麻烦。

3. 他学历不高。

4. 他家在农村。

5. 他有体弱多病的母亲和上学的妹妹，家庭重担由他一个人承担。

……

在右边那一栏，她写下了一个字——爱。

她反复思索，把左边的理由一条条画去，把右边的理由一遍遍加深，于是她确定了自己的选择。

关系发散法

我们所处的这个世界是一个多元的、复杂的世界，我们所做的每一件事都有利有弊，对与错、好与坏就像一股黑线和一股白线相互交织，有时甚至紧密得难以分开。我们在观察和解释事物的时候，应该避免单一和僵化的解释，那样只会导致偏执一词、钻牛角尖，看不到事情的全貌。

关系发散的另外一层意思是从另一个角度重新理解和解释事物之间的关系。很多时候我们习惯了事物之间的某种关系，于是把这种关系看作是亘古不变的，从来不试图改变。事实上，只要你愿意，完全可以对事物的关系做出另一番解释。

古时候，有一位秀才进京赶考，住进了一家客店。考试前一天他做了3个梦：在第一个梦里，他在墙上种白菜；在第二个梦里，他在下雨天戴了斗笠还打伞；在第三个梦里，他跟心爱的表妹脱光了衣服背靠着背躺在一起。

秀才觉得这3个梦似乎意味着什么，于是去找算命先生解梦。算命先生听了他的描述后连连摇头说："你还是回家吧！你想想，高墙上种菜不是白费劲吗？戴斗笠打雨伞不是多此一举吗？跟表妹脱光了躺在一张床上了，却背靠背，不是没戏吗？"秀才听后觉得有道理，没心思考试了，回到客店收拾包袱准备回家。店老板觉得非常奇怪，问："不是明天才考试吗，你怎么今天就回乡了？"

秀才把解梦的事告诉了店老板，店老板听后笑了起来："我也会解梦的。我倒觉得，你这次一定要留下来。你想想，墙上种菜不是高中（种）吗？戴斗笠打伞不是说明你这次有备无患吗？跟你表妹脱光了背靠背躺在床上，不是说明你翻身的时候就要到了吗？"

秀才听后觉得更有道理，于是信心十足地参加了考试，结果中了探花。

在生活中，我们同样需要从不同的角度来解释两件事之间的关系。"塞翁失马，焉知非福"就是对关系发散的运用。"福兮祸之所倚，祸兮福之所伏"，丢了一匹马，并不仅仅给塞翁造成损失，有可能还会带来好处，虽然那好处没立刻显现出来，但是通过关系发散法塞翁预测到了可能的好处。

头脑风暴法

美国北部常下暴雪，有一年雪下得特别大，冰雪积压在电线上导致很多电线被压断，严重影响了通信。电讯公司想尽办法也没能解决这一问题。后来，电讯公司经理召集不同专业的技术人员举行了一次头脑风暴座谈会。

会议上，大家提出了不少奇思妙想：有人提议设计一种电线清雪机；有人提议提高电线温度使冰雪融化；有人提议使电线保持震动把积雪抖落。这些想法虽然不错，但是研究周期长，不能马上解决问题。还有人提出乘坐直升机用扫帚扫雪，这个想法虽然滑稽可笑，但是有一个工程师沿着这个思路继续思考，想到用直升机的螺旋桨将积雪扇落，他马上把这个想法提了出来。这个设想又引起其他与会者的联想，人们又想出七八条用飞机除雪的方案。

会后，专家对各种设想进行分类论证，一致认为用直升机除雪既简单又有效。现场试验之后，发现用直升机除雪真的很奏效。就这样，一个困扰电讯公司很久的难题在头脑风暴会议中得到了解决。

俗话说："三个臭皮匠，顶个诸葛亮。"当我们面对复杂的问题时，靠一个人冥思苦想很难解决问题，在会议上大家提出的想法可以互相激励，互相补充，从而产生出新创意和新方法。但是，并非所有的会议模式都能让人们打开思路、畅所欲言。奥斯本找到了一种能够实现信息刺激和信息增值的会议模式，在企业进行发明创造和合理化建议方面效果显著。他提出头脑风暴法之后，这种方法很快就在美国得到了推广，随后日本也相继效仿。

头脑风暴会议的意义在于集思广益，为了保证头脑风暴法发挥作用，奥斯本要求与会人员务必严格遵守4个原则。

1. 自由设想

与会者要解放思想、开拓思路，无拘无束地寻求解决问题的方案。鼓励与会者提出独特新颖的设想，因此与会者要畅所欲言，不要担心自己的想法是错误的、荒谬的、不可行的或者离经叛道的。头脑风暴会议就是要求我们天马行空地思考，无所顾忌地表达，让那些潜藏的方案显露出来。

2. 延迟评判

不要在会上对别人提出的设想进行评论，以免妨碍与会者畅所欲言。对设想的评判要在会后由专人负责处理。比如，在美国电讯公司的会议中，当有人提出"乘坐直升机用扫帚扫雪"之后，如果有人说"这个想法太离谱了"，那么就不会有后面的"用螺旋桨除雪"的设想。

3. 追求数量

与会者要运用发散思维尽可能多地提出设想，数量越多就越有可能产生高水平的设想。就像日本松下公司鼓励职工运用头脑风暴法提出改进技术、改进管理的新设想，在1979年一年内便产生了17万个新设想。公司从如此多的设想中选出优秀的、建设性的设想应用在设计和管理领域，使生产经营水平不断提高。

4. 引申综合

在别人提出设想之后，受到启发产生新的设想，或者把已有的两个或多个设想综合起来产生一个更完善的设想。

人们常常把合作的好处比作1+1＞2，英国戏剧家萧伯纳就曾说过："如果你有一种思想，我也有一种思想，我们彼此交流这种思想，我们每个人将各有两种思想。"头脑风暴法并不仅仅是把各自的想法罗列出来，它还有一个激荡的过程，一个想法催生另一个想法从而得到更多更好的想法。有交流、有发展才有创新。

头脑风暴法作为一种激励集体进行创新思维的方法在企业和设计性团体中得到了广泛的应用。此外，这种方法在日常生活中也很实用，比如在学校，老师可以组织头脑风暴会议，让学生们讨论如何提高学习成绩，如何丰富课外生活等问题。家庭成员也可以召开小型的头脑风暴会议讨论如何度过周末，如何使晚餐更丰盛等问题。并且，在日常生活中的训练还可以逐渐提高我们的发散性思考的能力。

PART 03 转换思考法

转换思考实际是一种多视角思维。它要求从多个角度观察同一个现象，用联系的、发展的眼光看问题，这样你会得到更加全面的认识，获得更加完满的解决方案。转换思维可以帮我们精确地理解某一事物的内涵和外延，并对事物的概念做出规定。使用转换思维可以避免思维定式，对于创造发明来说有重要意义。

何谓转换思考

图中是3个正三角形，只允许移动其中的两个边，你有办法让所有的三角形都变得不存在吗？

按照常规的思维方式，好像无论如何也想不出办法。但是，只要转换一种思维方法，把这个图形的问题转换成数学问题，就可以得到下面这种解决办法（1个三角形减去1个三角形等于0个三角形）。

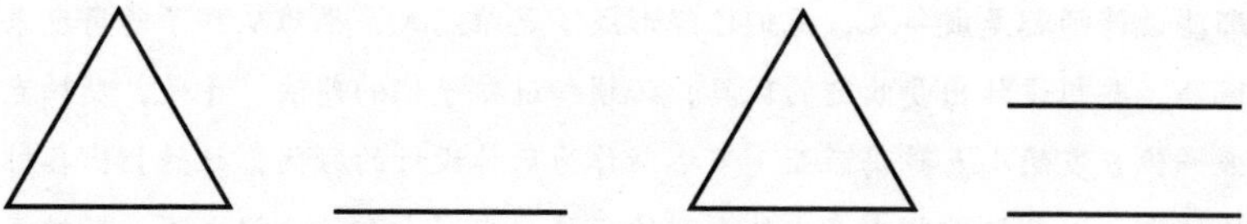

如果某一问题的思考方式对自己不利，那么你就应该转换思路，从另一个角度考虑问题，说不定可以让问题迎刃而解。

有两个商人一起去非洲卖鞋。那时的非洲人刚刚改变以前穿兽皮、披树叶的习惯，穿上了衣服，但是他们还都是光着脚走路。一个商人看到这种情况之后认为这里的人都不穿鞋，根本就没有市场，于是他去别的地方卖鞋了。另一个商人却想：这里的人都没有鞋穿，鞋的需求量太大了，真是赚钱的好机会！于是他留了下来，结果成功地把鞋卖给了所有光脚的人，成了富裕的大鞋商。

转换思维还要求我们从不同方面对同一对象进行考察，从而得出客观公正的评价。比如，法官判案时，原告和被告“公说公有理，婆说婆有理”。如果偏执一端，很可能会冤枉好人。只有转换思维，全面了解事情的原委，才能做出公正的裁决。

转换思维可以帮我们精确地理解某一事物的内涵和外延，并对事物的概念做出规定。语义学家格雷马斯说：“我们必须对一些基本概念不厌其烦地进行定义，尽量确保做得精确、严格，以确保新概念的单义性。”所谓“不厌其烦地进行定义”，就是不断转换思维，从不同层次进行分析和推敲。

此外，转换思维可以避免思维定式，对于发明创造来说有重要意义，每转换一个新的视角也许可能引发一个新发现或新发明。

美国玩具制造商斯帕克特发现那些玩

具设计师设计的玩具单调、陈旧，没什么新鲜感，很难引起儿童的兴趣。因为那些设计师都是成年人，他们已经形成了思维定式，很难从孩子的角度来设计玩具。要想设计出受欢迎的玩具，必须知道孩子们的想法。于是，斯帕克特请来一位6岁的小女孩玛丽亚·罗塔斯作为玩具设计的顾问，让她指出各种玩具的缺点，以及她希望生产出什么样的玩具。在小女孩的建议之下，斯帕克特公司生产的玩具销路很好。

这个例子说的是成人与孩子之间的思维转换。此外，思维转换还有男人与女人之间的转换，历史、现实与未来的转换，整体与局部的转换，肯定与否定的转换，科学与艺术的转换等。思维转换的方法不一而足，这里我们介绍几种简单易行的训练方法。

1. 反向转换法

《道德经》里有这样一句话："有无相生，难易相成，长短相形，高下相盈，音声相和，前后相随，恒也。"这朴素的辩证法向我们讲述了深刻的道理。向反向去求索，站在事物的对立面来思考，往往能够突破常规，出奇制胜。你可以向对立面转换事物的结构、功能、价值，以及对待事物的态度。对结构和功能的转换可以让你有发明创造，对价值的转换可以让你变废为宝，对态度的转换可以让你心胸开阔、宠辱不惊。

2. 相似转换法

这种转换法有助于我们对同一对象、同一问题进行全面、整体、系统的把握。比如下面的两组词语，每组词语之间具有一定的相似性和关联性。

生命、血肉、植物、爱情、真理、繁荣

原始、开端、最初、胚胎、萌芽、发展

每一组中的一个或几个词都可以成为理解本组中某一个词的新视角。这种转换方法可以启发新的隐喻以及事物之间的联系，对在科学研究中建立理论模型有重要意义。

3. 重新定义法

如前面所说，转换思维可以使概念的定义更

加精确；反过来，通过对某一概念重新定义可以训练我们的转换思维的能力。对文字的翻译也可以达到这种效果，台湾诗人余光中说："翻译一篇作品等于进入另一个灵魂去体验另一个生命。"这种"经验"可以让你的视野更加开阔。

4. 征询意见法

一个人的思路毕竟有限，要想实现多视角思维，就应该借助集体的力量。征询别人的看法和意见可以让你对某一问题的认识更加完善。电视剧《三国演义》中曹操的扮演者鲍国安当年为了演好曹操这个角色，对不同年龄、不同学历、不同职业的几百个人进行调查，询问他们对曹操的看法。别人的意见让他对曹操的各个侧面都有所了解，他的演出自然赢得了大家的好评。

5. 实践转换法

实践转换法可以让你在对问题的实际操作中，获得对事物的新的理解和认识，发现某种新的意义。比如，大学生写论文，纯粹研究理论只能是闭门造车，如果去参加相关的实习，就会对理论知识产生新的认识。此外，经历一下你没有体验过的生活可以让你改变对一些问题的看法。

正面思考和负面思考

如果在你面前摆上半杯水，你认为这杯水是半空还是半满？习惯负面思考的人会说："真糟糕，只有半杯水了。"习惯正面思考的人会说："太好了，还有半杯水呢。"

所谓的负面思考是这样一种思考方式，即总喜欢把事情朝坏的方面去想。在看待一件事情的时候，它使我们总是想到：问题多于机会、缺点多于优点、坏处多于好处……总之，它使我们产生消极的思考，从而使自己变得忧郁、沉闷、消极和暴躁。

而在我们解决问题的时候，偏重负面思考会带来比事情本身更多的麻烦，使我们被阴影遮蔽眼睛，看不到事情的多种可能的解决方案，从而阻碍事情的解决。

本杰明·富兰克林曾说过："少一根铁钉，失掉一个马蹄；少一个马蹄，失掉一匹战马；少一匹战马，失掉一位骑士；少一位骑士，失掉一场战争。"虽然这句话的本意是要求严于律己，但这可能算是"负面思考"最极端的例子了。这种连贯性的负面思考能够使人想到最坏的一面，从而由一件小事产生彻底的消极。

如果你的确是这么想的，这没有什么好遗憾的。心理学家证实了这样一个结论：负面思考是人类的本能反应。也就是说，人类总是喜欢设想最糟糕的一面。

不过，尽管负面思考是人的本能反应，但这并不代表我们必须任由它来支配我们的信念、思想和状态。我们必须经过有意识的训练，把这种影响我们心情、精神和行为的思考方式改变。

问一问自己，难道世界真的是我们看到的那样灰暗、让人丧气和死气沉沉的吗？

一个探险家和他的挑夫打算穿越一个山洞。他们在休息的过程中，探险家掏出一把刀来切椰子，结果因为灯光昏暗，切伤了自己的一根手指。

挑夫在旁边说："棒极了！上帝真照顾你，先生。"

探险家十分恼怒，于是把这位幸灾乐祸的挑夫捆起来，打算饿死他。当他一个人穿过山洞的时候，却被一群土著人抓住了，他们打算杀死他来祭奠神灵。幸运的是，那些土著看到了探险家伤了手指，于是把他放了，因为他们害怕用这样的祭品会触怒神灵。

探险家感到自己错怪了挑夫，于是回去把那位挑夫的绳子松开了，并对他致以歉意。

挑夫说："棒极了！看来，上帝也很照顾我，先生。如果你没有把我捆住的话，我已经成为他们的祭品了。"

我们必须学会正面思考。如果你在回答"半空"还是"半满"这个问题的时候，回答的是前者的话，那么你就是在做正面思考。正面思考是这样一种思考方式：在看待一件事情的时候，它让我们能够考虑到这件事情的"好处"的一面；它帮助我们阻挡住那些困扰我们的因素，发现给我们信心、激励和勇气的因素，从而使我们更加积极地去解决一个问题。

当获得肯定时，你会——

正面思考	负面思考
肯定自己的努力	对结果表示怀疑
恭喜自己	不表示快乐，害怕别人认为自己沾沾自喜
把结果跟人们分享	写到日记中，独自分享
接受别人的祝贺	发现跟自己预期的有距离，因此不高兴
尽情欢笑	希望自己做得更好
又朝大目标前进了一步	把功劳归于运气

当遭遇失败时，你会——

正面思考	负面思考
坦然接受，因为任何人都会经历失败	自责
肯定自己的选择	否定当初的决定
找出失败的原因	否定自己的能力
绝不回头，想象成功就在下一次	永远记住这个错误
学到教训	怨天尤人

正面思考要求我们以独特的思维来看待这个世界，可以帮助你把注意力从坏事转向好事，改变自己的心态和解决问题的各种方式。

当你面临一个问题的时候，采取正面思考还是负面思考的方式，完全由你自己决定。如果你的确正为自己的生活是无趣的、世界是灰暗的而沮丧，就应该学会正面思考这种方式。

视角转换

“横看成岭侧成峰，远近高低各不同。”视角不同，你所看到的景观就不一样。同样，用单一的视角看待一件事情，你通常无法看到事情的全貌。如果你能换个角度看问题，你会发现这个世界像一个万花筒。

有时我们找不到问题的出路，就是因为总是从固定的角度看问题，陷入了死胡同。其实，只要换一个视角，就能拨云见日，找到问题的突破口。

一位富翁有一个十分漂亮的花园，花园里树木郁郁葱葱，花朵姹紫嫣红。由于经常受到外人的侵入，花木常遭到破坏，地面也被弄得狼藉不堪。

于是富翁在花园门口竖了一个牌子，上面写着：

“私家花园，禁止入内。”

但是丝毫不起作用，花园依旧遭到践踏和破坏，甚至比以前破坏得更严重。

富翁经过一番思考之后，想到了一个办法，他在警示牌上换了另外一句警示语：

“请注意，如果在花园中被毒蛇咬伤，最近的医院在距此 15 千米处，驾车约半个小时即可到达。”

他把这个牌子竖在花园门口之后，果然再也没有人闯入花园了。

这位富翁就是应用了视角转换的思维方法来解决问题的。开始时，他按照常规的思路，从自己的利益出发，和闯入花园的人站在对立面，“禁止”他们入内。这种警告不但起不到积极的作用，反而会激起人们的逆反心理。经过视角转换之后，富翁站在对方的角度来思考问题，如果花园中有对他们造成伤害的东西，不就可以阻止他们了吗？

有时同样一件事，站在这个角度看是错的，站在另一个角度看就是对的了。

我们总是对别人和周围的环境不满意。但是，如果我们换一个角度看待别人，换一个角度看待周围的世界，就能发现别人也有值得肯定的地方，情况并不像我们想象的那么糟糕。当你摆脱单一视角的束缚，跳出对错之外，你会发现这时眼前出现了更富有创意的选择。

价值转换

按照惯常的思维模式，我们认为一件东西只能在某一领域有价值，在其他领域没有价值。比如椅子是用来坐的，笔是用来写字的，杯子是用来喝水

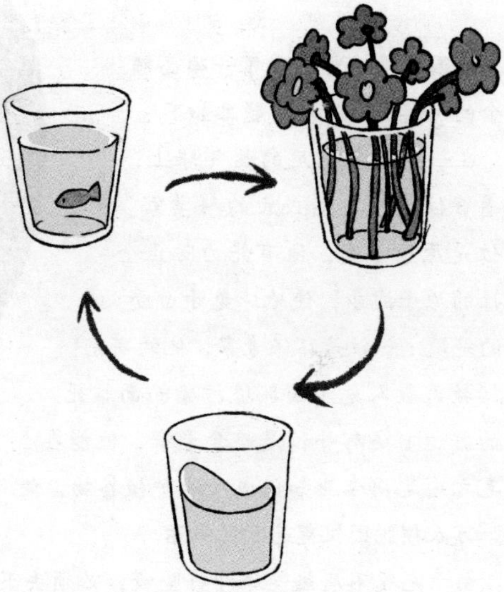

的……如果我们被常规的、显而易见的价值束缚住，就很难发现潜藏在事物内部的其他价值。椅子除了用来坐，是不是还可以在登高的时候用来垫脚？笔除了用来写字是不是还可以用来当锥子或者当鼓槌？杯子除了用来喝水是不是还可以用来种花或者养鱼？价值转换思考法可以让我们尽可能地在不同的领域发掘事物的潜在价值。当你认为某件东西没用的时候，就更应该想想是不是在其他的领域还有用。

法国有一位艺术青年叫明尼克·波达尼夫，有一天他看到了一双被扔掉的破旧高跟鞋，他发觉那鞋的样子有点像一张人脸。他兴致勃勃地把那鞋加工了一番，使它看起来更像人脸的模样。朋友们对他制作的鞋子脸谱赞不绝口，这让他产生了新的想法：何不把鞋子加工成艺术品销售呢？于是他收集来一些破旧的鞋子，并由此创业。他把鞋子制作成各种各样的脸谱：顽童、贵妇、政客、商人……这些艺术品有的朴素、有的唯美、有的搞笑、有的精致，都很受欢迎。其中一些优秀作品还曾多次到世界各地展销，每个售价3000美元。

明尼克·波达尼夫被誉为“鞋脸奇才”，他说：“每一只鞋都有自己的灵魂和性格，我只是把它们的灵魂和性格展现出来。”

价值转换思考法就是要求我们具备一双发现“灵魂”的慧眼，从司空见惯的事物中找到潜在的价值。

问题转换

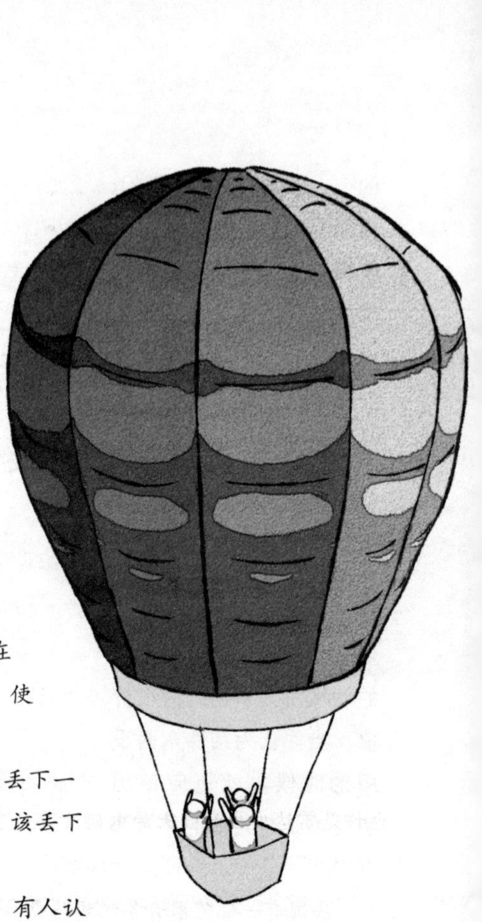

英国某报纸曾举办了一项高额奖金的有奖征答活动，题目如下：

在一个充气不足的热气球上，载着3位关系人类兴亡的科学家。一位是原子专家，他有能力防止全球性的原子战争，使地球免于遭受灭亡的绝境；一位是环保专家，他的研究可拯救无数人免于因环境污染而面临死亡的噩运；还有一位是粮食专家，他能在不毛之地运用专业知识成功地种植谷物，使几千万人摆脱因饥荒而亡的命运。

由于充气不足热气球即将坠毁，必须丢下一个人以减轻载重，使其余2人得以生存。该丢下哪一位科学家呢？

问题一经刊出后，很多人争着回答。有人认为应该丢下原子专家，有人认为应该丢下环保专家，也有人认为应该丢下粮食专家，每个人都有自己的一番道理。但最后，巨额奖金得主却是一个小男孩。他的答案是——将最胖的那位科学家丢出去。

3位科学家都关系着人类的兴亡，很难权衡出谁对人类的价值更大一些。其实这是报纸利用人们的惯性思维设置的陷阱，获奖的小男孩根本不去理会科学家的价值，而是运用了问题转换的思考方法。从最简单的思路出发，把最胖的科学家扔出去，轻松地解决了问题。

运用问题转换思考法，关键是要学会怎样转换。首先要弄明白目前需要解决的是一个什么样的问题，如果盲目转换可能解决不了根本问题。然后从实际情况出发进行转换，不可以从主观愿望出发，否则可能会欲易而更难，欲速而更慢。

问题转换的关键在于“变通”。当你沿着常规的、传统的道路走不通的时候，就应该换一个思考问题的角度，或者从另一个领域寻找解决问题的办法。问题转换思考法就是要求我们在需要的时候能够灵活转换，而不是被眼下的问题限制住手脚，无法前进。

原理转换

原理转换在科学发明创造方面具有很大的价值，任何新产品、新工艺的出现都是对一些普遍性的原理的应用。一个原理并不仅仅适用于某一个领域，我们可以把它转换到其他领域，也许能发挥意想不到的作用。

帕西·斯潘塞是一名电工技师，他发现了一个奇怪的现象：在安装雷达天线的时候，放在上衣口袋里的巧克力会自动融化。周围没有任何热源，是什么导致巧克力融化了呢？为了查个究竟，有一次，工作之前他故意在上衣口袋里放了一块巧克力。当他爬上雷达的塔台的时候，巧克力就开始融化了。他想，也许是雷达发出的强大的电磁波导致了巧克力融化。

为了证明这个假设，斯潘塞做了一系列的实验研究，终于得出了结论。原来导致巧克力融化的原因是微波可以引起食物内部分子的激烈运动，从而产生热量。随后，斯潘塞用这个微波加热的原理制造了世界上第一台微波炉。

运用科学原理进行创新可以从4个方面进行探索：第一，可以把最新的原理应用到各个领域，研发最新的产品或工艺；第二，可以把最新的原理应用在已有的产品和工艺中，对旧有的产品进行革新和再创造；第三，可以把旧的原理应用到新领域，从而开发出新产品或新工艺；第四，可以把旧原理和新产品、新技术结合起来，从而赋予新产品、新技术更多的价值。

在进行原理转换思考法训练的时候，针对一个简单的原理要尽可能多地找到它可能会发挥作用的领域，针对一个问题要尽可能多地寻找可能与此问题相关的原理，从而找到能够解决问题的更多方案。

材料转换

日常生活中的很多东西都是由传统的材料构成的，比如桌子、板凳是用木头做的，碗和盘子是用陶瓷做的，书是用纸张做的……我们习惯了这些材质的物品，渐渐地认为这是必然的、不可改变的。事实上这是我们自己给自己的创造力设置的限制，物品的材料并非不可改变。

举一个简单的例子，杯子的材料通常都是玻璃、陶瓷或合金的，为了满足方便卫生的需要，人们运用材料转换的思考法发明了一次性的纸杯。

我们从物品的结构、功能、特性等方面进行思考，探寻能够更好地满足我们的需要的新材料。和其他思考方法一样，材料转换也要求打破常规。只有敢于设想，才能有新突破、新发展。

材料转换在医学上的应用很广泛，比如用木制或石膏的假肢代替由骨肉组成的肢体，用心脏起搏器代替真正的心脏。此外，还有人工肾、人工皮肤、人工角膜等代替人体原有器官的材料相继问世。医学专家指出，人体中一半以上的器官都可以用人造器官代替。但是，最初这种用人造材料代替真正的人体器官的设想却受到了人们的怀疑，甚至被称为“妖言惑众”。

18世纪中叶，波兰医生加迪尼提出了用人造水晶体代替晶状体的大胆设想：给白内障患者摘除白内障之后，把人造水晶体植入眼睛可以让患者重见光明。当时的人们认为这种想法太荒谬了，便以“妖言惑众”的罪名把他告上了法庭，结果这位医生被投入监狱。

100多年后，一位英国的眼科医生理得利在一次手术中不小心把一个有机玻璃片留在了患者的眼中，过了一段时间他才发现。令他感到惊奇的是，有机玻璃并没有引起患者的眼睛发炎。由此他做了一次大胆的尝试，将用有机玻璃制作成的人造晶状体植入白内障患者的眼中，替换掉混浊的晶状体，结果病人的视力恢复了正常。如今，已经有数以万计的眼病患者采用了人造晶状体。

事物的性能、特点往往是由材料决定的，转换材料之后就有可能带来一种新的性能或特点，所以材料转换思考法在产品创新领域很有价值。比如玻璃凉鞋、树脂眼镜、竹筒水杯等新颖材料的产品给人们带来了更多的实惠。

目标转换

有时候用直来直去的方法很难解决问题，如果遇到“此路不通”的情况，我们就需要运用目标转换的思维方法另辟蹊径，借助一个间接的目标来实现最终的目标。

在我们向着一个目标前进的过程中，也许会出现一些与我们的目标不相关的但是可能对其他领域有重大意义的事物。此时我们应该将目标转向新事物，以取得巨大的成就。奎宁是医治疟疾的良药，但是天然奎宁的数量有限。19世纪40年代，英国皇家化学院院长霍夫曼试图用化学方法合成奎宁。他的学生帕琴按照老师的想法进行了多次实验，但是都失败了。但是他并没有放弃，而是继续努力做实验。有一次，他发现实验反应之后的化学试剂呈现鲜艳的紫红色。他想：这么鲜艳的颜色如果做染料不是很漂亮吗？于是，他由研制奎宁转为研制染料，很快他就制成了“苯胺紫”。为此，他申请了专利并建立了一家合成染料厂。

如果按照正常的思路，我们就会直奔目标而去，忽略掉沿途可能带来的其他好处。目标转换要求我们在思考过程中随时关注沿途的风景，也许你的目标是去远处摘桃，但是在途中可能会经过一片梨树林，何不顺手先摘几个梨吃呢？

PART 04

图解思考法

图解思考法可算是一种“用眼睛看”的思考工具，它通过插画、图形、图表、表格、关键词等把信息传达出来，以帮助我们有效地分析和理解问题，寻求解决问题的方案。这是一种创造性的有效的整理思路的方法，运用这种方法，你可以把很多枯燥的信息高度组织起来，遵循简单、基本、自然的原则，使其变成彩色的、容易记忆的图。

什么是图解思考法

我们平时表达自己的想法除了用语言就是用文字，你有没有想过用图画来表达自己的想法呢？人类在发明文字之前就是用图画来交流信息的，甚至汉字本身就是从“图画”慢慢发展而来的。从某种意义上说，图画天然就是人类表达思想的有效工具，它更有助于我们进行思考和交流。

世界著名的心理学家、教育学家东尼·伯赞在研究大脑的力量和潜能的时候，惊奇地发现伟大的艺术家达·芬奇的笔记本中充满了图画、代号和连线，他意识到这可能是达·芬奇在很多领域取得成功的原因所在。在此基础上，东尼·伯赞于20世纪60年代发明了思维导图，这种思考法一经公布很快风靡全球。

东尼·伯赞称赞达·芬奇的笔记本是世界上最有价值的资料之一。达·芬

奇在笔记本中使用了大量的图像、图表、插画和各种符号来捕捉闪现在大脑中的创造性想法。这种思考方法正是使他在艺术、哲学、工程、生物等领域获得成功的原因。他的笔记本的核心部分就是图像语言，而文字相对来说处于次要地位。

生物学家达尔文也善于用图解的方式来思考问题。在提出进化论的过程中，他需要尽可能广泛地收集每一物种的信息，并对物种之间的关系进行分析，此外他还要解释各种纷繁复杂的自然现象。为了完成这项艰巨的任务，他设计了一种像分叉的树枝一样的思维导图笔记形式。他发现这是一种非常有效的收集和整理数据的方法，他用了 15 个月的时间绘制出一幅树状思维导图之后，提出了进化论的主要观点。

这是一种创造性的有效的整理思路的方法，你可以通过这种方法把大脑中的信息提取出来，用图画的方式表达出来。运用这种思考法，你可以把很多枯燥的信息高度组织起来，遵循简单、基本、自然的原则，使其变成彩色的、容易记忆的图。

图解思考法就是把大脑中充满图像的思考过程显示在纸上，使已知的信息一目了然，使信息之间的关系条理分明。你的思路可以围绕思考对象向各个方向发散。

当你围绕某一思考对象绘制出一个全景图之后，你就从大脑中提取了大量信息，你可以明确地看出实现某一目的的途径，从而制订出富有创造性的解决问题的方案。

图解的类型

这里我们介绍几种常用的图解类型。

思维导图

思维导图即东尼·伯赞最初发明的图解方法，适用于帮助我们对某一问题的各方面进行理解和记忆。这种图解法就是从一张纸的中心开始，绘制要解决的中心问题，然后从中心引出一些主要枝杈，再从主要枝杈引发一些细节问题。你可以用这种办法把一本书的内容囊括到一张纸上，或者把一周的家务安排或一生的职业规划都表现在一张纸上。

逻辑型图解

逻辑型图解有助于统揽全局，全面地、彻底地解决问题。任何问题都不止有一种解决办法，当你面对一个问题的时候要问问自己都有哪些办法可以达到同一个目的。比如当我们考虑增加利润的方法的时候，就会想到增加销售和降低成本两条思路，是不是还有其他的选择呢？在绘制图解的时候，我们有必要在这两者之外加上第三条分支：其他收益。

站在思考对象的角度寻找解决问题的方法时，我们要问自己：“应该怎样做？”相反，站在解决方法的角度，我们要问自己：“为什么要这样做？”这样就系统地把思考对象和关键词之间的关系连接起来了，不至于迷失方向，还可以避免出现重复和遗漏现象。

逻辑型图解有两种基本形式，一种是逻辑树，一种是金字塔。逻辑树是从左到右推导解决问题的办法；金字塔是指将事实向上积累，推导出结论的结构图。此外，还可以运用算式来定义关键词之间的关系。

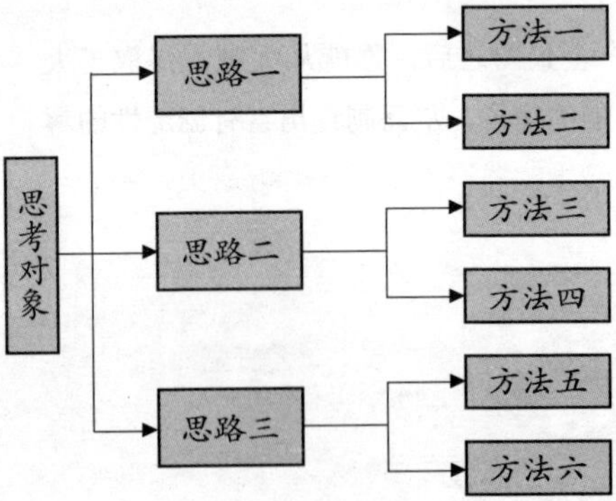

逻辑树结构图

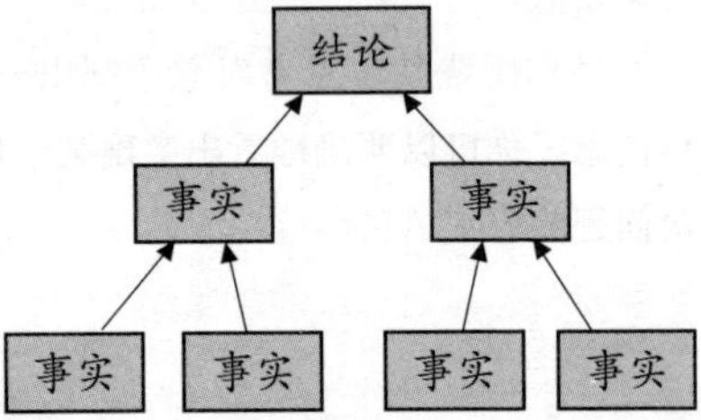

金字塔结构图

用算式定义关系

当你把解决问题的方法以逻辑树的方式陈列出来之后，还要对各种方法的优先顺序进行排列，把最有效的方法放在第一位。

矩阵型图解

1. 参数型矩阵

数学上有用变量和坐标轴描绘的图表，参数型矩阵就是借助变量与数轴的一种图解模式。横轴和纵轴分别代表一定的参数，并把平面分为4个空间，在4个空间中填充相关要素来展现某种状态或发展趋势。

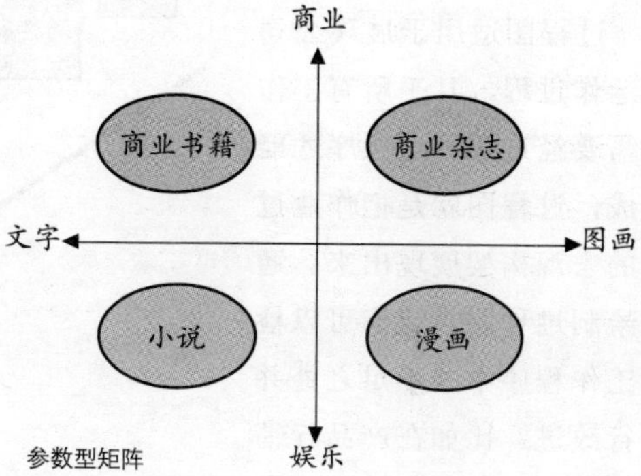

参数型矩阵

2. 箱型矩阵

箱型矩阵也是在横轴和纵轴上有一定的参数，它的特点是按照参数的大小和高低对4个空间进行分类。右边的图解是在市场营销中常见的产品组合管理矩阵，横坐标为市场占有率，纵坐标为市场成长率，按照箭头所指的方向，参数由低变高。右上方的业务，市场占有率高，市场成长率也高，有发展前景，是最有竞争力的业务，因此称为“明星业务”。右下方，市场占有率高，市场成长率低，继续保持高市场占有率就能取得高利润，可以称为“现金业务”。左上方，市场成长率高，市场占有率低，还处在发展阶段，经过调整很有希望提高市场占有率，所以称为“问题业务”或“问题少年”。左下角，市场占有率低，市场成长率低，夺回市场的可能性很小，应该考虑退出市场了，那部分业务称为“瘦狗业务”。

3. 情报型矩阵

这是适用于整理信息的典型的图解类型，简单地说，也就是分项列举的表格。具体画法是，先画出四方形的外框，然后在最上行和最左列填上相关的项目名称，在其余的表格中填写文字信息。比如课程表就是一个很好的例子。

4. 检查型矩阵

检查型矩阵同样是以常见的表格为表现形式，但是用符号代替文字信息，适用于做标记的图解。比如用Y（N）或者√（×）代表对错，用●代表已有的或已做的，用○代表未有的或者未做的。

过程型图解

1. 过程图

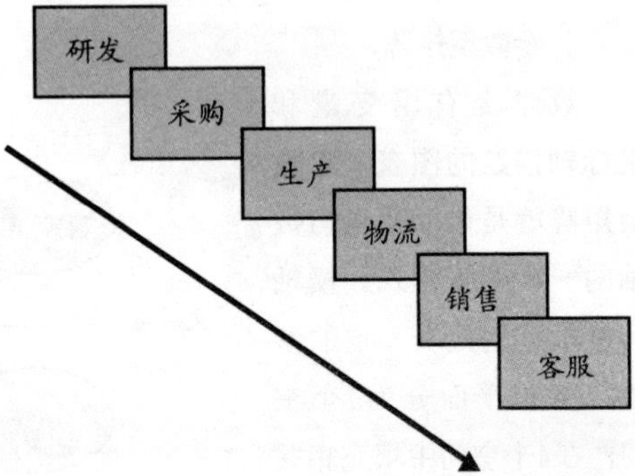

工厂的业务过程

过程图适用于展现公司的运作过程，几乎所有工作都需要经过好几道工序才能完成，过程图就是把作业过程的宏观构架展现出来。通过绘制过程图，我们可以检查工作程序中的不足之处并进行改进。比如在产品行销过程中，市场调查这个环节非常重要，但是却往往引不起足够的重视。运用过程图可以清楚地显示各个环节的作用。

这是一个很简单的业务过程图。其中的每一个环节还可以继续展开，显示出细节化的业务过程。

2. 流程图

过程图表现的是过程的整体概要，流程图则侧重于细节的分析，适用于复杂的作业过程。流程图能够体现出多个部门之间的联系，因而也适用于横跨多个部门的业务。

图表型图解

Excel软件的应用使数据整理变得非常方便，按照一定的顺序排列的数据可以帮助我们轻松地看出事物的发展趋势，从而快速掌握整体概要，方便我们做出相应的对策。下面的图表是对某产品销售额进行的升序排列之后的结果，哪几个月销售额较大一目了然，我们可以从中找到一些规律以提高销量。

A	B	C	D
	月份	销售金额(元)	
1	1月	6325	
2	9月	6394	
3	3月	6587	
4	6月	6915	
5	12月	7196	
6	8月	7413	
7	2月	7468	
8	7月	7785	
9	11月	8431	
10	5月	8732	
11	10月	8752	
12	4月	9514	

除了这种常见的图表之外，还有饼图、柱形图、折线图、圆环图、雷达图、气泡图等多种形式，可以增强视觉效果，更加直观、形象地表现数据之间的关系。

此外，还有SWOT型图解，适用于分析目前所处的形势；透视型图解，适用于焦点定位；模式型图解，适用于程式化的运作模式。

为什么用图解

图画是一种投射技术，它反映人们内在的潜意识层面的信息。人们用语言文字表达自己的思想和情绪的时候会有防御心理，而用图画来表达的时候则会把真实的自己展现出来。图画传达的信息比语言和文字表达的信息更丰富、更具体、更形象，表现力更强。

图解思考法可以帮你学习和存储你想要的所有信息，并对信息进行系统地分类，使思考过程条理清晰、中心明确。图解思考法还可以强化大脑的想象和联想功能，就像在大脑细胞之间建立无限丰富的连接，让你更有效地把信息放进你的大脑，或是把信息从你的大脑中取出来。

一般来说，用图解的方法思考问题与用文字思考问题相比有很多优点，主要方面如下表所示。

语言文字表达	图画表达
防御性、掩饰	潜意识、真实的自己
复杂、平面、抽象、无形	简单、立体、形象、有形
线性、循序联想	四通八达、随机存取联想
杂乱无章，不容易理解、记忆	有序、彼此连接，很容易理解、记忆
费时、费力、费纸张	省时、省力、省纸张
模棱两可、可能会遗漏信息	尽可能的全面、多种可能性
呆板、单调、传统	活泼、醒目、有创造性

阅读文章必须逐字逐句依照前后顺序阅读，还要注意前后文的关系，否则断章取义可能会误解文章的意思。用文字做笔记也是一样，从上到下呈线性地一行一行地写下来，既没有重点显示，又需要花费一定的时间来理解。文字的这种前后连续的关系要求我们进行“循序联想”。这种思考方法费时费力，而且不容易理解、记忆。

我们再来看图解思考法，无论你开始时把着眼点放在哪里，都能很好地理解图中的意思，因为各个关键词之间的关系一目了然。这是一种“随机存取”的联想，你可以在短时间内找到你需要的信息。

借用文字和语言沟通的时候，常常会出现前后矛盾和信息欠缺的问题。尤其是一些长篇大论，表达的一方可能会顾此失彼、遗漏信息。阅读的一方很难在短时间内把握文章的中心思想，常常看不清楚文章的脉络关系。如果把文章的内容图解化，矛盾和缺失之处就会显露出来，传达的信息就会很容易理解。如果信息之间存在逻辑矛盾，就不能用图解来表达。

我们曾把人的大脑比作一个图书馆，里面存储了很多信息，但是这些信息处于散乱状态。运用图解的方式，我们就可以使各个信息之间的关系清楚地表示出来，当提到某一个信息时，与之相关的信息都会浮现出来。这可以使你更容易地学到更多的东西。

你有没有这样的经历，在学习过程中很难记住一些内容，尤其是历史事件、政治理论等内容，就算死记硬背记住了，也会很快忘掉。图解思考法可以帮助我们更好地记忆，更有效、更快速地学习。当你把一段文字用图解的方法表示出来之后，你就能很容易地记住文字的内容，而且过后也不容易忘记，因为图解展示内容的方式与大脑的工作方式一致，可以把文字内容更有系统地整理出来。

东尼·伯赞在十几岁的时候就发现了一个悖论：他所记的笔记越多，学习和记忆力就越差。为了改变这种状况，他在笔记中关键的地方画红线，重要的地方画框框，很快他的记忆力就得到了提高。他后来发明的思维导图实际上就是一种创造性的记笔记的方法，使用颜色、符号、图像和关键词把信息描绘出来，形成一幅彩色的、高度组织的、容易记忆的图画。

他发现世界上99.9% 的人都在使用文字、直线、数字、逻辑和次序的方法记笔记。这确实很有用，但是这并不完整。这种方法体现了左脑的功能，但没有体现右脑的功能。右脑掌管视觉，处理影像、图形，所以擅长图解的人相对来说右脑比较灵活。人脑对图像的加工记忆能力大约是文字的1 000倍。然而大多数人的右脑处于沉睡状

态，只开发了不到3%的潜能，如果把右脑的功能全部利用起来，我们大脑的思考能力将提高30倍。

很多企业都将图解思考法应用于企业的决策、研发等环节之中，比如美国波音飞机公司将所有的飞机维修工作手册绘成一张长7.6米的思维大导图，使得原来要花1年以上的时间才能消化的数据，现在只用短短几周就可以使员工了解清楚。波音公司负责人迈克·斯坦利说："使用图解是波音公司质量提高的有效手段之一。它帮助我们节省了1000万美元。"

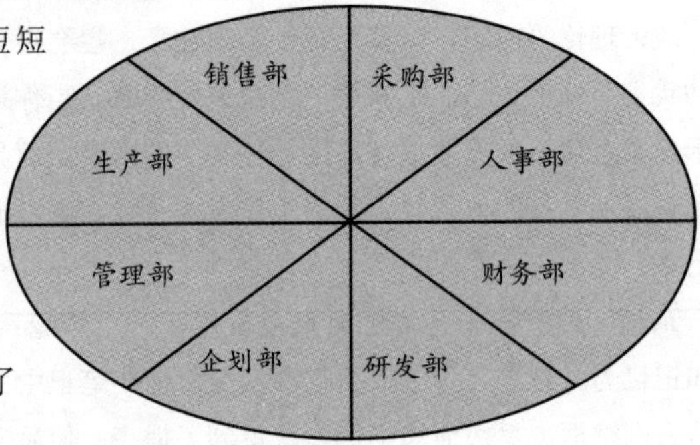

公司部门的划分

图解思考法可以使我们集中注意力，避免模棱两可的表达，对思想进行梳理并使它逐渐清晰，让你看到问题的全景。我们用文字表述一件事的时候很容易偷懒，只要在句尾加上"等"就可以把一些信息带过。比如"公司里有销售、采购、人事等部门"。运用图解思考法，就可以尽可能完整、清晰地把信息表达出来。

运用图解法可以使发散思维得到的想法和创意更加直观地展现在纸上。当我们用语言和文字来表述发散思考得到的结果时，大脑处于盲目的、无序的状态，可能会遗漏一些解决问题的办法。把我们的思想绘制成图，因为条理清楚，所以能够更全面地搜寻各种潜在的可能性，帮我们在短时间内找到更多的解决问题的办法。

当我们用文字表述的时候，只能用黑色、蓝色钢笔或圆珠笔来书写，放眼望去，你的笔记是一种单调的颜色，这让人感到呆板、乏味，甚至会产生厌烦心理。图解思考法活泼、醒目，文字、数字、符号、颜色、味道、意象、节奏、音符等多种形式都可以灵活运用，可以充分调动左右脑的功能，运用图像语言进行创造性思维。让我们的大脑最大限度地发挥想象和联想，在各个领域产生无数创意。

如何绘制图解

通过前面所讲解的图解思考法的神奇功效，你是不是已经跃跃欲试，打算绘制自己的第一张图解了？也许开始时你会觉得很难绘制，其实绘制图解一点儿都不难。

首先，将头脑中想到的事情用一些关键词写在一张纸上，充分运用想象和联想把头脑中浮现出的信息全部写下来，然后用线条把相关事件连接起来，或用一些符号把事件之间的关系表示出来。这样图解就完成了一半。

有了整体轮廓之后，再从细节着手，加入一些基本图形或插画，使所有信息都有视觉化的效果。这样的图解更生动、更形象。

图解思考法和其他思考法一样也要经过训练才能掌握其中的诀窍。绘制图解之前要准备一张大一点的白纸，然后，保持自由的心态，就像在白纸上画画一样，发挥你的想象力。之所以在刚开始绘制图解的时候要使用大一些的纸，是因为最初使用这种方法的时候难免要发生逻辑错误。图解只有具备逻辑性才有说服力，必须经过不断练习才能使错误逐渐减少。这是一个必要的过程。图解思考专家西村克己说："绘制图解不可欠缺的工具是橡皮擦。"

绘制图解首先要明确自己想通过图解解决的问题是什么，是为了更好地理解一篇文章，还是为了制订一项计划，或者为了寻求新颖的创意？明确目标之后，才有搜寻信息的方向，从而绘制出与问题相关的全景图。

绘制图解应注意：

（1）着手绘图之前要确定整体的布局和结构，保证完成之后的图解和谐美观。

（2）在中心位置绘制你的思考对象，周围留出空白。用简短的大号字表示出要解决的中心问题。这样可以让你的思维向四面八方自由扩展。

（3）用图画或图像来代表一些值得关注的思考点。一幅图可以刺激大脑进行想象和联想。图画越生动，越能使大脑兴奋。

（4）在绘制过程中尽量使用色彩。色彩同样可以使大脑兴奋，使你的思维更加活跃。而且，色彩可以使信息摆脱呆板、单调、沉闷的气氛，让你的图解变得有趣。

（5）将思考对象与由此引发的思考点连接起来，使各个部分的关系明确起来。这样可以使大脑更容易地发挥联想，从而对信息进行有效的理解和记忆。

（6）在每条分支上写上关键词，尽量不要使用短语和句子。两三个字的关键词既能指引你的思考方向，又能给思维留下广阔的想象空间。

（7）尽量多地使用图形。图解中的图形越多，那么图解的内容就越丰富。但是，要注意图解的美感与和谐度。

（8）一张纸解决一个中心问题。如果妄图在一张纸上表达太多的问题，就会让人感到混淆不清，使问题更加难于解决。如果思考对象相当复杂，也可以试着把它分解成两三个项目进行思考。

从众多的信息中找到合适的关键词需要一定的技巧。在表达意思的时候，如果修饰词和连接词没有什么意义就可以删除掉，或者用箭头和连线代替。你在平时阅读的时候，可以在能够表达文章中心思想的重要词下画线，用这种方法来训练自己寻找关键词的能力。

与思考对象相关的关键词会有很多，如果用单一的颜色或单一的图形来表示就会造成混乱、没有条理。表达关键词有一定的技巧，我们可以把关键词分为三类，用三种颜色或三种不同的图形来表示。假设我们把A作为一类，那么与A类相反的信息就是B类，剩下的其他情况归入C类。可以把A、B、C分别用红色、黄色、蓝色来表示，或者分别用圆形、方形、三角形来表示。

找到与思考对象相关的关键词之后，把意思相近的关键词组合在一起，如果有重复的地方可以擦掉一个。然后，用图形将关键词圈起来，就有了图解的模样。接下来，把有因果关系、包含关系、对立关系的关键词用箭头连接起来。这样你就绘制了一幅全景图。

不要一开始就期待绘制出完美的图解，在开始绘图的时候可能把握不好图形的布局和整体结构，不能对信息进行有效的分类处理。俗话说“熟能生巧”，经过一些练习之后，你就能很好地掌握图解的技巧了。

提升图解的说服力

要想提升图解的说服力，首先要清楚地指出整体的构成要素：

1. 从宏观至微观

在组装一台机器之前首先要准备好所有的零件，缺了任何一个零件，哪怕是一个螺丝钉，也不能组装成一个完整的机器。此外，零件之间要互相匹配。无论零件多么先进，如果零件之间不合适，也不会发挥出很好的效果。

从宏观到微观的思考模式很重要，它可以帮我们迅速地理解所有信息的大体内容。你可以先设想一下如果图书没有内容简介和目录会怎么样？除了书名之外，你无从了解一本书的内容，只能一页一页地阅读。如果有内容简介和目录就不同了，你可以很快知道书中主要讲的是什么，甚至对各部分的逻辑关系都会有一定的了解。你还可以直接翻到自己感兴趣的那一章阅读其中的内容。从某种意义上说，内容简介和目录就相当于对书中的内容进行了图解。

从宏观到微观，从整体到局部的顺序符合人们接受信息的习惯，并与人们辨别、理解和记忆信息的能力相适应。我们无法一下子掌握100多页的信息，即使一页一页地看完，也可能看了后面的就忘了前面的。但是如果把信息在一张纸上绘制成图，你就能很快地掌握大体的轮廓。无论是做说明报告还是分析做一件事的过程，运用从宏观到微观的顺序，都很容易让人理解并接受。而且看过之后，也不容易忘，想到相关问题的时候，那幅图就会自动浮现出来。

从宏观上把大体轮廓展现出来之后，接着就该描绘细节部分了，从微观上把大量信息整理出来。比如工厂的业务过程图就是从宏观上来表现的，要想细致地了解每个环节是如何运作的，就要从微观上绘制每个环节的运作流程。图中以产品的研发为例，从细节上展现研发的过程。

从宏观到微观的思维模式还有一个好处：从整体上把握思考对象之后，你就能知道哪些信息是重点，哪些是非重点，然后对重点内容着重理解和分析，对非重点内容快速浏览过去。

2. 随时注意是否有遗漏和重复的信息

如果遗漏某些信息，就不能完整、全面地了解问题，可能会让你失去很多机会。如果信息出现重复现象，就会给理解造成混乱，还会让你把简单的问题变复杂，花费更多的时间和精力处理重复的信息。因此要想提高图解的说服力，就要随时注意是否有遗漏和重复的信息。

避免信息遗漏或重复的有效方法是对信息进行有效的分类，如果宏观分类不能涵盖所有的信息，那么在细节上就很有可能会遗漏信息。如果分类出现交叉现象，那么在填充详细信息时就可能会出现重复。

比如前面我们提到的例子：如何提高企业利润。针对这个问题，如果把方法锁定在提升营业额和降低成本两个方面，就会忽略掉一些其他的方法。因此最好在分类时加入“其他收入来源”，这样你就会自动地想到提升营业额和降低成本之外的方法。

3. 排列信息的优先顺序

信息有主次之分，有些信息对我们理解问题、解决问题很关键，有些问题则可以忽略不计。如果像关注关键信息一样关注那些无关紧要的信息，就会浪费很多精力。因此绘制图解时要把信息按照优先顺序排列，以便舍弃多余的信息，把注意力集中在比较重要的信息上。

比如，当你为高档汽车寻找目标消费群的时候，应该把注意力集中在那些事业有成的人身上，而不应该把过多的精力花费在打工者身上。

PART 05

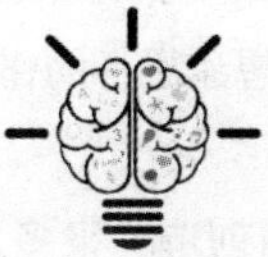

形象思考法

形象思考法是用直观形象和表象解决问题，以反映事物的形象为主要特征的思考方法。这是一种本能的思维方式。形象思维并不比抽象思维低级，形象思维在思维过程中发挥着不可或缺的作用。形象思考是引起联想、诱发想象、激发灵感的重要诱因，也是构思新理论，带来新设想的不可缺少的思考方法。

形象思考的作用

形象思考是艺术家们进行创作的主要思考方式，可以说文学、艺术作品纯粹是形象思维的杰作，在生活实践的基础上发挥想象力，描绘出生动的意象，甚至构思出现实中不存在的事物。

人们习惯认为艺术创作需要形象思考，科学研究需要抽象思考，事实上，这是一种误解。形象思维对艺术创作确实很重要，但是在科学领域形象思维同样发挥着不可忽视的作用。在科学研究、技术应用、发明创造等领域同样需要形象思维。

伽利略是一位擅长形象思考的科学家，可以说他就是凭借着形象思考使科学实现了革命性的突破。他在用数学方法分析科学问题的同时，还用图像和图表使自己的思想形象化。和所有取得大成就的科学家一样，他也擅长类似白日梦的幻想和想象，并通过这种方式取得了很大的成就。有一次，他在无聊的时候观察比萨大教堂来回摆动的吊灯，忽然间意识到，不管吊灯的摆动幅度有多大，完成一次摆动所需要的时间都是相同的。他对这个问题进一步研究，发明了“钟摆原理”，并把它应用在计时和钟表的制作工艺上。

形象思考是引起联想、诱发想象、激发灵感的重要诱因，是构思新理论，带来新设想的不可缺少的思考方法。想象思考的作用主要体现在以下几个方面：

首先，形象思考可以给我们带来发明创造。很多发明创造都是在某件事物的原型基础上发挥想象和联想，进而设计制做出来的。比如以飞鸟为原型发明了飞机，以蝙蝠为原型发明了雷达……

其次，形象思考可以补充抽象思维的不足。抽象思维在思维过程中起着很重要的作用，但是，如果片面地依赖抽象思维而忽略形象思维，就会走极端，不利于开发思维潜能。这里涉及左右脑的问题，左脑掌管逻辑和数字，右脑掌管形象和直觉。如果只用一种思维方法就会大大限制大脑的思考能力，只有左右脑并用才能最大限度地开发大脑的创造力。

最后，形象思考可以帮助我们建立理想模型。无论是文学艺术领域还是科学研究领域，都需要建立模型，要想建立理想的模型就要运用形象思考。比如，小说中的人物形象就是运用形象思考法塑造的。这种模型可以有一定的现实基础，也可以是纯粹的幻想，但是都需要发挥想象。科学研究中需要用到模型的地方也很多，比如霍金对宇宙形态的设想实际上就是用形象思考法塑造的宇宙模型。即使在太空中我们也无法看到宇宙的全貌，所以只能在已知理论的基础上进行想象。想象的模型或实验往往能带来重大的理论发现。

组合想象

组合想象与发散思维中的组合发散有相似之处，都是对不同事物进行组合以创造出新的事物。但是二者也有区别，组合发散比较理性，侧重于在实际中探索多种可能性，尝试把不同的事物组合在一起。组合发散类似于小孩子玩的积木，把圆形、三角形、四方形的积木组合起来，这次可能组合成一个房子，下次可能组合成一列火车。

组合想象相对来说比较感性，侧重于在头脑中的大胆想象，组合成的对象可以是在现实中不存在的东西。比如吴承恩在《西游记》中塑造的猪八戒的形象就运用了组合想象，将猪的脑袋和人的身子组合了起来。

北京"东来顺"涮羊肉是非常著名的老字号火锅，至今已有90多年的历史。"东来顺"的创始人丁德山，是一个追求完美、精益求精的人。当他的羊肉馆有了一定规模之后，他不再满足"买进原料卖出成品"这种传统的经营方式了。他设想了一整套全新的经营模式：要有自己的牧场和羊群，为"东来顺"提供优质羊肉；要有自己的加工作坊，为"东来顺"提供涮羊肉的各种调味料；要有自己的酱园，为"东来顺"提供风味独特的酱油；甚至还要有自己的铜铺，为"东来顺"生产适合涮羊肉的火锅。这种想法在那个时代是非常新颖而且大胆的。

经过不断努力，丁德山实现了他的设想。他买了几百亩地作为牧场，专门放养优质羊。到了卖涮羊肉的季节，"东来顺"就有了最优质的羊肉来满足顾客的需要。羊身上适合涮着吃的那部分，总共不过占一只羊的1/3左右，剩下的就卖给羊肉铺。丁德山还开办了天义顺和永昌顺两家酱园，自己精心调制芝麻酱、辣椒油、卤虾油、黄酒、腐乳汁等各种调味料。他在特制的酱油里加入甘草和白糖，咸鲜中又略带甜味，这是"东来顺"特有的风味。后来，他干脆连大麦、大豆、小米、芝麻和蔬菜都采用自己的土地上生产的。他还开办了一家"长兴铜铺"，为"东来顺"制造独特的涮羊肉火锅。这种火锅中间放炭火的炉筒比一般的火锅长而且大，因而火力特别旺，羊肉容易涮熟，这样才能保持羊肉的鲜嫩。

丁德山在20世纪初就办起来了农工商牧一条龙的产业，这是民族商号的骄傲，也难怪它能够享有盛名，经久不衰。即使在现在这种把生产的各个环节组合在一起的经营模式也是有现实意义的。

丁德山的这个设想恰恰体现了组合想象的思维方法。他是涮羊肉的行家，对羊肉、调味料、火锅了如指掌，知道什么样的材料能涮出最好的羊肉。他给顾客提供了最好吃的涮羊肉，把各个环节组合在一起，都在自己的掌控之下。

运用组合想象你可以从一个极其细致的点出发，扩大到无限大的范围，在没有边际的想象空间内寻求能够与它组合在一起的事物。训练组合想象的时候，你可以选定一个思考对象，然后以这个思考对象为中心发挥想象，然后尝试把你能想到的任何事物与思考对象结合起来。

需要注意的是，无限的想象力虽然能给我们带来大胆的新颖别致的组合，但是仅靠凭空想象得来的组合未必有实际的价值。德国诗人歌德说：“有想象力而没有鉴别力是世界上最可怕的事情。想象越是和理性相结合越高贵。”因此，发挥想象的同时，我们既要突破传统逻辑推理的束缚，又不能完全摆脱理性的指导。需要对思考的结果进行审核筛选，并加以完善和修改才能使其开花结果。

取代想象

会不会经常有人提出和你相反的观点和意见？你是不是奇怪事实明明是这样的，为什么别人和你的观点不一致？那是因为别人和你的立场不一样。如果你试着运用取代想象，就能知道别人为什么跟你的观点不一致了。

有一位盲人晚上出门的时候总是提着一个灯笼。一个好奇的路人感到迷惑不解，于是上前问道：“大哥，你眼睛看不见，还打着灯笼有用吗？”盲人答道：“有用啊，怎么会没用？”路人本以为盲人可能会很尴尬。没想到，这位盲人的回答对他来说如醍醐灌顶：“我打灯笼不是给自己看的，而是给你们这些看得到的人看的。免得你们在黑暗中看不见我，把我撞倒了。”

从事销售行业的工作人员特别需要站在消费者的角度考虑问题，只有满足消费者的需求，才能做好自己的工作。

如今是一个商品极其丰富的时代，要想让消费者满意，商品不仅要具有基本的功用，而且要有人情味，让消费者从中体会到关怀和体贴。这就要运用取代想象，设身处地地为消费者着想，考虑不同国家、不同民族、不同年龄、不同性格，甚至不同的情感需要。只要充分运用取代想象，才能研发出让顾客满意的新产品。

当今时代以瘦为美，许多女人都在忙着减肥。肥胖的女人在买衣服的时候都不愿意对售货员说“我要大号的”，“我要特大号的”。如果不识相的售货员向她们推荐大号或特大号的服装也会引起她们的反感。美国的一位女企业家南茜运用取代想象为肥胖的女性着想，想到了一个避免尴尬的办法。她把小号、中号、大号、特大号，分别用玛丽号、玛格丽号、伊丽莎白号和格丽丝号代替，巧妙地消除了消费者的顾虑，大大促进了服装的销售。

取代想象不但可以让你更好地理解亲人、朋友、顾客和合作伙伴，从而营造和谐的人际关系；而且可以让你更好地对付敌人。所谓“知己知彼，百战不殆”，只有站在敌人的角度想问题，才能出奇制胜。当自己处于守势的时候，只有提前考虑敌人的动向，才能充分地做好迎战的准备；当自己处于攻势的时候，只有考虑到敌人的应对策略，才能更好地布置后招。

站在别人的立场上思考问题，对自己的人生和事业的成功都有重要的意义。正如汽车大王福特所说：“假如有什么成功秘诀的话，那就是设身处地替别人着想。”

妙用联想

联想思考法也属于想象，与前面提到的几种想象相比，联想有明确的激发点。简单地说，联想就是由一个事物想到另一个事物的思维过程，两个事物可以在概念和意义上存在很大的差异。联想思考是大脑的基本思维方式，它有3个方面的意义：

一方面是预见某一事物对另一事物的影响。

改革开放初期，报纸上报道了这样一条消息：国务院已同意各地开设营业性舞厅。上海某家幻灯仪器厂的厂长正在为拓展市场发愁，看到这则消息之后，他展开了联想：既然政府放宽了限制，各地的舞厅肯定会像雨后春笋一样冒出来。这时肯定需要大量的舞厅灯具，如果能够抢占这部分市场，肯定能赚大钱。

于是，他马上召开了领导班子会议，说了自己的想法，大家都认为这是一个不错的主意。没多久，这个厂子就生产出旋转彩灯、声控彩灯、香雾射灯等不同类型的舞厅灯具，很快就打开了市场。

另一方面是把一个事物的特征、功能或原理应用在另一个事物之上，这有助于我们进行发明创造。

“电话之父”贝尔做过这样一个试验，相连的两个带铁芯的线圈前面分别放一个音叉，当一个音叉振动的时候，就会使线圈产生电流，导致另一个音叉也振动，并发出同第一个线圈一样的声音。由此他联想到，如果把音叉换成金属簧片，说话的声音引起金属簧片的振动，另一端金属簧片的振动又会转化成声音，这样不就可以通话了吗？

他在助手的帮助下进行试验，但是由于线圈产生的电流太小，试验失败了。贝尔没有放弃，他做了一些改进。用薄铁片代替金属簧片，用磁棒代替铁芯，以加大电流。这次他获得了成功，人在薄铁片前说话，声波的节奏变化导致铁片的振动，进而引起线圈中产生相应的电流，通过导线，传递到另一个线圈中，引起线圈前的薄铁片发生振动并发出清晰的讲话声音。1876年3月，贝尔实现了通过把电流变成声音进行远距离通话的梦想，发明了世界上第一部电话装置。他的发明获得了美国的专利，随后他建立了世界上第一家生产电话的工厂。

此外，还可以开阔思路，加深对事物以及事物之间联系的认识。联想思考是形象思考的一种，它可以借助一个事物解释另一个事物，使我们加深对事物的理解和认识。

前苏联心理学家哥洛万斯和斯塔林茨，发现任何两个概念或词语都可以经过四五次联想建立起联系。比如桌子和青蛙，似乎是两个风马牛不相及的概念，但可以通过联想作为媒介，使它们发生联系：桌子——木头——森林——水塘——青蛙。又如书和小麦，书——知识——精神食粮——粮食——小麦。

要想自如地运用联想，首先要扩展知识的广度和深度。只有储备渊博的知识，当需要联想的时候才能从不同角度、不同领域拓展联想的视野，联想的范围越广，获得创新成果的可能性越大。因此进行联想的时候，不能只关注自己感兴趣的事物或自己熟悉的事物，还要对自己不感兴趣的东西和陌生的东西展开联想，只有这样才能带来新的发现，打开新的思路。

联想思考同样需要不断训练才能熟练掌握，因此要树立联想意识，养成联想习惯，利用一切机会寻找事物之间的联系。有目的地进行联想训练才能由此及彼地发现事物之间有价值的联系。

联想训练有两个途径，一是形象联想，比如看到圆形的图案联想到太阳、苹果、气球、葡萄、西瓜、水杯、帽子等事物；二是概念联想，即由某一概念联想到新的概念，概念是事物本质属性的反映，概念之间的关系反映事物之间的关系。形象联想与概念联想之间并没有截然的界限，比如由橡胶水管联想到自行车轮胎，里面也有形象联想的成分。

相似联想

只要你愿意寻找，就会发现很多事物之间都有相似之处。秦牧在《榕树的美髯》一文中写道："松树使人想起志士，芭蕉使人想起美人，修竹使人想起隐者，槐树之类的大树使人想起将军。而这些老榕树呢，它们使人想起智慧、慈祥、稳重而又历经沧桑的老人。"细细琢磨一下，松树与志士之间、芭蕉与美人之间、修竹与隐者之间、槐树与将军之间、榕树与老人之间确实有相似之处。

相似联想不仅在文学创作上很有帮助，在科学研究和发明创造领域同样发挥着不可估量的作用。相似联想是一种扩展式的思维活动，每一个事物都具有多种特征，你可以围绕某一特征展开联想。

精神病学专家利伯有一次在海边度假的时候看到了涨潮，海水波涛滚滚涌向岸边，没多久又悄然退去。他知道这是月球引力的作用，每到农历初一、十五就会有大潮涨落。由此他联想每到月圆之夜，新入院的精神病人会增加，精神病院里的病人会变得情绪激动，病情加重。月球的引力会不会对病人的病情有影响呢?

为了证明这个设想，利伯进行了一系列调查研究，发现月球确实对人的生理和精神有一定的影响。人的身体也像大海一样有“潮汐”，每当月圆的时候心脏病的发病率会增加，肺病患者的咯血现象会增多，胃肠出血的病人病情也会加重，病人的死亡率会比平时上涨。

利伯发现了大海潮汐与人体病变的相似之处——都在月圆之夜有强烈的变化，进而推断精神病人的病情也受月球引力的影响。

世界上很多道理都是相通的，相似联

想可以让我们加深对事物的认识和了解。运用相似联想，我们可以把已知的某一领域的道理应用在我们所关注的另一领域中。

相对联想

通过对事物的特征、属性、功能的相对或相反的情况进行联想，一方面可以获得对事物的全新的认识，另一方面可以引发解决问题的新方法。

《道德经》中说："有无相生，难易相成，长短相形，高下相盈，音声相和，前后相随，恒也。"

事物的一切性质都是以相对的形式存在的。运用相对联想，你可以由"快"想到"慢"，由"大"想到"小"，由"黑"想到"白"……

相对联想应用了逆向思维，因而可能会得出荒谬的、不合常理的结论。但是，更多时候，这种思考方法可以出其不意地解决问题，让人豁然开朗。

20世纪40年代，美国纽约市中心的一家银行贷款部发生了一件奇怪的事。

一位衣着光鲜的老人拎着一个大皮包来到贷款部的柜台前要求贷款，营业员对他说："先生，只要您能提供相应的担保，借多少都可以。"

老人问："我只借1美元可以吗？"

"只借1美元？"贷款部的营业员惊愕地张大了嘴巴。

营业员想这个老人并不像故意找碴或开玩笑的样子，他可能在试探我们的工作质量和服务效率吧？

营业员便装出高兴的样子说："当然，只要有担保，无论借多少都行。"

老人从大皮包中取出一大堆股票、债券等放在柜台上，说："我用这些做担保可以吗？”

营业员清点了一下，说："先生，总共200万美元，做担保足够了。请办理手续吧，年息为6％的利息。您只要在1年内归还贷款，我们就把这些做担保的股票和证券还给您。”

手续很快办完了，老人离开之前营业员忍不住问："先生，我实在不明白，既然您拥有200万美元的财富，为什么只借1美元呢？”

老人笑了笑说："现在手续办好了，我不妨把实情告诉你。我有事要外出一年，这些票券需要找个安全的地方保管，但是请人保管或租金库的保险箱，费用都很昂贵。所以我想到以担保的形式将这些东西寄存在贵行，既安全费用又低，存1年才不过6美分。”

营业员恍然大悟。

这位精明的老人就是运用了相对联想思考法，由寄存想到了与之相反的保管形式——担保，看似荒唐，但是非常有效。

相对联想就是让我们把正反两方面的事物放在一起进行考虑，一正一反，对比鲜明，可以是属性相反、结构相反或功能相反。通过对比，可以使事物的特征更加明显，往往能引起人们的注意。比如日本一家玩具厂生产的黑色“抱娃”不受欢迎，厂长运用相对联想，想到了一个主意：把黑色“抱娃”放在模特雪白的手腕上。这样一来果然非常醒目，很快就打开了市场。

法国作家左拉的小说《陪衬人》也是对相对联想的巧妙运用。小说中描写了杜朗多先生利用对比联想在金融交易场中发财致富的故事。

杜朗多先生是个经纪人，对美学一窍不通。有一天，他居然贴出广告，声称专为小姐和夫人们开设一个“陪衬人代办所”。这些“陪衬人”实际上都是廉价招募来的相貌丑陋的女用人，杜朗多根据各人的特点对她们进行分类，然后定价出租。她们的服务内容主要是陪伴主顾以便衬托其美貌。

不难想象，女士们为了满足虚荣心和炫耀的欲望纷纷前来租用“陪衬人”，一时间“代办所”门庭若市、生意兴隆，杜朗多很快就成了百万富翁。

虽然杜朗多不懂美学，但是他清楚美丑是相对的概念，一个长得丑的小姐，在比她更丑的人的衬托下会显得漂亮些。

用常规的方法应付非常规的问题必定会感到很困难，当你遇到难于解决的问题时，不妨运用相对联想，从常规的思考相反的方向寻找解决的办法。

很久以前，牧场上有一位老人，他有两个儿子和一群骏马，每个儿子各有一匹心爱的马。

老人临终前留下遗嘱：让两个儿子赛马，谁赢了就由谁继承那群骏马。他规定了赛马的地点，但是比赛规则有点不同寻常——谁的马跑得慢谁就赢了。

老人去世之后，兄弟俩遵照老人的遗嘱准备赛马。二人都站在起点，谁都不想跑在前面，因而谁也不撒缰绳，两匹马从早到晚站立不动。第二天照旧如此，眼看夕阳又要下山了，这时从远方来了一位智者，看见两人呆呆地骑马站成一排，觉得奇怪，就上前询问。明白了事情的原委之后，智者笑了笑说："这很容易解决。你们换骑对方的马进行比赛不就行了？"两人觉得这个主意不错，高兴地采纳了他的建议，很快就有了比赛结果。

兄弟俩换骑对方的马之后，为了让自己的马跑得慢，就会尽量让对方的马跑得快。幸亏他们遇到了一个善用相对联想思考的聪明人，否则他们永远也比不出胜负。

相对联想的意义还体现在相对的作用过程，由甲可以得到乙，那么反过来，由乙应该也可以得到甲。比如，大家知道金刚石的成分是碳，1799年，摩尔沃成功地把金刚石转化为石墨。有人运用相对联想提出，石墨也应该能够转化为金刚石。最终实验证明了金刚石和石墨之间可以相互转化。

相对联想对我们的思维能力具有一定的挑战性，它要求我们全面地看问题，同时把握问题的正反两方面。

要想提高相对联想的能力，首先，要丰富自己的知识，拓展思维的广度和深度；其次，要善于转换思维角度，利用思考对象的对立面实现自己的目的；此外，还要敢于突破常规的思维模式，才能找到解决问题的新方案。

飞越联想

日本的一支南极探险队在基地遇到了一个难题，他们需要把基地的汽油输送到探险船上，但是输油管的长度不够。面对这个问题，大家一筹莫展。这时，队长西崛荣三郎有了主意。首先，他想到可以把长方体的冰块做成管子。在南极找到适合做管子的冰块并不难，但是如何才能穿透一个很长的冰块又不至于使它破裂呢？西崛荣三郎继续发挥联想，把医疗用的绷带缠在铁管子上，然后在绷带上浇水，等水结成冰之后，再把铁管抽出来，这样就可以做成一个冰管子了。

西崛荣三郎发挥了丰富的想象力，借助南极的冰，把绷带和输油管联系了起来，解决了问题。

飞越联想就是让我们超越常规的限制，解放思维，最大限度地开发思维空间。如果你允许自己的思维进行大胆的想象，也许能发现一些别人发现不了的东西。

20世纪50年代，苏联的绘画艺术兴起，很多青年都投身于绘画事业。那时一位叫普法利的学生放弃了自己所学的地质工程专业，决定学习油画艺术。为了增加见识、开阔眼界，他经常参观各种油画展。在参观一个油画展时，他被一幅风景画深深吸引住了，画面是一片光秃秃的山峦，整个画面透出荒凉、神秘、诡谲的气氛。普法利觉得这幅画似乎隐藏了什么，他联想到画中的气氛可能与某种矿物质有关，但是沉思良久也想不出所以然来。

他想找那幅画的作者帮他解开谜团，不幸的是那位画家在不久前去世了。几经周折，他找到了画家的遗孀，从她那里借到了画家的创作日记。根据日记中的描述，他找到了那幅画反映的实际地点，那是西伯利亚的一个人迹罕至的地方。在寸草不生的山边，他发现了一个奇特的小湖，湖水发出银色的光芒。走近一看，那根本不是湖，而是一个天然水银矿，静止的“湖水”全都是水银。他恍然大悟，原来画面中的荒凉神秘气氛是由水银造成的，由于有这么多的水银，草木根本无法生长。

普法利竟然从一幅画中发现了一个水银矿，他正是结合自己的专业知识发挥了飞越联想。为什么他能够看到那幅画的与众不同之处呢？因为他有地质工程方面的专业知识。这个案例告诉我们，要想具有出色的联想能力，必须丰富自己的知识。只有具备足够多的知识，我们的思维才能四通八达地展开自由联想。

飞越联想并不是胡猜乱想，要想让自己的“白日梦”变得有价值，就要在想象的过程中注意逻辑的必然性。著名作家凡尔纳被誉为科幻小说之父，他有着不同寻常的联想能力。在现实中还没有出现潜水艇、雷达、导弹、直升机等事物的时候，他就通过想象在自己的科幻小说中描述了这些东西。

运用飞越联想，我们可以通过一些看似与我们无关的现象，了解到与我们密切相关的事实真相。

第一次世界大战期间，德国著名的女间谍玛塔·哈里奉命接近法军最高统帅部的重要官员莫尔根，并窃取他保管的英国19型坦克设计图。莫尔根是一个丧偶多年的老头，玛塔很快就赢得了莫尔根的爱慕。在完成任务期限的最后一个晚上，她用安眠药使莫尔根熟睡，然后展开了行动。终于她在一幅油画后面发现了一个保险柜，可是她不知道密码。她试拨了几个号码之后，发现自己不能用这种笨方法。

莫尔根的记忆力已经衰退了，他一定会在某个地方留下记号，让自己能记起6位数的密码。玛塔开始在房间里搜索与数字有关的任何东西，最后她的目光停留在一个挂钟上。挂钟已经不走了，指针停留在9点35分15秒。93515，只有5个数字。当她要寻找别的线索的时候，脑袋里突然灵光一闪，9点不也是21点吗？这样就有6位数了。213515，她兴奋地拨了这个号码。果然，保险柜打开了。她取出图纸，按时完成了任务。

创造力与想象力密不可分，超凡的想象力往往能开创出一片新的天地。飞越联想就是让我们尽可能地发挥想象，把不相关的事物联系起来，从中引发新的设想。

想象力是创造的源泉，大胆的想象和联想也许会得出一些荒唐的设想，但是从长远来看，训练想象和联想对提高思维能力是有帮助的。

PART 06 六顶思考帽思考法

六顶思考帽思考法是爱德华·德·波诺博士开发的最流行、最有效的思维技能之一。它针对人们通常思维的混乱性和杂合性，以 6 顶颜色不同的帽子来做比喻，把思维分成 6 个不同的方面，要求人们在一定的时段内只能从一个方面考虑问题，从而改变了人们通常所采用的混乱无序的思维方式，使人们的思维变得更具体、更有针对性，更积极、更具备创新能力。对于一个团体而言，它能够使各种不同的想法和观点和谐地组织在一起，避免人与人之间的对抗，使团队中的每个人都积极参与思考，共同寻找最终方案。

6种不同颜色的思考帽

也许你有过这样的经历，思考一件事情的解决方法时，思绪变得像一团乱麻一样理不清头绪。如果我们企图在同一时间内做太多的事情就会遇到这样的问题，我们需要客观理性地收集并分析信息资料，但是又会受自身的感觉和情绪的影响，我们在追求利益的同时还得考虑不利的一面，既要开拓创新又得小心谨慎，是跟随群众领袖还是自己孤身前往……这些会让我们分散精力，使我们的思维陷入混乱的状态，而混乱是思考最大的敌人。

就像我们不能在同一时刻对来自不同方向的攻击做出敏锐的反应一样，

我们也不能在同一时刻对一个复杂问题的各个方面进行清晰、有效的思考。在团体中由于每个人看问题的角度不同，大家各执一词，容易引起毫无建设性的争论，很难得出一致的结论。针对这个问题，被尊为“创新思维之父”的爱德华·德·波诺博士提出了著名的“六顶思考帽”。这种独特的思考方法作为政府、企业和个人的决策指南受到了广泛的推广和肯定，在微软、杜邦、IBM、麦当劳、可口可乐、通用等著名的企业得到了成功的应用。

六顶思考帽	颜色联想	思考角度
白色思考帽	中性和客观	搜索并展示客观的事实和数据
红色思考帽	直觉和情绪	表达对事物的感性的看法
黑色思考帽	冷静和严肃	用小心谨慎的态度指出任一观点的风险所在
黄色思考帽	希望和价值	用乐观、积极的态度指出任一观点的价值所在
绿色思考帽	活跃和生机	运用创新思维提出新观点
蓝色思考帽	理性和沉稳	对整个思考过程和其他思考帽的控制和组织

6种思考角度是我们在处理任何问题时都要用到的，但是如果我们同时考虑这6个问题就会手忙脚乱，顾此失彼。“六顶思考帽”要求我们在同一时间只做一件事，从一个角度进行思考就容易多了。

也许你已经看出来了，6顶思考帽可以分为3对：白色和红色，黑色和黄色，绿色和蓝色。这两两对立的3对思考问题的方向可以把问题考虑得很周全，并且达到了相互平衡的效果。当我们在使用黑色思考帽的时候可以毫无顾忌地提出种种不利因素，不要担心会把事情弄糟，因为有黄色思考帽来平衡那些不利，最后还有蓝色思考帽做出公正的裁决。

这种模式的思考方法在研讨会上非常有效，它要求在会议中的任一时刻，每个人都戴上同一种颜色的思考帽，从同一个角度来看待问题。每个人都朝着同一个方向努力，这样就可以把团队所有人的知识、经验和智慧集中起来，发挥最大的效力。这种思考方法可以避免人们像盲人摸象一样只看到问题的一个方面就固执己见，和别人发生不必要的争执，浪费时间还解决不了问题。实践证明，六顶思考帽思考法可以节省一半以上的会议时间。

案例：如何看待超市对购物袋收费这件事？

● **白色思考帽**

超市行业包装袋的年消耗额高达 50 亿元，一家营业面积在 8000 平方米左右的大型综合超市每年用 40 万元购买购物袋。

北京市的塑料袋的年使用量达 51.95 亿个，重达 1.7 万吨。相关测算表明，如果有偿使用，超市购物袋的使用量将下降一半以上。

塑料袋的材料是聚乙烯，两三百年也不会解体，并且会不断散发有毒气体。

环境与发展研究所进行的民意调查显示，将近 99% 的被调查者认为，人们应该减少使用塑料袋以减少白色污染。有 65% 以上的人同意对塑料袋的使用收费或上税。

据已实施了“有偿使用塑料袋”的麦德龙超市介绍，目前麦德龙的顾客中，购买塑料袋的顾客约占 8%。

很多超市把顾客的商品进行分类包装，一次购物往往会用三四个塑料袋。极少数的顾客会自备购物袋。

● **红色思考帽**

超市真的关心环保吗？他们为了赚钱。

每个塑料袋收费 2 角，太贵了。

我不觉得塑料袋会污染环境，媒体宣传得太夸张了。

我已经习惯免费的购物袋了，接受不了。

我宁可花钱，也要用塑料袋。

● **黑色思考帽**

不用塑料袋不方便，用的话还要花钱，总之会有负面影响。

顾客会产生抵触心理。

超市会流失大量顾客。

● **黄色思考帽**

促使人们自备购物袋，减少白色污染。

激发人们的环保意识。

可以让人们养成节约的习惯。

超市可以节省开支、增加利润。

● **绿色思考帽**

超市应该免费提供可降解塑料袋或其他无污染的替代品。

超市为了鼓励顾客不用购物袋，可以回馈给那些自备购物袋的人几角钱。

超市应该销售可重复使用的布袋或纸袋。

● **蓝色思考帽**

确定白色、红色、黑色、黄色、绿色这个讨论顺序，并规定每个思考帽使用时间为 5 分钟，可以适当延长。

每使用完一种思考帽之后做一个小总结。比如，戴上白色思考帽思考之后得出一个结论：塑料袋不但污染环境，而且浪费钱财，大部分人赞成收费。

适时宣布更换思考帽。比如，当人们用太多时间使用红色思考帽的时候，及时宣布摘下红色思考帽戴上黑色思考帽。

最后从宏观上分析议题：理智上大家都赞成收费以利于环保，但是情感上难以接受，超市应该以人为本，想想别的途径，而不是用收费的方式来控制塑料袋的使用。

白色思考帽

白色思考帽的思考角度是搜集并展示客观的事实和数据。

戴上白色思考帽，我们的大脑就类似于一台电脑，搜索与某个问题相关的所有信息，然后把信息显示在屏幕上，不掺杂任何情感因素。我们应该客观地将事实摊在桌面上，中立地对待所有信息，排除个人感觉、印象等情绪化的判断。戴上白色思考帽的目的是获得纯粹的实情，而不是证明自己的观点，因此不要只选择对自己有利的信息，也不要害怕信息间发生冲突。

用白色思考帽搜集信息不仅要全面，而且要丰富，大量的信息才有说服力。另外，白色思考帽搜索到的信息是我们进行归纳结论的前提，必须透过大量信息才能得出具有普遍意义的结论。使用白色思考帽的意义在于先绘制“地图”，让到达目的地的路径自己显现出来。只有搜集到大量的信息，才能使地图完整、清晰地展示出来，人们才能清晰地看到自己该走的道路。

如果信息太多，我们就会湮没在信息里分不清主次，得不出结论。我们应该用集中式提问的方法获得所需要的信息，以填补资料的空缺。

哪些信息是至关重要的？

哪些信息是已知的？还需要哪些信息？

怎样获得我们所需要的信息？

这些问题是白色思考帽需要考虑的，否则我们就会眉毛胡子一把抓，得不到真正有价值的信息。

在会议上，我们需要把自己知道的信息表达出来，但是在表述客观的事实和数据的时候，往往会掺杂自己的主观看法，使信息失真。所以，在表述信息时，我们要注意避免对数据和事实进行解释。

要想评价一项事实的真实性如何，我们需要按照真实程度对信息进行排列。

（1）绝对真实；

（2）总是这样；

（3）一般情况下是这样；

（4）大多数时候是这样；

（5）半数是这样；

（6）有些时候是这样；

（7）偶尔会这样；

（8）有可能会这样；

（9）从来没有这种情况；

（10）不可能出现这种情况。

白色思考帽并不是让我们只接受那些百分之百成立的事实，就整体而言，成立的信息也可以接受。白色思考帽就是让我们中立、客观地搜集事实和数据。思考者只有保持客观的态度才能找到更多更有价值的信息，为以后的思考提供依据。

红色思考帽

红色思考帽的思考角度是表达对事物的感性的看法，它是反映情绪和直觉的思考。人们通常认为情绪化的和非理性的表达会扰乱思考，优秀的思考者应该冷静地权衡利弊，而不能受情感的左右。所以，在一些正式的商业会议里，人们总是避免表达自己的情绪和感情。但是，无论如何回避，人类还是有感性的一面，只是人们把它伪装在了逻辑的里面。红色思考帽给人们提供了“合法”地表达情绪、情感的机会，这种疏导比压抑更有利于解决问题。

事实上，情绪是大脑正常运转的需要，是思考的一部分，任何思考都不能摆脱情绪的影响。情绪对思考的影响表现在3个方面。

1. 强烈的背景情绪会左右我们的思考

比如喜爱、怨恨、愤怒、恐惧、怀疑、嫉妒等。这些强烈的情感会蒙蔽我们的眼睛，使我们很难做出公正的判断。戴上红色思考帽把这些情感表达出来，就可以让我们认识到自己现在的观点可能在很大程度上会受到情绪的影响。比如：

我讨厌这个人，讨厌和他相关的一切。

情感的表达可以让我们更清楚地认识到事实的真相。比如，你因为嫉妒一个人而反对他升迁，当你表达出“嫉妒”这种情感的时候，也就承认了“他确实做得很好”。当然了，你没有必要把自己的嫉妒情绪公之于众，你可以选择委婉的表达方式。比如：

我戴上红色思考帽发言：我反对他升迁，可能是我不喜欢别人升迁那么快。

2. 在思考结束的时候，我们做出任何决策最终都要诉诸情感

每一个决策都有一个价值取向，我们对价值的选择是很情绪化的。这时，我们要考察一下，是不是受到某种情绪的影响才做出了某项决定。比如：

我的红色思考帽告诉我，为安全起见，我们应该放弃这个计划。

我戴上红色思考帽说：为了获得更大的利益，我觉得冒险是值得的。

情感应该自然流露，每次都要戴上红色思考帽再表达情感，不是显得很做作吗？红色思考帽看似是多余的，其实不然，它可以让人们在片刻间转换情绪，而不让自己和别人受到情绪的影响。当你戴上红色思考帽表达了对某人的怨恨之后，摘下思考帽就可以让情绪平息，由此可避免争执和相互攻击。

使用红色思考帽的意义在于让人们如实地表达自己的情感，而不是得出一个结论。因此思考者在表达自己的情绪和感觉时不需要理由和根据，也不用对自己的感觉进行解释和修正。也许在会议结束的时候，你的感觉已经发生了转变。

红色思考帽让每个人都有权利把自己的感情自由地释放出来，这让有些人误解了红色思考帽的意义，把它当作情感发泄的工具。实际上，红色思考帽更像一面镜子，会如实地把人们的复杂情感反映出来。

黑色思考帽

黑色思考帽与红色思考帽表达观点的方式截然相反，红色思考帽完全是情绪化的表述，不需要任何理由，而黑色思考帽符合西方批判思想的传统。任何批判都要以逻辑为基础，任何否定都要有站得住脚的理由，没有根据的批判和否定不具有任何意义。比如：

如果让张先生就任这个职位，我担心他会把事情弄糟。

确实有这种可能，但是请你戴上黑色思考帽说说你的依据是什么？

我们在决定采纳一个意见之前，应该戴上黑色思考帽分析一下这个意见有哪些缺点需要克服？我们是否应该采纳这个意见？当某项计划出台之前，我们要戴上黑色思考帽想一想，有哪些问题和困难需要解决？我们是否应该实施这项计划？

在采取行动之前，我们要戴上黑色思考帽问自己以下的问题：

如果我们按照这个计划行动，可能会有哪些不良后果？

我们忽视了哪些潜在的危险？

我们可能会在什么地方出错？

外界可能会有哪些对我们不利的举措？

黑色思考帽还可以对思考过程本身进行质疑，指出人们在思考中所犯的错误。这里也体现了黑色思考帽的逻辑性，如果思考过程有错误，那么得出的结论很可能也是不正确的。比如：

从这些数据中并不能看出你所说的那种结论。

你那么说的根据只是一个假设，而不是事实。

这不是唯一的结论，还有其他的可能性。

戴上黑色思考帽时，我们要对事物保持批判和否定的态度。对某件事进行过度的批判可能会导致我们把时间都用来寻找错误，最后把所有的计划都否定了。这不是黑色思考帽本身的过错，而是滥用和误用黑色思考帽的过错。适当地使用黑色思考帽可以让我们少犯错误或者不犯错误。一个计划可能有85%是好的，那么在这个计划被采纳之前，用黑色思考帽关注剩下的15%，可能会把那些错误修正过来。但是，如果在计划被采纳之后仍集中精力对那15%进行批判，就会阻碍计划的执行。

在实际操作中，黑色思考帽是所有思考帽中使用最多的，也许是因为它可以教会我们更好地保全自己。戴上黑色思考帽的思考者必须小心谨慎地思考问题，而小心谨慎是生存的基础，也是成功的基础，因此可以说黑色思考帽是最重要的思考帽。但是如果把它当作唯一的思考模式，就会滥用黑色思考帽，破坏它的价值。

黄色思考帽

黄色思考帽的思考角度是用乐观、积极的态度指出任一观点的价值所在。

在会议上，人们会提出很多建议，其中不乏出色的建议。遗憾的是，就连那些提出建议的人都意识不到自己所提的建议的价值。戴上黄色思考帽之后，价值立刻就显现出来了，甚至一些看起来很糟糕的建议也有很高的价值。

和黑色思考帽一样，黄色思考帽发表意见的时候也要有站得住脚的理由，肯定任何价值的时候都要有根据，因此戴上黄色思考帽要问自己以下的问题：

有什么价值？

对谁有价值？

在什么情况下有价值？

价值如何体现出来？

还有别的价值吗？

任何事物都有积极和消极两个方面，黄色思考帽让我们把注意力集中在所有情况的积极一面，这也叫作“正面思考”。正面思考让我们追寻利益、渴望成功，这种思考模式会指引我们的未来向好的方向发展。

我们做某事是因为它值得去做，黄色思考帽的意义就在于肯定某件事的价值。但是戴上黄色思考帽后不要过分地乐观。为了避免乐观变成愚蠢，爱德华·德·波诺提出了“正面光谱”：从过分乐观的极端到逻辑上的可操作性。乐观的态度是盲目还是实际，关键还在于是否付诸行动。比如：

如果我们加大广告的宣传力度，就能获得更大的利润。让我们试试看吧！

这个政策的出台可能会给我们带来机遇，虽然未必如此，但是我们一定要有所准备。

我们有必要对乐观的程度做一个划分：

（1）绝对会有好的结果；

（2）很有可能会有好的结果；

（3）可能会有好的结果；

（4）一般；

（5）有点儿希望；

（6）希望渺茫，但是有可能。

黄色思考帽指引我们寻找价值，它可以化腐朽为神奇。黄色思考帽所提出的如果没有依据，那只能算作直觉和预感。戴上黄色思考帽之后，你必须尽力对自己的乐观做出解释，与黑色思考帽不同的是，即使你的理由站不住脚，你的建议也可以被考虑。这种解释只是用来强化这一建议，因为黄色思考帽允许梦想的存在。

你用黑色思考帽指出了这项计划的弱点，那么现在请用黄色思考帽想想有什么改进的办法。

绿色思考帽

绿色思考帽的思考角度是运用创新思维提出新观点。

戴上绿色思考帽之后，每个人都要扮演创造者的角色，都要从旧观念中跳出来，努力提出新想法，或者对已有的意见进行修正和改进。

我们思考问题时习惯对一个观点做出判断：这个建议合理吗？这种说法与过去的经验相符吗？戴上绿色思考帽之后，我们要摒弃这种想法，用“发展”代替判断。所谓“发展”，就是相对过去要有所进步，比如：

戴上绿色思考帽想想，如果我们开发一种能够把自来水净化的水杯，会有什么进步？

戴上绿色思考帽后提出的想法并不一定是可行的。我们可以把它看作过河的踏脚石，摸索出一条路；或者把它看作一粒种子，需要我们的悉心栽培，才能长成大树。

在绿色思考帽的保护下，当你提出一个建议的时候，戴黑色思考帽的就不能对它进行攻击，不管你的建议看起来多么疯狂。比如：

污染水源的化工厂应该建在一般工厂的下游。

这是不是很荒谬？记住，绿色思考帽的意义在于发展而不是判断。我们可以发展一下这个建议：强制工厂建在河流的下游，它必须使用排出的污水，从而明白污染环境的恶果。

人们已经总结了很多创新思维的方法，比如逆向思维、联想思维等。只有不断创新才能更好地解决问题。戴上绿色思考帽，你可以从以下几个角度进行创造性思考：

先设想一个结果，然后为它寻找理由。比如，我们先设想每个想获得升迁的人都穿上黄衬衫，然后再想这么做有什么好处。

随意选择一个出发点，然后联系主题寻找思路。比如，把香味作为出发点，联系电视这个主题，有人发明了能够散发香味的电视机。

提出不合逻辑的假设，然后对它进行改进。比如，买东西的时候，商场付钱给消费者。看似不合逻辑，但是把这种假设改进之后就出现了“返券”“返现金”等活动方式。

什么时候要在既定范围内搜寻解决问题的办法，什么时候要换一个角度，这要求主持人戴上蓝色思考帽从宏观上进行把握，适时地让思考者回到既定的思考范围或者提出“创意暂停”。

在会议上我们得到了很多有创意的想法，但是在最后的总结中我们总是关注最佳方案，忽略了那些“荒谬”的、“不可行”的方案，这就造成了意见的流失。爱德华·德·波诺为此提出了“收割”意见的方法。为了使意见能够被接受，我们要对意见进行合理化修改。比如：

这个意见虽然不错，但是和法律有冲突，我们是不是可以把它修改一下，让它符合规定。

此外，我们还应该使建议符合采纳建议的人和执行建议的人的口味。比如：

这个想法的危险性太高了，我们戴上绿色思考帽想一想可以采取哪些安全措施来改进这个想法。

创造力是思考的关键部分。很多人认为自己不善于戴上绿色思考帽思考，其实创造性思考是可以通过训练获得的，绿色思考帽使用得越多，你的创意也就越多。绿色思考帽让我们把注意力集中在提出新观点和新方法上，这在无形中加强了思考者的创造力。

蓝色思考帽

提到蓝色，我们会联想到广袤的天空和广阔的海洋。蓝色思考帽的意义在于总揽全局，可以说蓝色思考帽是对思考的思考。

在会议开始的时候，主持人应该运用蓝色思考帽把需要解决的问题描述出来，指出思考的目标和预计的结果。然后，安排其他思考帽的使用顺序。在会议过程中，蓝色思考帽要控制其他思考帽的运用，保证每个人按照各个思考帽的思考角度进行思考。此外，它还可以宣布更换思考帽。在讨论结束的时候，蓝色思考帽还负责进行总结，做出决定。一般由主持人戴上蓝色思考帽，但是主持人也可以要求与会人员戴上蓝色思考帽提出建议。

戴上蓝色思考帽者要掌握提问的技术。首先，要清楚地定义问题，否则得到的答案将会不合要求。提问之前应该问问自己：这是关键问题吗？解决这个问题很重要吗？还有没有潜在的问题？其次，要掌握提问的技巧。一般人们采用两种提问方式，一种是钓鱼式提问，也叫作开放式提问，你不知道会得到什么答案。

蓝色思考帽的重要职责在于监督大家遵守规则，戴上一顶思考帽之后就要按照那顶思考帽所要求的思考角度进行思考。比如：

现在大家在用白色思考帽思考，请你不要掺杂自己的情绪。

对不起，我们现在用黄色思考帽思考，而你所说的是黑色思考帽的意见。

蓝色思考帽的另外一个职责是避免发生争论。当出现不同观点的时候，蓝色思考帽可以要求双方提供白色思考帽的资料来支持自己的观点，或者暂时搁置起来稍候再验证。当出现不同的想法和意见的时候，可以假设两者都是正确的，然后看哪一种情况更接近现实。

“磨刀不误砍柴工”，花时间组织思考绝对不是浪费时间。蓝色思考帽是六顶思考帽的灵魂，它的存在保证了“六顶思考帽”这种思考模式顺利有效地进行。

下篇

好经验

PART 01 社会不会等待你成长，慎重对待机遇

一个人如果以对抗的姿态出现于社会中，等待他的必然是失败，无论多么强大的个体都是无法去改变他置身其中的社会的，你所要做的便是学会成长，学会与社会和解。复杂的社会，不会有太多的时间和空间等你长大……

要尊敬领导

当背叛与颠覆成为这一代人标新立异的表征时，当个性的张扬成为这个社会所呼唤的精神时，有一些古老的法则仍然是你所不得不遵循的潜规则——登山敬树，进庙拜佛。

不做恃才傲物的下属

东汉末年的许攸，本来是袁绍的部下，虽说是一名武将，却足智多谋。官渡之战时，他为袁绍出谋划策，可袁绍不听，他一怒之下投奔了曹操。曹操听说他来了，没顾得上穿鞋，光着脚便出门迎接，鼓掌大笑道："足下远来，我的大事成了！"可见此时曹操对他很看重。

后来，在击败袁绍、占据冀州的战斗中，许攸又立了大功，他自恃有功，在曹操面前便开始不检点起来。有时，他当着众人的面直呼曹操的小名，说道："阿瞒，要是没有我，你是得不到冀州的！"曹操在人前不好发作，强笑着说："是，

是，你说得没错。”但心中已十分嫉恨，许攸并没有察觉，还是那么信口开河。

有一次，许攸随曹操进了邺城东门，他对曹操部下骁将许褚说道：“许仲康呵，你给说说，要是没有我，你们这些人能不能从这个城门出出进进的？”

许褚忍耐不住，将他杀掉。曹操知道后也没惩罚许褚。

不管你的功劳有多大，千万不能在众人面前，尤其是领导的面前，夺了领导的“光芒”。否则只能是像许攸一样遭人摒弃。

有些领导最看不上那些自吹自擂的人，有了一点点成绩，就心高气傲，不思进取，这样的人是不会得到提拔和重用的。所以下属与领导相处，一定要掌握分寸。

尽管有时领导在某一方面确实远不如你，作为下属的你还是要十分注意。在你与领导当面说话的时候，不要咄咄逼人，不要冷嘲热讽；背地里说话也不要评头论足；更不要让领导当众出丑。要知道这些都是蔑视领导的行为，很容易被领导认为是一个恃才傲物的人，从而不信任你。

领导者首先都是服从者

要想出头，必先埋头；要想成为领导，必先学会跟随。英国文学家弥尔顿说过一句名言：“最能吃苦的人工作起来才最出色，最服从命令的人指挥起来才最有力。”如果你首先不愿服从别人，那么你永远没有领导别人的机会。

古希腊政治家梭伦说过：“发号施令之前先应学会服从。”而古罗马哲学家塞内加也说过几乎与此相同的话：“只有服从别人的人才能够领导别人。”

这些话是至理名言。通过研究人类社会的发展规律，就可以发现：凡是那些卓越的领导者，首先都是卓越的追随者。正是在追随的过程中，人才更容易被发现并拥有成为领导者的好机会。

因服从别人而脱颖而出、成

为领导的人，在古今中外的历史上可谓比比皆是。汉高祖刘邦最初只是项羽的手下，对“西楚霸王”俯首听命，后来却打败了项羽；宋太祖赵匡胤原来是后周的一员大将，不久便黄袍加身，当了皇帝；明太祖朱元璋在参加反抗元朝的起义时，一开始也是郭子兴手下的一名小卒，后来屡立战功，步步高升，直至成为君临天下的领袖。

当你因学识、经验等方面的不足，尚不具备成为领导者的资格和条件时，唯一的办法就是追随别人，尤其要追随那些成功的领导者，从而使自己具备领导别人的实力。

事实上，即使一个人确实具备了做领导的实力，但当客观条件不具备时，也必须首先追随别人。这样做的好处至少有三个方面：一是“借窝下蛋”，利用领导者所拥有的人际资源，而不是另起炉灶，浪费时间和精力；二是在追随领导者的过程中不断完善自己，进一步扩充实力；三是更好地展现自己的才华，自然而然地获得别人的信赖和拥护。

有些人拒绝服从别人，以显示自己的与众不同、清高孤傲或是“仙风道骨”。但这样做的结果，只能是使自己成为无人理睬的孤家寡人。一个不愿跟随别人、接受命令的人，既不可能获得那些领导人物的赏识和重视，也不可能有效地领导和指挥别人。因为他的拒绝行为实际上具有“示范作用”，那无异在告诉别人：跟随别人是不好的。因此，也就失去了别人的跟随。

军人的天性就是服从命令，一个人在生存中不可避免地要受制于来自外部或上级的各种指令。“能为人下，始能为人上。”因此，美国五星上将马歇尔提醒并告诫人们：“年轻人，若想成为领导，就先学会服从吧！”

社会不会等待你成长

个人与社会的矛盾和对峙自有社会那天起便存在，一个人如果以对抗的姿态出现于社会中，等待他的必然是失败，无论多么强大的个体都是无法去改变他置身其中的社会的，你所要做的便是学会成长，学会与社会和解。

少一分书生意气，多一分入世心态

学校生活和社会生活相通但又不同，正如北大法学院校长朱苏力告诫毕业生的：社会更多是一个利益交换的场所，是一个市场，是“平民政治”。评价的主要标准不是你的智力优越与否（尽管你的聪明和智慧仍然可以帮助你），而是你能否拿出别人想要的东西。这个标准不再由老师确定，而是由众多消费者确定的。

因此，千万不要把校园标准原封不动地带进社会，否则你就会发现“楚材晋不用”，只能像李白那样用“天生我材必有用”来安慰自己，更极端的，甚至成为一个与社会、与市场格格不入的人。

人生不售回程票，不是所有的东西都可以重来，人裹挟于社会中，犹如置身于你不得不身陷其中的舞台，你注定要扮演某个角色，虽非心甘情愿，却也无可奈何。这是一个过程，是生命中不得不经受的历练，也许蜕变的过程是坎坷的，但只有在这种坎坷中，你才会成长，才会懂得与社会和谐相处。

如何拥有成熟的心态

在熙攘的社会中，如何尽快地为自己找到安身立命之处，是每个人所不得不面对的选择，社会不会等待你成长，所以你要自动自发地走向成熟。做一个成熟的人，需要具备以下几种心态：

第一，居安思危的心态。

在生活中，即使再安逸太平，也要有所警觉，因为随时可能大难临头。

一个人为了自己和家人的幸福，每天不辞辛劳地工作，几年之后终于有了自己的房子，而且孩子日渐长大成人，其高兴是难以形容的。他也许会暂时把国家大事搁置于脑后，而只顾享受家的温馨。

当他正陶醉于自己美满的家庭生活时，国家却有了困难与危险，终于引发了战争。从此以后，为了避免敌机的轰炸，灯火受到了管制，粮食也开始配给，而且有一天突然来了召集令，把儿子带走从军，接着敌机来袭，辛苦半生建好的家，在刹那间化为灰烬。最后在满天烽火之中，总算安然逃命回到乡下，但已到家破人散的地步。

如今那些残酷的战争已成过去，一切又恢复到昔日的和平生活之中，每一个人也都为自己家庭的未来幸福努力不懈。但事实上，整个社会却非我们想象中那么平静、和平，而是随时都会有大难临头之虞。所以我们虽然日日过得安宁，但有时也不妨想想未来，以便未雨绸缪。只要我们有了这种心理，我们就不会失去上进心和感恩心，我们的人生便有了新的意义。

第二，知足常乐的心态。

广厦千间，夜眠七尺，珍馐百味，不过一饱。对于人们来说，知道满足的人才能经常获得快乐，知足者常乐的人才能免除人心中日益增长的贪念。

李日知是唐朝郑州荥阳人，唐玄宗先天元年（712 年），他转任刑部尚书。自上任后，他屡次上书玄宗请求辞职告老还乡，后来玄宗批准了他的要求。事先他并没有与妻子商量，等获准后，他才回家吩咐用人收拾行装启程。妻子吃惊地说："咱们根本没有什么家产，儿子们也还没个一官半职，你为什么不替他们的前途考虑安排一下，就这样急匆匆地辞职了呢？"

李日知对妻子说："我本是一个书生，能达到这个地步，已经很过分了。人心没有满足的时候，欲壑难填，如果放纵自己的欲望，贪得无厌，就没有停步的时候了。"他毅然回家过起了田园生活。开元三年（715 年），他安然逝去。他虽然没有带给家人荣华富贵，但却给后人留下了两袖清风的美誉。

第三，宽容待人的心态。

对于人们来说，宽容才会赢得声望，无论任何天才或幸运儿，只有和普通人一样失败、辛苦过来的人才会知道，对于那些正在努力争取改变命运的人们来说，无论出现何种错误或失败都有值得宽容的理由。

一般说来，当一个社会形成了一种宽容的气氛时，就会变得充满生机。在这样一个竞争日益激烈的社会中，最要紧的是宽容，是用善心待人，原谅人家偶然的过失，即使是犯有大错的人，也要温和规劝，给他改正的机会。孔子说："宽则得众。"（《论语·阳货篇》）如果我们的社会不培养人们宽以待人的心态，不允许人们出错，一旦出错又一味严厉追究责任，那么，这个社会的动力和美德就会丧失。

第四，换位思考的心态。

有一句名言说，如果我们只会站在自己的角度看问题，那么我们永远不知道别人在想什么。这个世界上，有很多问题，站在自己的角度去思考可能永远不能了解或解决，而换个角度去思考就会有一个全新的答案。

所以，当我们说话办事时，不妨选择一个好的角度。有一个好的角度，就有了成功的一半；但若选择了一个坏的角度，你就得到了失败的全部。

对于一个本质相同的问题，用两种不同的问法，会得到截然相反的答案，这就是一个世界的两面性，如果拒绝换位思考，你眼前的世界就永远是单一的。如果拒绝换位思考，你将会丧失与人们交流的乐趣，你将休想站在你的立场上说服上司改变原来的想法、做法。你休想以一个家长的身份让你的孩子不要做这个、不要做那个……你将休想说服别人做任何你想做的事，学会换位思考吧，你将获得另一半的世界。

不要急着同别人争功

刘墉先生曾说："合作失败的人常拆伙，因为彼此责难。合作成功的人，也常拆伙，因为各自居功。直到拆伙之后，发现势单力薄，再回头合作，那关系才变得比较稳固。"期望得到赞许和尊重，期望自己成为最闪亮的恒星，这种心理根深蒂固地存在于人的本性中，它就像一种充满野性的激励，没有这种精神刺激，人类进步就完全不可能，但也正因为这是一种非理智的激情，一旦膨胀起来，就会成为个人和团体生存的阻力。

无争才能无祸

与人无争，就能亲近于人；与物无争，就能育抚万物；与名无争，名就自动到来；与利无争，利就聚集而来。祸患的到来，全是争的结果；而无争，也就无灾祸。

宋文潞公，一生以虚受坦游自守，在他辞官回归洛阳时，已是80岁高龄了。神宗看他精神健旺超过常人，问他是不是有养生之道，他回答说："没有其他的

方法，我只不过能随意自适，不以外物伤和气，不敢做过头的事情而已。”这真可以作为名言。康仲俊高龄96岁，还非常矍铄，他自己说在少年时代，读千字文突然有感悟。他生平对待事物，从不动心，仅虚受而已，所以老而不衰。

老子说，只有无争，才能无忧。利人就会得人，利物就会得物，利天下就能得天下。从来没有听说过独恃私利的人能得大利的。所以善利万民的人，如同水滋润万物而与万物无争，不求所得。与世无争，与人为善是快乐人生的哲学，“万里长城今犹在，不见当年秦始皇”。你与社会斤斤计较，与别人处处较劲，并不能让你拥有你想要的快乐，对身体健康毫无益处。苏东坡有诗云：“人生到处知何似？应似飞鸿踏雪泥。”这就是虚己无我的作用。

“处处绿杨堪系马，家家有路到长安。”事事斤斤计较、患得患失，事事强出头，只会让自己活得更累。当你同别人争名夺利时，你也成了别人的眼中钉、肉中刺。

当当配角又何妨

一个研究所的副所长，他负责一个课题的研究，由于行政事务繁多，他没有把全部精力放在课题的研究上。他的助手通过辛勤努力把研究成果搞了出来，这个课题得到了有关方面的认可，赢得了很大的荣誉。报纸、电视台的记者都争相采访那位副所长，他都拒绝了，并对记者们说：“这项研究的成功是我助手的功劳，荣誉应该属于他。”

记者们听了，为他的诚实和美德所感动，在报道助手的同时，还特别把副所长坦荡的胸怀和言语都写了出来，使这个副所长也获得了很好的评价和荣誉。

关键时刻，甘于当当配角往往被视为一种奉献精神，这种美德会给一个人镀上人性的光辉，掩盖其他方面的不足。一个处处争当主角的人，也许会给人一种朝气蓬勃、充满时代气息的感觉，但同时也会让人觉得不够成熟，虚荣轻浮。社会竞争日趋激烈，人在此若想立于不败，是要有“敢为天下先”的勇气和魄力，但同时也需要有“退一步海阔天空”的韧劲和智谋。人在竞争过程中，一方面是和事进行挑战，另一方面则是和人进行协作或挑战，做事容易，但处人就比较难，这需要我们能屈能伸，需要我们清楚何时屈、何时伸。

其实生活中总有很多情况下要求我们甘当配角。当你刚从事一次工作时，你要有足够的心理准备去做好配角，这是一种谦虚的态度，一种合作的态度。只有当好配角，才能从主角那边学到许多东西，也才能让主角尽心地传授知识。而如果你一上来就猛打猛冲，抢着干，别人就会对你存有戒心，谁都怕这种人来抢饭碗。

尤其作为一个新手，我们更要甘当配角，以求充实自己；而作为一个老手，也要乐于当配角，让新手们能有机会得到锻炼。

关键时候要争做主角，但争主角不是凭一时的冲动，而要有充分的心理准备。首先要估计自己的能力，要对自己有充足的信心，当然这种自信不能是盲目的。此外要能处理好各种因当主角带来的复杂矛盾，也就是各种人际关系，当然还要考虑到各种不测和意外，做好担当相应责任的准备。

“木秀于林，风必摧之。”事事争强好胜并不是强者本色，藏锋露拙，韬光养晦，才能在社会中为自己找到一个合适的藏身点。

慎重选择自己的职业

事业是我们在人生的深渊边上行走时最有力的栏杆，如果我们不能选对自己的栏杆，就会从深渊边上失足坠落，人要想生活得自由自在，就得选择适合自己的生活与工作环境。只有如此，我们才有信心在明天美好地活着。

做你喜欢做的

兴趣永远是人生最好的老师，如果你喜欢你所从事的工作，你工作的时间也许很长，但却丝毫不觉得这是一种折磨，反倒是种享受。

爱迪生就是一个好例了。这位未曾进过学校的送报童，后来却使美国的工业生活完全改观。爱迪生几乎每天在实验室里工作长达18个小时，甚至吃住都在那里。“我一生中从未完整休息过一天，”爱迪生说，“但我每天乐趣无穷。”

汉姆生曾经说过：“热爱他的职业，不怕长途跋涉，不怕肩负重担，好似他肩上一日没有负担，他就会感到困苦，就会感到生命没有意义。”在我们选择职业时，一定要让住：“决不要为了别人的喜爱，去选择适合别人的工作或生活目标。否则，将是你失败和不幸的开始。”

做你适合做的

在一座小城里，有一个以卖炊饼为生的年轻人。他白天卖炊饼，晚上吹笛子自娱自乐。因此，每天晚上都能从他的屋里传出悠扬的笛声。他活得很自在，也很快乐，脸上时常挂着幸福的笑容。他的邻居是个大商人，觉得他为人老实，就借给他一万贯铜钱，叫他做大生意。从此，这个卖炊饼的人便白天忙生意，晚上忙算账，再也听不到悠扬悦耳的笛声了。

过了些日子，他实在不愿再过这种忙忙碌碌、心无宁静的日子了。于是，他把钱还给了邻居，又卖起炊饼来。从此以后，他的屋里又传出了美妙的笛声。

做大生意固然能带来充足的物质享受，但却不是人人都能做，人人都适合做的。有的时候，你必须知道自己只是普通沙粒，而不是价值连城的珍珠。不要抵制不住外界的诱惑而过不适合自己的生活。每个人的人生都有自己的轨迹，挖一口真正属于自己的井，而不要望着别人桶里的水止渴，这才是理智的选择。

无论做什么事，都要自身的基本素质所许可。有的职业对身体素质要求比较高，如运动员、演员、飞行员、时装模特儿；有的职业对智力要求比较高，如科学家、作家、商业策划人员；有的职业则要求所从事的人员综合素质好，如政治家、外交家、电视节目主持人、高级管理人员……因而，光有爱好、兴趣还远远不够，还必须具备从事这项职业所需要的身体或智力条件。就像很多人都羡慕运动员、演员的风光，但是，要想使自己成为一个运动员或演员，那不是靠爱好、靠勤奋努力就能够做到的。就像“飞人”乔丹在NBA赛场上所向披靡，但一旦打起了橄榄球就不过只是二流水平而已。

生活中许多人之所以不能取得成功，或者成就不大，有很大一部分原因，就是这些人不能认识自己所处的环境和自身条件，结果许多人盲目地去做自己不适宜做的事，失败或成就很小乃是必然的事。

苏格拉底曾说过：“认识你自己。”这是我们在选择职业时所必须要认清的事实。纵使你成不了珍珠，你也可以做最有价值的那粒沙子。

做你能够做的

不管是从事何种行业的人，都必须认识自己，真正了解自己，从而设计出合理、可行的职业生涯发展方向。在激烈竞争的时代，只有掌握个人的竞争优势，才能把握稍纵即逝的机会，发挥个人的潜能，才能实现预定的目标。

一个人如果能从事可以激发起自己潜能的职业，他如果对自己的职业坚信不疑，如果不心怀二志，那么他的心里就只知道有这个职业，只承认这个职业，也只尊重这个职业。

选择一份你所喜欢的，适合你自己的、你能做成的事业是缔造美丽的人生的开始，这样的事业之火才是不会熄灭的，它们会像太阳和月亮升起那样永获新生，并祝福仰望它们的人。

不仅仅为了薪水而工作

平庸的人仅仅为了工作而工作，他们的目标只是薪水；而一个在工作上有追求的人，却可以把“梦”做得更高些，虽然开始时是梦想，但他们对梦想的追求，使得他们把梦想变成了现实。

1.75美元与整条铁路的区别

盛夏的一天，一群人正在铁路的路基上工作。这时，一列缓缓开来的火车打断了他们的工作。火车停了下来，一节特制的并且带有空调的车厢的窗户被人打开了，一个低沉的、友好的声音：“大卫，是你吗？”

大卫·安德森——这群工人的主管回答说："是我，吉姆，见到你真高兴。"于是，大卫·安德森和吉姆·墨菲——铁路的总裁，进行了愉快的交谈。在长达一个多小时的愉快交谈之后，两人热情地握手道别。

大卫·安德森的下属立刻包围了他，他们对于他是墨菲铁路总裁的朋友这一点感到非常震惊。大卫解释说，20 多年以前他和吉姆·墨菲是在同一天开始为这条铁路工作的。其中一个下属半认真半开玩笑地问大卫，为什么你现在仍在骄阳下工作，而吉姆·墨菲却成了总裁。大卫非常惆怅地说："23 年前我为 1 小时 1.75 美元的薪水而工作，而吉姆·墨菲却是为这条铁路而工作。"

1小时1.75美元的薪水是无数像大卫这样的铁路工人工作的目的，他们日复一日地为1.75美元工作，1.75美元也一日复一日地回应着他们，而为整条铁路而工作的人，时间也回报给了他整条铁路。仅仅为了眼前的薪水而工作的人，他的内心永远不可能装下整个的天空。

慎重对待机遇

机会不会向每个人冲奔而来，有的时候"伟大的事业降临到渺小人物的身上，仅仅是短暂的瞬间。谁错过了这一瞬间，它绝不会再恩赐第二遍"；可是有的时候"机会似乎是很诱人的，而事实上却有很多遥不可及和美好的事物都是骗人的幌子"。所以，就像我们立在十字路口，如履薄冰一样，当机遇向我们迎面扑来时，我们迎接它的手应该是慎重的，而不是草率的。

苹果熟了才能采摘

1950 年，日本丰田公司因破产危机，工业公司和销售公司发生分离。但是，不久爆发的朝鲜战争却给丰田带来了良机，美军大量的卡车订单使丰田汽车公司起死回生。这对于亲身体验了产销分离痛苦的丰田英二来说，自然希望回到以前产销一体的体制。

但是事情并非那么简单，工业公司和销售公司分离的体制已经形成，当时负责技术部门的董事丰田英二，深知即使他提出重新合并的建议，在当时也是行不通的。

丰田英二在确定丰田的未来发展方向时，决断很慢，这是因为丰田英二在深思熟虑考察各种条件的同时，还要衡量各方面的利益是否均衡。他认为条件不成熟，即使机遇再好也是要失败的，他只有耐心地等待成熟时机的到来。

直到20世纪80年代初，丰田的两家公司才终于结束了长达32年的产销分离，诞生了全新的丰田公司，丰田英二的等待终于有了丰硕的成果。

正如每一个投向你怀中的女人不一定是你最爱的那个人一样，每一个扑向你身边的机遇也不一定是最适合你的。有时候你要冷静下来，衡量利弊才能做出取舍。“苹果青的时候是不应该摘取的，它熟的时候，自己会落，但你若在青的时候摘取，便是损害了苹果和树，并且要使牙齿发酸的。”

苹果青的时候就该准备好篮子

固然，我们应该在苹果熟了的时候才去摘取，但机遇树上的苹果一变青我们就要在手中准备好篮子，对青苹果时刻保持警惕——因为这是苹果成熟的征兆。正如培根所说：“机会老人先给你送上他的头发，当你没有抓住再后悔时，却只能摸到他的秃头了。”

两个青年一同开山，一个把石块砸成石子运到路边，卖给建房的人；一个直接把石块运到码头，卖给杭州的花鸟商人，因为这儿的石头总是奇形怪状，他认为卖重量不如卖造型。3年后，他成为村里第一个盖起瓦房的人。

后来，不许开山，只许种树，于是这儿就成了果园。等到秋天，漫山遍野的鸭梨招徕八方商客，他们把堆积如山的鸭梨成筐成筐地运往北京和上海，然后再发往韩国和日本。因为这儿的梨汁浓肉脆，鲜美无比。就在村里人为鸭梨带来的小康生活欢呼雀跃时，曾经卖石头的那个果农卖掉果树，开始种柳。因为他发现，来这儿的客商不愁买不到好梨，只愁买不到盛梨的筐。5年后，他成为第一个在城里买房的人。

再后来，一条铁路从这儿贯穿南北，北到北京，南抵九龙。小村对外开放，果农也由单一的卖果转向开始谈论果品的加工及市场开发。就在一些人开始集资办厂的时候，这个村民在他的地头砌了一座3米高100米长的墙。这座墙面向铁路，背依翠柳，两旁是一望无际的万亩梨树。坐火车经过这儿的人，在欣赏盛开的梨花时，会突然看到四个大字：“可口可乐”。

据说这是500里山川中唯一的广告。那墙的主人凭着这墙，第一个走出了小村，因为他每年有4万元的额外收入。

20世纪90年代末，日本丰田公司亚洲代表山田信一来华考察。当他坐火车路过这个小山村时，听到这个故事，他被主人公罕见的商业头脑所震惊，当即决定下车寻找这个人。当山田信一找到这个人的时候，他正在自己的店门口跟对门的店主吵架，因为他店里的一套西装标价800元时，同样的西装对门就标价750元；他标价750元时，对门就标价700元。一个月下来，他仅仅批发出8套西装，而对门却批发出800套。山田信一看到这情形，以为被讲故事的人骗了。但当他弄清楚事情的真相后，立即决定以百万年薪聘请他，因为对门那个店，也是他的。

生活就是这样，在别人卖石头的重量时，你抢先一步卖造型，在别人卖水果时，你抢先一步卖盛水果的筐，时机就这样被你捕捉到了。在别人等着机会老人露头时，你抢先一步把他送上来的头发抓住，你就是能第一个摘到熟苹果的人。

PART 02

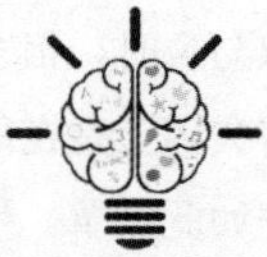

学会取舍，胸有城府

所谓取舍，其实就是一种选择，在得到与放弃之间做出自己的抉择。我们每个人想要的东西都很多，可真正属于自己的又能有多少，或许不过是沧海一粟。所以，有时候，如果我们可以放弃一些固执，限制甚至利益，反而可以得到更多。

真实不等于做一张白纸，善良不等于软弱可欺。做人需要一点城府，不可被人一眼看穿。该软的时候软，该硬的时候硬，该妥协的时候妥协，该拒绝的时候就要决绝。

懂得取舍，学会选择

所谓取舍，其实就是一种选择，在得到与放弃之间做出自己的抉择。我们每个人想要的东西都很多，可真正属于自己的又能有多少，或许不过是沧海一粟。

“鱼，我所欲也；熊掌，亦我所欲也。二者不可得兼，舍鱼而取熊掌者也。生，亦我所欲也；义，亦我所欲也。二者不可得兼，舍生而取义者也。”孟子通过鱼和熊掌的不可兼得，引申到生命与义之间的选择，得出的结论是，舍生取义。

虽然生活中很少有人会遇到在生命与正义之间做出选择的机会，但选择无处不在。面对生命，有时也需要抉择，在躯体的完整与生命的延续间，需要取舍；同样，面对丰富多彩的世界，会面临许多选择。比如在读书的时候，我们要面临选择学校专业。在毕业的时候要选择继续深造还是马上就业。在生活中，我们要选择恋人和朋友。到了人生的暮年，我们同样要面临各种选择，是独享晚年还是与儿女们共同度过等的问题。每当面对取与舍时，很多年轻人都会在有意无意地做着选择，因为取意味着得，舍意味着失，于是在取舍之间，我们自然而然地趋向于前者。然而，生活这门艺术并非如此简单，生活并不像一加一等于二那么一目了然，生活当中的取舍艺术，也并不是取与得、舍与失的一一对应关系。生活当中的有关取与舍的艺术，需要我们用自己的智慧和力量去实践。

当面对鱼和熊掌不能兼得的选择时，年轻人应学会放弃，当有所为，有所不为。我们失去的，会有回报，不要悲观地感慨“不可兼得”地失去，要乐观地看到“失之东隅，收之桑榆”。

仔细观察就不难发现：成功者往往有着很强烈的紧迫感，他们一旦认识到所面临的事情有价值，就会全身心地去奋斗，巧妙策划，不怕挫折，直至达到目的。

美国著名的心理学家、哲学家威廉·詹姆斯曾经说过：“明智的艺术即取舍的艺术。”在很多时候，都要做到适度的取舍。如若不能很好地面对生活中各种纷繁复杂的事物，不能对这些事物进行适度的取舍，那么我们在生活中的表现就不能算得上是明智的。那些不懂取舍之道的人也不能算得上是生活中的大智慧者。

在人生道路上，当面对种种取与舍的选择时，我们必须认认真真地加以选择。只有合理适当地进行取舍，我们才能走上正确的人生道路，尽享人生道路上的种种乐趣。

面对机会的来临，我们常有许多不同的选择方式。有的人会默默地接受；有的人抱持怀疑的态度，站在一旁观望；有的人则顽强得如同骡子一样，固执地不肯接受任何新的改变。而不同的选择，当然导致截然迥异的结果。许多成功的契机，起初未必能让每个人都看得到其深藏的潜力，而起初抉择的正确与否，往往便是成功与失败的分水岭。

所以，有时候，如果我们可以放弃一些固执、限制甚至是利益，我们反而可以得到更多。所以，在我们面对很多选择的时候，不要固执地去选择其中的一个，换一种角度，试着去放弃一些，效果会更好。

要选择你最擅长的

选择无处不在，比如选衣服、选朋友、选伴侣、选工作、选时机、选环境……人人在选择，人人也在被选择。选择是为了“两害相衡取其轻，两利相权取其重”。选择是需要付出代价的，有时候失之毫厘，谬之千里，正所谓“一失足成千古恨”。一个人如果有时间坐下来回顾自己走过的路，或多或少都会有一些对当初选择的后悔。有人说：“人生的悲剧说穿了就是选择的悲剧，随便选择将失去更好的选择。”我们姑且不论前半句话是否是事实，但就成功而言，后半句话则值得重视。

一位女孩在某名牌大学读书期间，一时冲动想当作家，她不顾家人的劝阻，执意退学回到家乡写小说。几年过去了，她写的小说没发表过一篇，最终在痛苦中精神分裂了，她烧掉了手稿离开了这个世界。

其实，人生最重要的，不在于目标怎样宏远，或者如何踌躇满志，而是善用自己的才干和能力，并且有最佳的发挥。有时候，做自己想做的事远不如做自己能做到，且最擅长的事得到的多。

有一位年

轻人的父母希望自己的儿子长大后能成为一位体面的医生，这位年轻人自己也对医生这个职业很感兴趣。可是他读到高中便被计算机迷住了，心思都放在了电脑上。他的父母耐心地规劝他，希望他能用功念书，以后好风光地立足社会。可是，他却说："有朝一日我会成为医生的。"

不久，他果然不负众望，考入了一所医科大学。他虽然对做医生也很感兴趣，但无论如何努力，医学成绩总是平平，丝毫也不能引起老师的注意，反而是在电脑方面，他越做越顺手。

在第一学期，他从零售商处买来了降价处理的个人电脑，在宿舍里改装升级后卖给同学。他组装的电脑性能优良，而且价格便宜。不久，他的电脑不但在学校里走俏，而且连附近的法律事务所和许多小企业也纷纷来购买。

后来，经过认真考虑，第一个学期快要结束的时候，他把退学的计划提了出来。父母坚决不同意，只允许他利用假期推销，并且承诺，如果一个夏季销售不好，那么，必须放弃。可是，他的电脑生意就在这个夏季突飞猛进，仅用了一个月的时间，他就完成了19万元的销售额。他的父母只得同意他退学。

这以后，他组建了自己的公司，并且公司很快就发展了起来。那年他才24岁。

他的成功至少可以告诉我们一点：选择你真正能做得好的职业，更容易赢得辉煌成就。

苏联著名的心理学家索尔格纳夫认为，在发挥自己的最佳才能时，不要把"想做的"和"能做的"以及"能做得最好的"混淆在一起，而这却常常是我们最容易犯的错误。

成功者心中都有一把丈量自己的尺子，知道自己该干什么，不该干什么。比尔·盖茨曾经说过这样一句话："做自己最擅长的事。"微软公司创立时，只有比尔·盖茨和保罗·艾伦两个人，他们最大的长处是编程技术和法律经验。他俩以此成功地奠定了自己在这个产业上的坚实基础。在以后的20多年里，他们一直不改初衷，"顽固"地在软件领域耕耘，任凭信息产业和经济环境风云变幻，从来没有考虑过涉足其他经营。结果他们有了今天这样的成就。

索尔格纳夫说："每一个人不要做他想做的，或者应该做的，而要做他可能做得最好的。拿不到元帅杖，就拿枪；没有枪，就拿铁铲。如果拿铁铲拿出的名堂比拿元帅杖要强千百倍，那么，拿铁铲又何妨？"能做得最好的就是最擅长的，不选择自己最擅长的工作是愚蠢的，就相当于拿自己的短处和别人竞争，结果必然是失败。每个人都有长处和不足，如果能够看清自己的长处，对其进行重点经营，则必定会给你的人生增值；相反，如果你分不清自己的长处和不足，或者误将不足当成长处去经营，则必定会使你的人生贬值。

学会放弃，放弃是得到的前提

英国作家莎士比亚说："倘若没有理智，感情就会把我们弄得精疲力竭，为了制止感情的荒唐，所以才有智慧。"学会放弃，是一种自我调整，是人生目标的再次确立。学会放弃不是不求进取、知难而退，也不是一种圆滑的处世哲学。有的东西在你想要得到又得不到时，一味地追求只会给自己带来压力、痛苦和焦虑。这时，学会放弃是一种解脱。

两个朋友一同去参观动物园，由于动物园非常大，他们的时间有限，不可能将所有动物都参观到。他们便约定：不走回头路，每到一处路口，选择其中一个方向前进。第一个路口出现在眼前时，路标上写着一侧通往狮子园，另一侧通往老虎山。他们琢磨了一下，选择了狮子园，因为狮子是"草原之王"。又到一处路口，分别通向熊猫馆和孔雀馆，他们选择了熊猫馆，熊猫是国宝嘛……

他们一边走，一边选择，每选择一次，就放弃一次，遗憾一次。只有迅速做出选择，才能减少遗憾，得到更多的收获。

人生莫不如此。左右为难的情形会时常出现：比如面对两份同具诱惑力的工作，两个同具诱惑力的追求者。为了得到其中一个，你必须放弃另外一个。

要二十几岁的年轻人学会放弃，是要他们放弃那种不切实际的幻想和难以实现的目标，而不是放弃为之奋斗的过程和努力；是放弃那种毫无意义的拼争和没有价值的索取，而不是丧失奋斗的动力和生命的活力；是放弃那种金钱地位的搏杀和奢侈生活的追求，而不是失去对美好生活的向往和追求。

也许放弃当时是痛苦的，甚至是无奈的选择。但是若干年后，当我们回首那段往事时，我们会为当时正确的选择感到自豪，感到无愧于人生。

老鹰是世界上寿命最长的鸟类，它一生的年龄可达70岁。要活那么长的寿命，它在40岁时必须做出一个自我放弃的勇敢决定——它必须主动放弃自己身上曾经最尖锐的武器，否则，它将无法继续维持最基本的生存。因为当老鹰活到40岁时，它的爪子开始老化，无法有效地抓住猎物。它的喙变得又长又弯，几乎碰到胸膛。它的翅膀变得十分沉重，因为它的羽毛长得又浓又厚，使得飞翔十分吃力。

面临40岁的这个大坎儿，老鹰只有两种选择：要么等死，要么经过一个十分痛苦的更新过程。

它必须很努力地飞到山顶。在悬崖上筑巢，停留在那里，进行长达150天的痛苦过程。用它的喙击打岩石，直到完全脱落，然后静静地等候新的喙长出来。接着，它再用新长出的喙，把原来的趾甲一根一根地拔出来。待新的趾甲长出来后，再把自己身上又浓又密的羽毛一根一根地拔掉。

5个月以后，新的羽毛长出来了。老鹰便可以重新开始展翅翱翔，在未来的岁月中迎接自己的新生活。

放弃本身并不是我们的目的，放弃是为了更好地得到，一定不能忘记这一点。当你准备放弃的时候，要想清楚是自己为了放弃而放弃，还是为了更好地得到而放弃。当我们真正学会放弃时，会发现那才是一种心理意义上的超越，是一种真正的战胜自我的强者姿态。

如果需要就敢说“不”字

拒绝是思想的超越，它使生活变得简洁；拒绝是理性的警觉，它使世界更加和谐。

拒绝，是人们在处世交往中经常会碰到的话题。对一般朋友而言，如果对方的要求不合自己的心意便不假思索地加以拒绝，是很容易做到的。但是当好朋友向你提出过分的要求而你又无法满足对方时，你就会感到左右为难，处在一个尴尬的境地，此时，你可根据不同情况，采取以下“拒绝”方法。

对好朋友提出的请求、条件、愿望你无法满足时，你千万不能闪烁其词、拐弯抹角，而是要给予对方一个直截了当、简洁干脆的拒绝，来表明你的态度，同时向他解释清楚你所处的境地和办成这件事所遇到的无法克服的难度，不要使对方心存幻想。

有这样一对从小一起长大的"铁杆"哥们小王和小刘。小王大学毕业后在区人事局供职，小刘则被分配到一家企业工作。一天，小刘携带礼品来到小王家，开门见山地说："老朋友，我想跳槽换个工作。现在我们工厂生产的产品没销路，效益差，收入低。请你无论如何帮这个忙。"他俩是患难知己，帮忙也在情理之中，但小王只是一般干部，实在是力不从心，于是便对小刘如实说道："我虽在人事局工作，但人微言轻。加之现在的人事决定权都下放到企业，你这个忙恐怕很难帮得上。你还是想想其他办法吧。"

在这里，小王知道自己"立升"有限，便直接、爽快地向小刘说明。但"拒绝"的理由一定要充分、可信，不要让对方产生"关键时刻不帮忙"的想法。要是你不自量力，口头允诺下来，但最终无法办到，反而会给对方产生"帮忙不卖力"的误解而使好朋友之间产生隔阂。

对于好朋友提出的要求，自己能够办得到，但由于各种原因而不想满足对方。这时你如果直截了当地加以拒绝，会显得太露骨和不近人情，容易伤了彼此的友情。此时你不妨用委婉含蓄的方法不动声色地、体面地向朋友表示拒绝。

小殷对摄像机朝思暮想了很长时间。一天，他心一横，花费了多年积蓄，从商店里乐滋滋地捧回一架崭新的进口摄像机。打那以后，他一有空便围着它转，爱不释手。时隔不久，小殷中学的要好同学跑来，说下星期他外出旅游想借用小殷的摄像机。说实在的，带这么个高级玩意儿去旅游，小殷真担心给弄坏了。但不借吧怕伤了多年的友谊，且又难以启齿，于是小殷便不置可否地对同学说："到时候再说吧。有空一定借给你。”

对这类勉为其难的要求，小殷既不说借，也不说不借，实际上为自己的最终拒绝留下了很大的回旋余地。如此既保全了双方的面子，不至于出现尴尬的僵局，又回绝了对方的要求。小殷的同学如果是个明白人，一定会心领神会，知“难”而退。

对好朋友提出与你合作办事的要求、建议，你不妨调侃一下，开个玩笑，转移目标，将对方的要求、建议拒之于千里之外。

小蔡和小楼是一对好朋友。小蔡很早就下海经商，经过几年拼搏苦斗，如今已跻身“大亨”之列了。他屡次三番劝小楼辞职，和他一起投资经商，口称保证小楼发财。小楼是求稳怕风险的人，爱舞文弄墨，不谙经商门道，但对小蔡的好意又不想生硬地拒绝，便调侃说：“人家都说我没有财运，发不了财。要是我和你合伙做生意，不但我会输得精光，到时还会连累你，把你从风度翩翩的大款下降为身无分文的平民……”一个玩笑，小楼便将自己的态度表露得明白无误。小蔡闻之，也只能作罢。

他们虽然是一对亲密无间的好朋友，但人各有志，不能勉强。对好朋友的善意建议，拒绝更要讲究艺术性，用调侃玩笑来拒绝对方仍不失为行之有效的方法之一。

好朋友的交情不是一朝一夕所能建立的，它需要双方长期的理解、宽容、互助来共同维系，我们要珍惜它、爱护它。当对方的要求不合自己的愿望时，拒绝一定要得体，不能鲁莽、轻率，将多年的友谊毁于一旦。

当摇头时别点头

做人的一个重要忠告是：不要轻易承诺，以免造成无法挽回的错误。

一般来讲，承诺有两种情况：一种是自觉的承诺，明确地答复人家，应允其请求之事；一种是不自觉的承诺，这就是自己本来并未应允，但在别人看来，你已应允了。其实，在应酬中轻易承诺很容易造成被动的局面。拿破仑曾说过：“我从不轻易承诺，因为承诺会变成不可自拔的错误。”

例如，一个朋友托你办一件事，而这件事在你看来可以办或不可以办，或介于两者之间，你可应允一定为其办理，这叫自觉承诺。你也可能会说“让我想一想”，这叫不自觉承诺。在人家看来，你也承诺了。

有一个故事说，在一个十字路口上，有一棵枝繁叶茂的大树，有一位老人正坐在树下歇息。突然，一个年轻人飞奔到老人面前，惊慌地哀求老人救他，说有人误以为他是小偷，正带领一帮人追捕他，要剁掉他的双手。说罢，纵身爬到那棵大树上躲了起来，并再一次要求老人不要告诉追捕他的人他躲在树上。老人看年轻人的长相不像个小偷，便回答说：“让我想一想。”

就是老人这句不自觉的承诺，使年轻人放心了。不一会儿，追捕的人赶到大树下，问老人：“你有没有见到一个年轻人从这里跑过去？”谁知这个老人曾发过誓，今生绝不讲假话，便随口回道：“见过。”追捕的人又问：“他往哪儿跑了？”老人随手朝树上指了指。年轻人终于从树上被拖了下来，剁掉了双手。年轻人当然大骂老人违背了自己的承诺，背叛了他。

有时候，我们会在无意中，由于用词或说话的口气不同，就会使人们对你要表达的意思产生曲解。我们常常在应酬中听到某位朋友说，某某分明答应为我办一件事，可是他却食言了。仔细地想一想那位朋友的话，虽然某某曾经答应过他，但那很可能只是表面上的应付，或者是这件事根本就不可能办到；其实，恐怕连那位朋友也心知肚明，他所请托之事有些强人所难。但是他会责备自己而不责备别人吗？如不细想，即使我听了，也会觉得某某不对，因为到了这地步，谁还会顾及当初某某自觉或不自觉地应允朋友时的为难境地呢！有人不禁会问：“在朋友面前，对朋友提出的请求非应允不可，而实际

上这种要求根本就办不到，那时自己该怎么办？”

日本的应酬学家崛川正义告诉我们：“我们在聆听别人陈述和请托完毕之后，不妨轻轻地摇头，不必强烈地表示出拒绝的态度。”这就是说，做人不必用伤害感情的强烈言辞去拒绝，只要轻轻摇一下头，把拒绝的意思含蓄化。

这样，朋友便可以理解。再加上你充分陈述拒绝的理由，朋友会更容易接受。还有一些人当朋友提出某种请求时，不是果断地回答，而是采取拖的办法，这都是不好的应酬之道，后果必然不好。

关键时刻敢于站在前排

成功不是等来的，而是靠自己创造的。人们常说，机遇偏爱有准备的头脑。在生活中，我们要时刻让自己站在前排，主动一点，机会来了要抓住，这样成功的概率会大得多。

战国末年，秦国急攻赵国，赵王情急之中，请平原君去楚国，说服楚国合纵抗秦。平原君准备挑选门客中有勇有谋、文武双全的20人陪同前往。

他有3000多门客，要挑选20个本来应该不算困难。可是这些人，文是文的，武是武的，要文武全才真不易找。平原君挑来选去，挑了19个人。他叹道：“我费了几十年的工夫，养了3000多人，如今连20个人都挑不出来，真是太令人失望了。”那些平日就知道吃饭的门客，听了非常羞愧。

这时有个坐在末位的门客站起来，向平原君自荐说：“我听说你将要到楚国去订合纵之约，打算在门客中挑选20人陪同前往。现在还少一人，不知道我毛遂能不能充个数？”平原君问：“先生到我门下有几年了？”毛遂说：“3年了。”平原君说：“贤能的人生活在世上，好比锥子装在口袋里，它的尖端马上就会显露出来。先生来到我门下3年，左右的人没有称颂你的，我也从未听到过称颂你的话，这说明先生你并没有什么长处。先生既然没有才能，还是留下来吧。”毛遂说：“请你将我装在口袋里。如果我毛遂早点被装在口袋里，那么锥柄都会露出来，而不仅仅是它的尖端露出来而已。”平原君最终同意毛遂同行了。

后面的事情大家也都知道，说服楚王的还是毛遂，其他 19 人只是陪衬罢了。

平原君订立了合纵盟约，返回到赵国，说："我不敢再品评士人了。我品评的士人多说有上千，少说也有几百，自以为没有埋没天下的贤能之人，这次却将毛先生漏掉了。毛先生一到楚国，便使得赵国的地位比九鼎大钟还重要。毛先生的三寸之舌，强于百万之众的军队。我再也不敢品评士人了。"于是待毛遂为上宾。

如果毛遂不向平原君自荐，也许一生只能做一个默默无闻的门客，一身的才学都将毫无用武之地。正是他的大胆争取，为自己创造出了机会，才得以辅佐平原君出使其他国家，做出了名留青史的事业。

南宋时的虞允文本来是一个文官，是个从没带过兵打过仗的书生。但他临危受命，义不容辞，居然指挥宋军挫败强大的金军，取得采石大捷。

公元 1161 年，海陵王调集了 40 万兵马，分为 4 路，大举南侵，妄图一举消灭南宋。10 月，海陵王已率领大军进抵长江北岸的和州（今安徽和县）。这时，宋将王权已经被罢官，新将领还没有到任，叶义问也逃到了建康（今江苏南京）。没有统帅的将士们零零散散地坐在路旁，士气十分低沉。

中书舍人虞允文正好到采石犒军，看到将士们垂头丧气，马鞍、盔甲扔在一边，就着急地问："现在大敌当前，你们还坐在这儿等什么？"

将士们抬头一看，见他斯斯文文，是个文官，就爱理不理地说："将官们都溜之大吉，不知去向，我们还打什么仗？"

虞允文虽是个文官，但骨头还是很硬的，属朝中坚定的抗战派。他召集众人说："我是奉朝廷之命到这里来慰劳大家的。你们只要为国杀敌，我一定上报朝廷，论功行赏。我虽然是一介书生，也要拿着马鞭跟随在你们的身后，看诸位杀敌立功！"

将士们见他慷慨激昂，顿时振作起来，他们纷纷表态说："我们也吃够了金兵的苦，谁愿意当亡国奴呢？现在有您出来做主，我们一定拼命杀敌，为国立功！"

这时候，虞允文手下的幕僚却在一旁向他使眼色，悄悄地对他说："别人把局势弄得一团糟，你何苦做替罪羊，来指挥这场战争呢？"虞允文听了，气愤地说："不要说了！国家已经危急到了这种地步，我怎能坐视不管呢？"

虞允文立即视察了江边的形势，对防务做了周密的部署。他下令步兵、骑兵都整好队伍，排开阵势；又把兵船分为五队，两队停泊在东西两侧岸边，另外两队隐蔽在港汊里作后备，最精锐的一支驻在长江中流，内设奇兵，准备冲撞敌舰。

这边刚部署完毕，北岸的金兵就擂响战鼓，呐喊着冲了过来。转眼间，70 多艘战船已经冲到了南岸。宋兵为了避开金兵凌厉的势头，稍稍后退了一些。虞允文见此情形，便亲切地拍着统制将领时俊的后背，和颜悦色地对他说："久闻将军胆识过人，远近闻名。今天怎么像小儿女一样站在船后，这样只怕你一世的威名都要扫地了。"

时俊受到主将的激励，热血沸腾，立即跳上船头，手拿双刀，与敌人拼命厮杀起来。士兵们一看主帅和将领都如此英勇，也争先恐后地上前与金兵搏斗。

最终，这场采石矶大战以宋军的全面胜利而告终。海陵王也在退兵途中被杀。

虞允文一介书生却立了赫赫战功，正是因为危难时刻，他勇担重任，才会激发自己如此大的潜能啊。所以说，做人不要消极等待机会，要让自己站在前排，时刻处于起跑的状态。

有实力就大胆表现出来

勇猛的老鹰，通常都把它尖利的爪牙露在外面；精明的生意人，首先用漂亮的包装吸引顾客注意，以便待价而沽。威廉·温特尔说："自我表现是人类天性中最主要的因素。"人类喜欢表现自己就像孔雀喜欢炫耀自己美丽的羽毛一样正常。

然而，传统的中国观念却扭曲了人的本性，人们过于注重谦虚的品质，信奉"酒香不怕巷子深"，把"含而不露"看作一种美德，自己的优点、成绩和才能，自己不能说，要由别人来发现，相信是金子总有发光的那一天。总而言之一句话，不敢炒作自己，要被动等待伯乐来发现。

如今是快节奏、高效率的时代，需要的是干脆利落、果断敢行；时间那么宝贵，人们忍受不了那种吞吞吐吐、羞羞答答的"谦逊"，不要听那种婆婆妈妈、"弯弯绕"式的"自谦之词"。你行，就来干，不行，就让开。故作姿态的"谦虚"，是最招人烦的。

在现实社会中，精明的企业家招聘员工、聪明的领导者挑选下属，并不是首先看你怎样言辞周到、谦恭有礼；而是首先看你有多少真才实学，你有什么长处，有哪些才能，想做什么，能做什么。

小赵是一名打字员，初就新职时，由于技术不够纯熟，经常出错，常受到上司的批评。但他很想将工作做好，就利用休息时间练习打字。经过一段时间的练习，他的打字水平提高得很快，客户很满意，订单也多了不少。这时小赵采取了很积极的方法，他没有静静地等待上司来发现，而是自己制作了一个工作单，上面有每天的打字量、出错率、客户满意度。

然后，他把这份工作单呈给了上司，并解释说："我以前打字出错率很高，幸亏您的批评，我才有了进步。想来，我该多谢您！"

上司看了小赵的工作单后，也是很高兴，还让公司的其他员工向小赵学习，每个人都要填写工作单，以便能够发现自己的进步。

一般的情况，上司更容易发现员工工作中的不足，而对员工的成绩，多半是视而不见，这已经成为一些上司的习惯。为了不让上司埋没自己，就要像小赵那样做，帮助上司发现自己的成绩，而且要有事实作为依据。

许多人总是掌握不好表现自己的度，把一腔热忱演绎得像是刻意做作。热忱绝不等于刻意表现。在需要关心的时候关心他人，在应当拼搏时洒上一把汗，真诚自然，谁都会赞许。但是，刻意的自我表现就会使热忱变得虚伪，自然变得做作，最终的效果还不如不表现。

善于自我表现的人常常既"表现"了自己，又未露声色。他们与同事进行交谈时多用"我们"而很少用"我"，因为后者给人以距离感，而前者则使人觉得较亲切。要知道"我们"代表着"也有你一份"，往往使人产生一种"参与感"，还会在不知不觉中把意见相异的人划为同一立场，并按照自己的意图影响他人。

真正的展示教养与才华的自我表现绝对无可厚非，只有刻意地自我表现才是最愚蠢的。

伸手越多，机会越多

在这个世界上，20%的人拥有80%的财富；在任何一家企业或其他组织，20%的人控制80%的资源。能够成功跨过这条"二八线"的人，有一个明显的共同特点——积极主动。他们不是"坐店经营"，等别人"上门采购"；而是主动上门推销，寻找施展才能的机会。

当你刚走进火车的车厢，见到满车厢都是人时，你不要着急，不要认为这次旅行就不会有座位了，只要你耐心地从车头走到车尾，你就一定会找到座位。

人生中的机会也同找座位一样，你伸手去抓它，不一定每次都能抓住。但是，你伸手的次数越多，逮住它的可能性越大。

一位日本学生，初到法国留学时，还不会说法语。刚住进留学生公寓楼的那一天，他因有事去了管理员室，屋里却没人。这时，电话响了，他习惯性地抓起电话接听，忘了自己不会说法语。

幸好对方说的是英语，他完全能听懂。那是一位美国外交官，说自己将离开法国去日本赴任，希望找一个日本人教授日语，问他能不能帮忙。原来外交官将他当成了宿舍管理员，他马上答应下来。通过这位外交官，他走进了法国的上流社会，结识了许多有价值的朋友，得到了更多的机会。

这位日本留学生也许不止一次接这种看似不相干的电话，但一次机会就足以补偿他积极主动的好习惯。

一个缺乏积极主动性的人，总是对不相干的事不闻不问，对不相干的人爱理不理。但是，按照辩证的观点，事物都是相互联系的，世上没有不相干的事。一只蝴蝶振动一下翅膀，可能引发千里之外的一场暴雨。这就是著名的“蝴蝶效应”。许多你难以预知难以察觉的事在影响着你，如果你以“不相干”的态度漠视它们，机会就跟你不相干了。

当机会擦身而过时，大多数人只是叹一声气，看着它远离自己而去，却没有想到，如果紧追一步，也许能抓住这快要失去的好运气呢！

没有什么比自己埋没自己更可悲的了，当你抱怨自己不能被伯乐所发现，关在屋子里生闷气总不会有任何好处。积极地寻求出路，适时地表现自己才是你应该做的。

有人虽学富五车，却没有胆量去推销自己，还振振有词地说什么是“金子”迟早会发光的。这不过是自己欺骗自己罢了！金子被埋没在泥土中，也许度过一万年黯淡的时光后，还能够被人发现而大放光芒；人生匆匆，比不了金子长久，但生命却比金子昂贵；因此你同金子比不起，你没有时间等待别人来挖掘你，只有自己努力从“泥土”中跳出来，表现自我，才能照亮自己的人生之路。

练就一身软硬功夫

人生在世，待人接物，应当说更多的时候是软的，所谓有话好说，遇事好商量，遇事让人三分，等等，都是人们待人接物中常有的态度和常用方法。但不是所有的时候软的手段都灵验，有的人就是欺软怕硬，敬酒不吃吃罚酒，好话听不进，恶话倒可让他清醒。这样，强硬的态度与手段就成为必要。

到江州渔船上抢鱼的李逵，全无道理，好话听不进，硬是碰到浪里白条张顺。张顺把他诱进水里，水上的硬功夫，把一个铁汉子黑旋风淹得死去活来，他才不敢冒失了，也才真正领教了逞强的苦头。浪里白条张顺，也是软的办法用尽，才来硬的，并且用计把李逵引到水里，让他英雄无用武之地，这样，张顺才可以发挥自己的硬功夫。

就客观情况而言，在人们的交际活动中，软与硬的两手是相辅相成、密不可分的。如果有所偏倚，自己便要吃亏。也就是一个人如果太软，则易给人弱者的印象，觉得你好欺负，于是经常受到别人行为、言语、态度的戏弄与不恭。这种现象是普遍的，因为不可能指望人们修养都那么好，公正无欺地待人，而恰恰相反的是，更多的人总多少有点欺软怕硬的毛病。因此，不可一味地软。

当然，与人交际，也不可一味不转弯地强硬。一个人太强必然使人觉得他头上长角，浑身长刺，别人对他的态度是：“人狠了不逢，酒酽了不喝。”换句话说就是，人太狠我不惹你，惹你不起还不躲起！这是一般时候的态度。到节骨眼上，别人忍无可忍，墙倒众人推，如张顺和众多渔夫对付李逵，李逵的厄运就难逃了。那时的李逵在水中淹得死去活来，要不是宋江来得及时，再拖延几口气的工夫，只怕李逵就要被张顺丢到江中喂鱼了。

所以，为了生活平安，办事顺利，初入社会的人，或者过分软弱、过分单纯的人，务必要了解软硬两手的效用，心里有点软硬两手交替着用的谋略与随机应变。

软硬兼施，随机应变，甚至在情场上，对自己所钟爱的人，也要表现得灵活、果断、态度鲜明，而在男女双方，男子更须具备这种心理的准备。

在夫妻之间，也须恰当地有软硬两手。闹矛盾了，翻脸了，须有一方主动和解，抚慰对方，这是软的。但如果是原则问题，感情危机，则必须坚持原则，慷慨陈词，有勇气批评自己从心底爱着的人，并且不可让步，这是硬的一手。严格地说，只有经得起摔打的爱情才是真实的，在原则上和稀泥，这不是勇者、智者和胜利者的心理状态与行为风格。

所以，软与硬，作为一种谋略，或者作为一种交际手段，无论何种场合，不可偏废。从理论上讲，软，体现友善、修养、通情理；硬则显示尊严、原则和力量。它作为软硬谋略的两个方面，存在的基础应是真实与合理，否则，软硬兼施便成了狡诈，虽得逞于一时，终究必吃大亏。

为你的才能找到合适的买主

鲁国有一户姓施的人，他有两个儿子，大儿子好学问，二儿子好作战。好学的儿子用自己的学问到齐侯那里去游说，齐侯就接纳了他，让他做公子们的老师。好战的儿子到了楚国，用自己所学的东西去向楚王游说，楚王很高兴，让他做了管理军事的官吏。两个儿子得来的俸禄使他一家人衣食富足，爵位使他父母荣华。

施家有一位邻居，姓

孟，也有两个儿子，所学的东西也与施家两个儿子一样，一个好学问，一个好作战。但是他们家却很贫困。在向施家请教方法后便也决定照着做。

孟家大儿子来到了秦国，用自己所学的儒学向秦王游说。秦王听了却说："当今各国用武力相互争斗，所努力追求的不过是足食足兵而已。如果用仁义治理我的国家，这不是要自取灭亡吗？你用自己的那套理论来蒙蔽我，胆子可真不小啊！来人！"于是命令手下人把他阉割了才放他走。

二儿子用他所学的去向卫侯游说，宣传好战思想。卫侯说："我们国家十分弱小，夹在各个大国之中。面对大国我唯唯诺诺，面对小国我极力安抚，这样才求得今日的平安。如果用战争去对待各个国家，这不是飞蛾投火吗？如果让你安然离开，你就会到别国去游说，别国如果采纳了你的主意，就会来攻打我，我们的祸害就来了。"于是命令手下人砍断他的脚，把他送回国去。

孟氏一家人求福得祸，痛哭不已，于是来到施家，责备施家骗了自己。施家的人说："一个人，行为合于时宜就会得福，违背时宜就会招祸。你们家所学的和我们家一模一样，结果却相反，这是违反时宜的缘故，并不是你的行为荒谬呀！天下的道理没有永久不变的，以前所用的，现在或许要丢弃；现在抛弃的，将来或许要用它。这种用与不用，没有永恒的是非。巧钻空子，投合时宜，如果一成不变，即便像孔丘那样博学，像吕尚那样善于计谋，也要落得个穷困潦倒的下场。"

同样一种理论，一种方法，在甲地行得通，在乙地却行不通，这是不奇怪的。因为甲乙两地地况不同。齐国强盛，无人敢欺，它急需的是国内治理，是内在实力，因而仁义道德的治国之术正合齐侯口味。楚国志在拓展疆土，臣服列国，称雄天下，欲与秦一争高低，军力的扩张正是楚王梦寐以求的。

施氏二子怀揣学识才能，各自选准了对象，选准了空间，投其所好，因而，都有好结果。孟氏二子就不够聪明了，到一心想要以武力统一天下的秦国兜售仁义道德，让他们放下武器讲仁义，岂不是自讨苦吃，自寻没趣？同样，到在夹缝中苟且偷安、勉强得以安身的卫国推销强兵之策，把卫国推向水火，当然也得不到欢迎。

孟氏的两个儿子不是没有才能，而是没有分析形势，结果拜错了庙门。他们的失败在于没有为自己的才能找到合适的买主。

PART 03 善于察言观色，说话要准确到位

自从人类创造了语言，语言便成为改变一个人的生活甚至改变一个国家命运的机器，如果你在语言上伤害了别人，那么这把利剑便会刺向你，为你在人生的旅途中平添几多障碍和困扰。我们一定要在摸清他人心理基础上操练自己的舌头，让自己的话说得委婉、中听。

说话时，给别人留点空间

许多年轻人在和别人交谈时，总是口若悬河，滔滔不绝，不容他人插嘴，这实质上是在强迫别人听你说话，效果是非常糟糕的。其实，交流是相互的，你口才再好，也要给别人留下说话的余地。

其实，每个人都有表达自己的思想、观点、意见、想法的欲望，如果能表达出来，便能满足自己的表现欲。所以，即使你有丰富的知识、良好的口才，也应该给别人留下表现自己的空间。这既是做人的一种修养，也是对别人的一种尊重。如果认为自己比别人知道得多，比别人口才好，就不给他们表达的机会，使他们的表达欲望受挫，对他们的感情是一种挫伤，对他们的自信是一种打击，他们的自尊会因为你的侃侃而谈而受到伤害。这时候，无论你的话多么正确，你的见解多么高明，思想多么深刻，语言多么动人，语调多么铿

锵，大家都会因为逆反心理而拒绝你，甚至厌恶你。

要给别人留下发表意见的空间，是有效交谈必须坚持的一个准则。上帝给人两只耳朵，一张嘴巴，也许就是在告诉我们：要少说多听。少说，言简意赅、画龙点睛，给人以启发，让人受感动；多听，给别人说话的机会、表达的空间，一方面能形成互动，营造良好的交谈氛围，另一方面能拉近和交谈者的心理距离，形成亲和力。

某企业经理道尼斯来到一家企业总部，要面见该企业总裁约书亚先生。因为他得知，约书亚先生要捐巨款建造音乐厅、纪念馆和剧院。

秘书领着道尼斯进入了约书亚的办公室，约书亚正忙着翻看桌子上的一大堆文件。道尼斯环视办公室，走到墙边，用手指在木板上敲，说："我想这是英国橡木，是不是？意大利橡木的质地不是这样的。""是的，"约书亚总裁高兴地说，"那是从英国进口的橡木，是我的一位专门研究室内细木的朋友专程去英国为我订的货。"约书亚总裁情绪极好，竟然把办公室内的所有装饰一件一件向道尼斯介绍，从谈木制到介绍他设计的过程。

道尼斯不但听得聚精会神，而且发自内心地表示敬意。本来秘书警告过道尼斯，谈话不要超过 5 分钟，结果道尼斯与约书亚谈了 1 个多小时。结果是道尼斯不仅得到了这笔工程的订单，而且和约书亚先生结下了终身的友谊。

道尼斯成功的诀窍很简单，通过谈话交朋友，千方百计激发对方谈话的兴趣，从而建立真正的朋友关系，当然生意也就好做了。

所以，我们应该学会去倾听别人说话，养成良好的听话习惯。听别人讲话要注意礼貌，要专心致志地听，眼光要和讲话者交流，适当用表情姿态去

呼应对方的讲话。眼光不要飘忽不定，不要做其他事情和显出不耐烦的样子。

在谈话的过程中，即使出现了争论，也不要急于反击。这个时候你可做一个深呼吸，平静一下情绪，让对方把情绪发泄出来。这样做了以后，你的情绪也会好很多。哪怕说些中立的观点也比马上堵住他的话要好得多，因为如果马上堵住对方的话，很容易让对方情绪爆发，这样事态就不好收拾了。

事实上，我们认真倾听对方的谈话，而不抢占别人说话的时间，这在无形中也起到了褒奖对方的作用。仔细地倾听对方的谈话，是尊重对方的前提，能够耐心地听说话者诉说，就是在暗示对方，我对你说的内容很感兴趣，或者我对你的遭遇深表同情，等等。这样一来，说话者的自尊就得到了极大的满足，进而对你的好感就会产生，而你们之间的距离就会在你的倾听之中慢慢拉近。说话人觉得找到了理解自己的知己，情绪得到了缓解，而你因此获得了友谊。这不能不说是倾听的魅力。

所以，在我们和别人谈话的时候，要做一个“听话”的高手，而不要去做“说话的高手”。事实上，只有会“听话”的人，才有可能成为谈话高手。

话别说得太满

“逢人且说三分话，未可全抛一片心。”人心是最复杂的东西，把心腹之言都掏出来，固然真诚可敬，但往往会触犯人身上的逆鳞，把话说得太满，就会印证那句“水满则溢，月盈则亏”的金玉良言，将自己陷于被动的境地。

“马有失蹄，人有失言”，把话说满了往往会掐断自己的余地，就无法保证每一句话都说得滴水不漏，从而在交际场上招来误会，为自己留下隐患。

说理只需三分

刘涛是一位快言快语的人。他经常莫名其妙地得罪人，使自己陷入一片混乱中，于是他上山求得一副高僧写的处世药方，教的是如何待人接物，写得很有意思，其中有：热心肠一副，温柔二片，说理三分，等等。

这使他想起了小时候的一次挨打：刘涛从小是认死理的犟脾气，小学五年级时，不知为了什么和父亲理论——早已忘了原因，现在想来，大概是父亲记错了什么事——说着说着争论起来，刘涛说父亲错了。而父亲认为他是对的。滑稽的是两人都为这件小事争得互不相让。说着说着，父亲上火了，拿出他的权威啪地给了刘涛一巴掌："还要说？"小刘涛拼命忍住泪："就是要说。"啪，又是一巴掌："还要说？""就是要说。"啪啪！"还要说？""就是要说。"啪啪啪啪！"还要说？""就是要说，就是要说。"啪啪啪啪啪啪……他终于忍不住疼，又气愤又委屈"哇"的一声大哭起来，一边哭一边大喊："你不是我爸爸，你不配做我爸爸……"

最后的收场是母亲怒气冲冲加入了这场战争，过来把父亲推开护住小刘涛。他赌气足足有一个月不喊一声"爸"，而父亲也被他气得几天不见笑容。

"说理三分"，讲的其实是一种技巧。你若有理，聪明人一点就通，不用十分，三分足够了，不必画蛇添足；碰到一时走进死胡同的人，你再多费口舌也无用，何必执着，不妨假以时日，让他自己慢慢去悟；至于蛮汉，他本不讲理，你即使讲上十二分，也无异于是对牛弹琴。

"说理三分"，讲的也就是宽容。人总有缺点，或多或少总有不周全的地方，他或许并不明白，你巧妙地说上几句，点到为止，确是与人为善让他心存感激，若是穷追猛打，非要弄得人家连面子都留不住，只怕会两败俱伤。

不过，这是很难很难的。人性的弱点之一是"一吐为快"，何况在理儿上的，常常会不知不觉"理直气壮"起来。因此，许多人虽然有高僧所说"热心肠一副"，也自认为不乏"温柔二片"等，却总成不了气候——常常就在这多说几句之中，将功劳一笔勾销了……

"说理三分"，实在是大智慧、大修养、大气度、大学问。

不要轻易说出别人的心思

对于一个你并未完全了解的人，无论是说话还是做事，都要有所保留，不可一厢情愿。这是说在人前不要一下子把自己的心掏出来。按这个角度理解，在猜中别人心思时，一定也不要说出来，若是一针见血地挑明了，那是对别人的一种侵犯，是极不礼貌的行为，是很容易招致别人的反感，像杨修那样聪明反被聪明误的。

逢人且说三分话，未可全抛一片心。

我们大多数人都喜欢正直而坦率型的朋友，他们心里无私，有什么就说什么，从来不加以掩饰，这样话说出去，心里也很舒服，总觉得有一种问心无愧的感觉，这种自我感觉总是良好的。的确，坦率也是一种很可爱的性格，大家都喜欢对方坦率，但这也是有条件的，这个条件就是大家都处于凡世，而且彼此能遵守这一游戏的规则，任何一方若违背了这一规则就觉得自己良心受了极大的谴责而心理不平衡，无法生活。显然，这一条件在目前的社会上是无法满足的。当今的社会是一个充满竞争的社会，在这种情况下，“知无不言，言无不尽”，有时看起来显得很幼稚。

这样的人给人开始的印象总是比较好的，刚开始大家会认为你很老实和忠厚，可是，渐渐地，他们会发现原来你头脑简单、思想简单，这样你便被定位为一个弱者，万一他们心怀不轨，那你岂不是自讨苦吃？所以，这种人在没有一种自我保护机制的情况下，常常会吃亏的。

另外，坦率的人还常常伤害别人。这种人想说什么就说什么，毫无掩盖，直来直去而且不分场合，这就犯了一个人性的大忌，人是被包装起来的，谁不希望自己更漂亮、更完美、更出众？谁不愿意别人多选择自己、吹捧自己？而你的坦率却会在连你自己也不知觉的情况下，就伤害了别人。这样，你在无形之中就树立了无数潜在的敌人，这种敌人比你知道的敌人更可怕，他们会寻找机会来向你发动进攻，趁你不备将你击倒，其结果，不是既伤害了别人又毁了自己吗？

最后，坦率的人还会被别人利用，因为你坦率，所以你对事情的看法往往很浅薄，而且很容易被对方的话激怒，同时也很快做出承诺为某人打抱不平，这样你便是一位感情用事的人。而感情用事是很危险的，你也许会逢场作戏，也许会为了一些不值得计较的正义、真理而去牺牲自己，你甚至还可能为了所谓的感情的面子而去成全别人，其实，这些东西都是虚无缥缈的，它们注定是不会永恒的，随着时间和空间的转换、人物的变更，终究有一天它们会化为乌有，而你将得到的也是一场梦。所以，与其当你在梦醒后发现自己被人利用，倒不如早点醒悟过来，警惕自己，多要求、告诫自己，切不可过于坦率和感情用事，逞一时口舌之快，坦率的背后一定要有理性和智慧的支配。

罂粟花又香又美，却生长出了鸦片；无花果的花渺小得看不见，却结出了甜美的果实。花不可开得太盛，盛极必衰；话也不可说得太满，满必有所失。

真话未必好，“假话”未必糟

年轻人从小受的教育是“说老实话、办老实事、做老实人”，把撒谎和狡猾看成是坏的品质，要时时处处讲实话、讲真话。但生活告诉我们：真话是不可都说的，假话也并非都是不道德的。

一位大学教授讲了这样一个故事。他的一位学生本科毕业后，经他介绍到了一家大型企业上班，半年后，那家企业的老总打电话告诉这位教授说：“你的那位学生业务还可以，就是不会说话。”

原来，有一次，那位学生请假回老家探亲，回来时带回来一些新鲜的木瓜，分给大家吃。同事们感到这些木瓜很新鲜、很好吃，都对他说了一些感谢的话。这时，那位学生却很认真地对大家说：“不用客气，这种东西在我们老家很多，都是用来喂猪的。”同事们听了都很不舒服，也改变了对他的看法。

这位大学生说的“木瓜喂猪”的确是一句真话，可是大家都在津津有味地吃着木瓜，他却说木瓜喂猪之事，显然有失大雅，说真话的场合和时机都没有把握好。

谎言，总被认作是欺骗与虚伪的同义词；撒谎者则常常为人所不齿，失去人的信任和尊重。然而，生活中也需要谎言，因为善意的谎言也很美。

一个身患重病的人忧伤地躺在床上，愁眉不展，茶饭不思。这时友人轻轻地撒了个谎：“别担心，医生说你很快就会好！”这简单的安慰之辞或许并不真实，但却满含着对友人诚挚的期望和美好的祝愿，这谎言里蕴蓄的是一片

浓浓的情意，谁能说这谎言不美呢？而当那位日日以泪洗面的病人听了你的谎言之后，一改过去的愁容，重新振作起精神，勇敢地同病魔抗争，微笑着面对每一天，甚至坚强地站了起来，这时，你会感到莫大的幸福。

善意的谎言是美丽的。当我们为了他人的幸福和希望适度地扯一些小谎的时候，谎言即变为理解、尊重和宽容，具有神奇的力量。出于美好愿望的谎言，是人生的滋养品，也是信念的原动力。它让人从心里燃起希望之火，确信世界上有爱、有信任、有感动。

开玩笑要注意分寸

玩笑是把双刃剑，用得好可以调节我们的生活，一旦失去分寸，就会适得其反，弄巧成拙。

喜欢开玩笑的人一般都心怀善意，他们想做的有时只不过是要多给人增加一分快乐而已。但无论如何，玩笑也有伤人的可能，其界限是很难分的。开玩笑，必须随时记住这一点，即适可而止，否则一步走错弄巧成拙便得不偿失。

美国前总统里根有一次在国会开会前，为了试试麦克风是否好使，张口便说：“先生们请注意，5分钟之后，我将宣布对苏联进行轰炸。”一语既出，众皆哗然。里根在错误的场合、时间里，开了一个极为荒唐的玩笑。为此，苏联政府提出了强烈抗议。

开玩笑要因人而异

人的脾气、性格、爱好不同，开玩笑要因人而异。开玩笑要注意长幼关系。长者对幼者开玩笑，要保持长者的庄重身份，使幼者不失对长者的尊敬；幼者对长者开玩笑，要以尊敬长者为前提。开玩笑要注意男女有别。男性对语言情境的承受能力较强，一般的玩笑不会导致男性的难堪；女性对语言情境的承受能力较弱，不得体的玩笑会使女性难堪，甚至“下不来台”。开玩笑还要注意亲疏的差异。一般情况下，与自己比较亲近、熟悉的人在一起开玩笑，即使重一点，也不会影响友好关系。但与自己比较陌生的人在一起，就不宜开玩笑，因为你对人家的个性、经历、情趣、隐私不了解，可能在开玩笑中冒犯了人家，引起反感，不利于今后的互相了解和友谊的发展。

有一次，一位男士的女同事穿着一身漂亮的新衣服来上班，他幽默地说："今天准备出嫁？"这其实是一种夸赞，只不过有点调侃的意味。

然而，他的这位女同事却是个泼妇。

她闻听此言，怒不可遏，拍案而起："你骂人！难道我离婚了？难道我丈夫不在了？"接着又来了一大串的谩骂。

这位男士万万没有想到，他的颇为得意的幽默竟被人家当成是不堪入耳的污言秽语，得到的竟是如此难堪的结局。他百口莫辩，只好道歉了事。每当提及此事他都哭笑不得，因为那位女同事因此而到处说他是个"二百五"。

这位男士之所以引火烧身就是因为他没有注意开玩笑的对象。

同样一个玩笑，能对甲开，不一定能对乙开。人的身份、性格、心情不同，对玩笑的承受能力也不同。

一般来说，后辈不宜同前辈开玩笑，下级不宜同上级开玩笑，男性不宜同女性开玩笑。在同辈人之间开玩笑，则要掌握对方的性格特征与情绪信息。

对方性格外向，能宽容忍耐，玩笑稍微开大了可能也会得到谅解。对方性格内向，喜欢琢磨言外之意，开玩笑就应慎重。对方尽管平时性格开朗，但如恰好碰上伤心事，就不能随便与之开玩笑。相反，对方性格内向，但正好喜事临门，此时与他开个玩笑，效果会出人意料的好。

《旧约·箴言》中说，美丽而无知的女子，犹如金环戴在猪鼻子上。不适当的东西，总是不协调，你的玩笑也不能随意给人，蠢恶之辈，是不能消受玩笑的。音乐是给懂音乐的人听的，绘画是给懂得绘画的人看的，玩笑也是给懂玩笑的人开的。

开玩笑不要揭对方的伤疤

世上本来就有很多不幸的人，出生之后，即背负了身体上的缺陷。而更值得同情的是：他们之所以如此，并非自己心甘情愿的。因此，凡是有怜悯之心的人，都不应该以他们身体上的缺陷为话题。事实上，这也是与人交往时，必须注意的一种礼节。

当着别人面说那种伤人心灵的话，这是非常不人道的。例如，有些人常常使用一些刻薄的言语："货底""嫁不出去的老处女""睁眼瞎子""拖油瓶""烂货""杂种""拖累人的废物""精神薄弱儿""坏坯子"等字眼。

假如你有心眼的话，将不难察觉到这些字眼是极为伤人的，甚至是一些非人道而残酷的字眼。我们不妨设身处地地想一想，如果自己被如此称呼，颜面何存？

一天，几个同事在办公室聊天，其中有一位胡小姐在昨天配了一副眼镜，于是拿出来让大家看看她戴眼镜好看不好看。大家不愿扫她的兴，都说很不错。这件事使老常想起一个笑话，他就立刻说出来："有一个老小姐走进皮鞋店，试穿了好几双鞋子，当鞋店老板蹲下来替她量脚的尺寸时，这位老小姐——我们要知道她是近视眼，一看到店老板光秃秃的头，以为是她自己的膝盖露出来了，连忙用裙子将它盖住。'浑蛋！'店老板叫道：'保险丝又断了！'"

接着是一片哄笑声，孰料事后竟从未见到胡小姐戴过眼镜，而且碰到老常再也不和他打一声招呼。

说者无心，听者有意，在老常想来不过是说起一则近视眼的笑话，然而，胡小姐则可能这样想："你取笑我戴眼镜不要紧，还影射我是个老小姐。我老吗？我才26岁！"

金无足赤，人无完人，谁都不应该拿别人的缺点或不足开玩笑。你以为你很熟悉对方，可以随意取笑对方的缺点，但这些玩笑话却很容易被对方认为你是在冷嘲热讽。倘若对方又是个比较敏感的人，你会因一句无心的话而触怒他，以致抱怨而使同事之间关系变得紧张。而你要切记，这种玩笑一说出去是无法收回的，也无法郑重地解释，到那个时候，再后悔就来不及了。

别人的伤疤是不能轻易触碰的，更不能拿来当作玩笑的谈资。笑你的同学考试不及格，笑你的朋友怕老婆，笑你的亲戚做生意因上了别人的当而亏了本，笑你的同伴在走路时跌了一跤……本来这些都是应该给以同情的，而你却拿来取笑别人，不仅使对方难堪，而且显现出你的冷酷无情。诙谐而不伤人自尊的语句，能使人快乐，更会发人深思，这种智慧型的玩笑，是玩笑中最上乘的，在不伤害别人的同时，使大家开心。如果能诚心诚意地这样做，你一定可以获得更多人的信赖、更多人的钦佩，将会获得更多的朋友。

开玩笑要因时因地而宜

一般来讲，在庄严、肃穆的场合不能开玩笑，工作时间不能开玩笑，在公共场合和大庭广众之下，也尽量不要开玩笑。在非常时期，不能拿非常之事开玩笑，在公共传媒上开玩笑更是要慎之又慎。

据英国媒体报道，在瑞典广播电台的一个名为"你好，法庭"的节目中，电台突然宣布国王古斯塔夫已经与世长辞，而且还把这一消息宣布了好几遍。随后，电台才告诉听众刚才是在开玩笑。当时，一些听到广播的民众最初都以为消息是真的，后来很快得知电台竟然开出如此过火的玩笑，都感到十分气愤。瑞典王室对此也非常不悦，王室女发言人凯瑟琳表示："我们已经通知电台和电视台的主管机构，让他们认真调查这件事情。"而且，她透露说，王室下一步将对不负责任的瑞典电台提出起诉。

2003年"非典"期间，从广东出差回来的李某在办公室和同事聊天时，突然说他感染上了"非典"。因为李某平时很爱开玩笑，所以同事们都没把他的话当真。李某见大家不相信，便假装咳嗽，还说要向单位请假治病。由于李某是刚从疫区回来，而且还显露出"非典"的症状，大家认为宁可信其有，不可信其无。于是，当地有"非典"患者的消息很快传入了社会，在群众中引起了恐慌。有关部门得知后，迅速将李某隔离检查。此时，李某却反复说自己没有得“非典”，只是开句玩笑。检查结果出来，也表明是一场虚惊。但公安机关仍对李某做出了拘留12天的治安处罚。李某感到不明白，自己只是向同事开了一句玩笑，为什么却要受到治安处罚呢？其实，公安机关对李某的处罚是合法的。据了解，在全国上下齐心战胜“非典”的关键时候，有极少数人利用口头、互联网、手机短信等形式编造虚假信息，散布“非典”虚假病情，增加了人们对“非典”的恐慌。本故事中，李某虽然只是开了一句玩笑，但扰乱了人们的正常生活秩序，影响了“非典”防治工作的正常进行。

这两个故事的开玩笑者都是在不合时宜的时机、场合开了不合适的玩笑，结果惹火上身，还惹上了官司，我们要引以为戒。

人生如若没有了玩笑的调剂，那一定活得很累很累。不过，开玩笑也是人生的一种智慧，一种艺术，一种境界，一种性情，并不是人人都能够游刃有余地使用这件利器的。不懂开玩笑的人是可悲的，而玩笑开过了火也同样是可悲的，甚至可悲得可笑！

玩笑不宜随意挥霍，否则它就会从珠玉变为粪土；玩笑不是一个筐，不能什么都往里装。

（1）和长辈、晚辈开玩笑忌轻佻放肆，特别忌谈男女情事。几辈同堂的玩笑要高雅、机智、幽默，能助兴，乐在其中。当同辈人开这方面玩笑时，自己以长辈或晚辈身份在场时，最好不要掺和，若无其事地旁听就是。

（2）和残疾人开玩笑，注意避讳。人人都怕别人用自己的短处开玩笑，残疾人尤其如此。俗话说，不要当着和尚骂秃儿，癞子面前不谈灯光。

（3）和非血缘关系的异性单独相处时忌开玩笑（夫妻自然除外），哪怕是开正经的玩笑，也往往会引起对方的反感，或者会引起旁人的猜测非议。

有时候，在办公室开个玩笑可以调节紧张工作的气氛，异性之间开玩笑有时也能让人缩短距离。但切记异性之间开玩笑不可过分，尤其是不能在异性面前说荤段子，否则会降低自己的人格，也会让异性认为你少根筋。

（4）朋友陪客时忌和朋友开玩笑。人家已有共同的话题，已经形成和谐融洽的气氛，如果你突然介入与之开玩笑，转移人家的注意力，打断人家的话题，破坏谈话的雅兴，朋友会认为你扫他的面子。

（5）莫板着脸开玩笑。到了开玩笑的最高境界，往往是开玩笑的人自己不笑，却能把你逗得前仰后合。然而在生活中我们都不是大师，很难做到这一点，那你就不要板着面孔和大家开玩笑，免得引起不必要的误会。

（6）不要总和同事开玩笑。开玩笑要掌握尺度，不要大大咧咧地总是开玩笑。这样时间久了，在同事面前就显得不够庄重，同事们也不会尊重你；在领导面前，你会显得不够成熟，不够踏实，领导也不会信任你，不能对你委以重任。这样做实在是得不偿失。

（7）不要以为捉弄他人也是开玩笑。捉弄别人是对别人的不尊重，会让人认为你是恶意的，而且事后也很难解释。它绝不在开玩笑的范畴之内，是不可以随意乱做乱说的。否则轻者会伤及你和同事之间的感情，重者会危及你的“饭碗”。记住“群居守口”这句话吧，不要让祸从口出，否则你后悔晚矣！

（8）格调要高雅。笑料的内容取决于开玩笑者的思想情趣与文化修养。内容健康、格调高雅的笑料，不仅给对方启迪和精神的享受，也是对自己美好形象的有力塑造。钢琴家波奇一次演奏时，发现全场有一半座位空着，他对听众说：“朋友们，我发现这个城市的人们都很有钱，我看到你们每个人都买了两三个座位的票。”于是这半场听众放声大笑。波奇无伤大雅的玩笑话使他赢得了观众。

（9）态度要友善。与人为善是开玩笑的一个原则。开玩笑的过程，是感情互相交流传递的过程，如果借着开玩笑对别人冷嘲热讽，发泄内心厌恶、不满的感情，那么除非是傻瓜才识不破。也许有些人不如你口齿伶俐，表面上你占了上风，但别人会认为你不能尊重他人，从而不愿与你交往。

（10）行为要适度。开玩笑除了可借助语言之外，也有人有时通过行为动作来逗别人发笑。有一对小夫妻，感情很好，整天都有开不完的玩笑。一天，丈夫摆弄鸟枪，对准妻子说：“不许动，一动我就打死你。”说着真的扣动了扳机，结果，妻子被意外地打成重伤。可见，开玩笑千万不能过度。

俗话说，凡事有度，适度则益，过度是损。人际交往中，开个得体的玩笑，可以松弛神经，活跃气氛，创造出一个适于交际的轻松愉快的氛围，因而诙谐的人常能受到人们的欢迎与喜爱。但是，开玩笑开得不好，则适得其反，伤害感情，因此开玩笑要掌握好分寸。

不谈论别人隐私

每个人的内心深处都有它自己的地盘，谁也不能轻易触碰到这块隐秘区，否则抠了别人的伤疤，自己也捞不到任何好处。正如西方的一句谚语所说：“擅自偷听或公开朋友的秘密，你将失去这个朋友。”既然是别人的隐私，一旦被你所知，你就应该将它烂在肚子里，该装聋作哑时就装聋作哑，这既是对别人的尊重，也是一种明哲保身之道。

别人的“逆鳞”碰不得

好友娟快要结婚了，敏欢天喜地，比自己结婚还高兴。一天，娟在家向外打电话，敏想听听马上结婚的好友，还要说什么知心话，以便取笑。谁知娟打给的不是未婚夫而是给医生的电话，原来婚前检查发现，娟根本没有生育能力，结婚以后不能要孩子。娟忧心忡忡，想询问医生可不可以挽救。敏听到的就是这个电话，她的心一下子也沉重起来。后来她将此事告诉了另一个好友，谁知此事被娟知道了。娟非常气愤，结婚那天，都没有邀请敏参加。一对好友因此产生了隔阂，最终分道扬镳了。

朋友之间要保守彼此的隐私并不是对对方的不信任，而是对自己负责。你同样也需要保守自己的隐私，这一切并不证明你和好友间的疏远；相反，明智的人会认为，如此双方的友谊更加可靠。所以在你朋友觉得难为情或不愿公开某些私人秘密时，你也不应强行追问，更不能私自以你们的

关系好而去偷看或悄悄地打听朋友的秘密。

凡属朋友的一些敏感性、刺激性大的事情，其公开权应留给朋友自己。你不应该以朋友的身份自居去了解你不该了解的事情，更不应该做朋友隐私的传声筒。

在中国素有所谓“逆鳞”之说，即使再驯良的龙，也不可掉以轻心。龙的喉部之下约一尺的部分上有“逆鳞”，全身只有这个部位的鳞是反向生长的，如果不小心触到这一“逆鳞”，必会被激怒的龙所杀。其他的部位任你如何抚摸或敲打都没关系，只有这一片逆鳞无论如何也接近不得，即使轻轻抚摸一下也犯了大忌。

隐私被别人知道，对任何人来说，都不是令人愉快的事，无数事实都表明，了解别人不愿说出来的隐私，对自己来说是很危险的。也许有时候我们不是出于主动去打听到别人的隐私，而是无意间碰巧看见或听见了，这时候应该怎么办呢？最巧妙的做法，就是假装没有注意到。“无动于衷”有时候恰恰是最有力量的。

约束窥探欲

有的人会认为关心别人私事是一种关系亲密的暗示，或者是导向亲密关系的途径。事实上有些东西是不方便与人分享的，所以在希望别人不要窥视你内心世界的同时，将心比心，你也不要用谈论私事的方式来拉近和同事的关系。

对待自己的隐私，要学会用心呵护，对待别人的隐私，要切忌人云亦云，以讹传讹。为什么这样说呢？首先你要明白，你所知道的关于别人的事情不一定确凿无误，也许还有许多隐情你不了解。要是你不假思索就把你所听到的片面之言宣扬出去，难免颠倒是非。话说出口就收不回来，事后你完全明白了真相时才后悔不迭，但此时已经在同事之间造成了不良的影响。

人与人之间的关系相当复杂，你如果不知内幕，就不可信口雌黄，以免招惹是非。现实生活中有一种人，专好推波助澜，把别人的隐私编得有声有色，夸大其词地逢人就说。人世间不知有多少悲剧由此而生。你虽不是这种人，但偶然谈论别人的隐私，也许你无意中就为别人种下祸患的幼苗，其不良后果并非你所能预料的。因为一时言语之快而失去别人对你的信任，甚至导致朋友反目成仇，是得不偿失的。隔阂皆由言生，无论何种情况下，都要把别人的秘密当作自己的宝藏一样呵护，切不可因小失大。捍卫别人的隐私也是你避免伤害的第一步。

如果你茶余饭后一定要找谈话的资料，那天上的星河、地上的花草，无一不是谈话的好题目，不是一定要谈东家之长论西家之短才能消遣时间。宇宙之大，谈资无所不有，何必非要拿别人的隐私满足自己的倾诉欲？

拒绝别人一定要讲究艺术

语言是一种艺术，拒绝则是最难掌握的一门语言艺术。

生活中，不可能不拒绝别人，如果每次拒绝都带来隔阂，带来仇视敌意，那最后必将成为孤家寡人，想远离孤独，就要学会拒绝这门必修课。

威廉二世设计了一艘军舰，他在设计书上写道："这是我多年研究，经过长期思考和精细工作的结果。"他请国际上著名的一位造船家对此设计做出鉴定。

过了几周，造船家送回其设计稿并写下了下述意见：

"陛下，您设计的这艘军舰是一艘威力无比、坚固异常和十分美丽的军舰，称得上空前绝后。它能开出前所未有的高速度，它的武器将是世界上最强的，它的桅杆将是世界上最高的，它的大炮射程也将是世上最远的。您设计的舰内设备，将使舰长到见习水手的全部人员都会感到舒适无比。您这艘辉煌的战舰，看来只有一个缺点：那就是只要它一下水，就会沉入海底，如同一只铅铸的鸭子一般。"

拒绝是一种应变的艺术，能让你化险为夷，为自己留下回旋的空间。找借口拒绝对方，模糊一些，对方会心服口服；如果生硬地拒绝，对方则会产生不满，甚至仇恨、仇视你。把话说得委婉、模糊一些，能够使对方听出你拒绝的弦外之意，做到既不伤人，又达到了拒绝的目的，是一种聪明人的做法。

委婉拒绝，把感情留住

美国总统富兰克林·罗斯福在就任总统之前，曾在海军部担任要职。有一次，他的一位好朋友向他打听海军在加勒比海一个小岛上建立潜艇基地的计划。罗斯福神秘地向四周看了看，压低声音问道："你能保密吗？""当然能。""那么，"罗斯福微笑地看着他，"我也能。"他的朋友明白了罗斯福的意思，不再打听了。

拒绝他人，是非常易伤感情的，因为被人拒绝是很多人心里难以逾越的坎，一语不慎可能多年的感情就会付诸东流。于是有很多人因为难于拒绝别人的要求，于是连那些自己干不来的事情也接了下来，结果使对方的期待落空，因而破坏了彼此之间的友谊，这种例子是屡见不鲜的。

但是，不懂得拒绝的技巧，过于直接地拒绝对方，也会影响双方关系，甚至被人误会并结下仇怨，使自己陷于十分不利的境地。所以，应学会运用智慧，巧妙地使用拒绝的话语，以坚持自己的意志，摆脱不利的局面，同时也能维持双方的关系。

富兰克林·罗斯福显然深谙拒绝的艺术，其语言具有轻松幽默的情趣，表现了罗斯福的高超水平，在朋友面前既坚持了不能泄露秘密的原则立场，又没有使朋友难堪，取得了极好的语言交际效果。以致在罗斯福死后多年，这位朋友还能愉快地谈及这段总统逸事。相反，如果罗斯福义正词严地加以拒绝，甚至心怀疑虑，认真盘问对方为什么打听这个，有什么目的，受谁指使，岂不是小题大做，有煞风景？其结果必然是两人之间的友情出现危机甚至破裂！

拒绝是一门学问，稳妥的拒绝既消除了自己的尴尬，又不让对方无台阶可下，聪明的人在拒绝别人时，总能让人欣然接受还不伤感情。

拒绝上司也有方

甘罗的爷爷是秦朝的宰相。有一天，甘罗看见爷爷在后花园走来走去，不停地唉声叹气。

“爷爷，您碰到什么难事了？”甘罗问。

“唉，孩子呀，大王不知听了谁的挑唆，硬要吃公鸡下的蛋，命令满朝文武想法去找，要是三天内找不到，大家都得受罚。”

“秦王太不讲理了。”甘罗气呼呼地说。他眼睛一眨，想了个主意，说：“不过，爷爷您别急，我有办法，明天我替您上朝好了。”

第二天早上，甘罗真的替爷爷上朝了。他不慌不忙地走进宫殿，向秦王施礼。

秦王很不高兴，说：“小娃娃到这里捣什么乱！你爷爷呢？”

甘罗说：“大王，我爷爷今天来不了啦。他正在家生孩子呢，托我替他上朝来了。”

秦王听了哈哈大笑：“你这孩子，怎么胡言乱语！男人家哪能生孩子？”

甘罗说：“既然大王知道男人不能生孩子，那公鸡怎么能下蛋呢？”

上司永远是一类很特殊的人群，尽管部下隶属于上司，但部下也有他独立的人格，不能什么事不分善恶是非都服从，部下并不是奴隶。倘若你的上司以往曾帮过你很多忙，而今他要委托你做无理或不恰当的事，你更应该毅然地拒绝，这对上司来说是好的，对自己也是负责的。

那么，当拒绝成为面对上司无法避免的选择时，要采用什么方法才能让上司接受，不致为自己带来无妄之灾呢？

（1）触类相喻，委婉说“不”。

当领导提出一件让你难以做到的事时，如果你直言答复做不到时，可能会让领导损失颜面，这时，你不妨说出一件与此类似的事情，让领导自觉问题的难度，而自动放弃这个要求。

（2）佯装尽力，不了了之。

当上司提出某种要求而属下又无法满足时，设法造成属下已尽全力的错觉，让上司自动放弃其要求，也是一种好方法。

比如，当上司提出不能满足的要求后，就可采取下列步骤先答复：“您的意见我懂了，请放心，我保证全力以赴去做。”过几天，再汇报：“这几天×××因急事出差，等下星期回来，我再立即报告他。”又过了几天，再告诉上司：“您的要求我已转告×××了，他答应在公司会议上认真地讨论。”尽管事情最后不了了之，但你也会给上司留下好感，因为你已造成“尽力而做”的假象，上司也就不会再怪罪你了。

通常情况下，人们对自己提出的要求，总是念念不忘。但如果长时间得不到回音，就会认为对方不重视自己的问题，反感、不满由此而生。相反，即使不能满足上司的要求，只要能做出些样子，对方就不会抱怨，甚至会对你心存感激，主动撤回已让你为难的要求。

（3）利用集团掩饰自己说“不”。

你被上司要求做某一件事时，其实很想拒绝，可是又说不出来，这时候，你不妨拜托其他二位同事，和你一起到上司那里去，这并非所谓的三人战术，而是依靠集团替你作掩护来说“不”。

首先，商量好谁是赞成的那一方，谁是反对的那一方，然后在上司面前争论。等到争论过一会儿后，你再出面轻轻地说：“原来如此，那可能太牵强了”，而靠向反对的那一方。

这样一来，你可以不必直接向上司说“不”，就能表明自己的态度。这种方法会给人“你们是经过激烈讨论后，绞尽脑汁才下结论”的印象，而包含上司在内的全体人士，都不会有哪一方受到伤害的感觉，从而上司会很自然地自动放弃对你的命令。

把拒绝别人的话说“活”

做人灵活，拒绝别人也要灵活，不要用强硬的方式拒绝，那样只会伤害彼此感情，采用灵活的方法把“不”说出口，这才是做人“活”一点的意义。

（1）要以非个人的原因作借口。

拒绝他人，最困难的就是在不便说出真实的原因时又找不到可信而合理的借口，那么，不妨在别人身上动动脑筋，比如借口你的家人方面的原因。一位生活惬意的家庭主妇自称她的生活之所以能如此安宁，就是因为她懂得巧妙地拒绝。当一个推销员敲她家门时，她的态度礼貌而坚定：“我丈夫不让我在家门前买任何东西。”你看我不买你的商品，不是因为我不愿意掏腰包，而是因为我那个有点古怪的丈夫。这样一来，推销员既不会因为你没买他的东西而怨恨你，同时也感到再说下去也是白费口舌，因为问题不在于你，而在于你那个他并未谋面的丈夫，于是，他只好作罢。

（2）通过诱导对方来达到拒绝的目的。

当别人向你提出不合理的要求时，不要简单地拒绝他，而应该让他明白他的要求是多么荒唐，从而自愿放弃它。一位业绩卓著的室内设计师声称，对于用户不合实际的设想，他从不直截了当地说“不行”，而是竭力引导他们同意他希望他们做的事情。一位妇女想要用一种不合适的花布料做窗帘，这位设计师提议道：“我们来看看你希望窗帘布置达到什么效果。”接着，他大谈什么样的布料做窗帘才能与现代装饰达成最好的和谐，很快，那位妇女便把自己的花布料忘了。

（3）用最委婉和气的方式来表达你的意见。

一位热情奔放的老妇人决定与年轻的女邻居交朋友，她发出邀请：“欣迪，你明天上午到我家来玩，好吗？”欣迪脸上露出温和宽厚的笑容说：“不行啊！”她的拒绝既友好又温情，但态度又是那么坚决，老妇人只好作罢。

所以，当别人的请求你无法满足，而又不能或无须找任何借口时，就用最委婉、最友善、最真诚的语言拒绝他，把他对你的期望值降到零。

拒绝不仅是一种艺术，更是化解人际交往中的隔阂的良方，掌握了这门艺术你就既能尽情享受和别人的感情，又最大化地保护了自己的利益。

场面之言，可说不可信

生命不会从谎言中开出灿烂的鲜花，但说些无伤大雅的场面话却是你在这个变幻莫测的社会中生存下去所不得不学会的一种本领。一个人不可能完完全全地在别人面前表现最真诚的一面，正如一个人不能把别人说过的每一句话都信以为真一样，场面话，总是可说不可信，一旦你违背了这条原则，善良便会退化为愚钝，真诚也会成为伤害自己又危及他人的利器。

俾斯麦35岁时，担任普鲁士国会的代议士，这一年是他政治生涯的转折点。当时奥地利是德国南方强大的邻国，曾经威胁德国如果企图统一，奥地利就要出兵干预。

俾斯麦一生都在狂热地追求普鲁士的强盛，他梦想打败奥地利，统一德国。他是个热血沸腾的爱国志士和热爱军事的好战分子。他最著名的一句话就是：“要解决这个时代最严重的问题并不是依靠演说和决心，而是依赖铁和血。”

但是令所有人惊异的是，这样一个好战分子居然在国会上主张和平。其实这并不是他的真实意图，他连做梦都想着统一德国。

他说："没有对于战争的后果清醒的认识，却执意发动战争，这样的政客，请自己去赴死吧！战争结束后，你们是否有勇气承担农民面对农田化为灰烬的痛苦？是否有勇气承受身体残废、妻离子散的悲伤？"

在国会上，他盛赞奥地利，为奥地利的行动辩护，这与他一向的立场简直是背道而驰，俾斯麦反对这场战争有别的企图吗？那些期待战争的议员迷惑了，其中好多人改变了主意，最后，因为俾斯麦的坚持，终于避免了战争。

几个星期后，国王感谢俾斯麦为和平发言，委任他为内阁大臣。几年之后，俾斯麦成了普鲁士首相，这时他对奥地利宣战，摧毁了原来的帝国，统一了德国。

袒露之心犹如在众人面前摊开的信，那些胸有城府的人总是懂得潜藏隐秘，他们所以说的话大都只是些场面之言，"说者无意听者有心"，如果你把别人的这些话都当真了的话，那就只能证明你的天真和幼稚了。

分清善意的谎言

真诚是一种美好品质，但真诚往往也最容易被这个社会所湮灭，所以，有时人为了能获得别人的了解、更好地生活下去，不得不学会说些善意的谎言，而作为听众的我们应该感激这谎言背后的善意，但对谎言本身却不可太过认真。

他和她的相识是在一个宴会上，那时的她年轻美丽，身边有很多的追求者，而他却是一个很普通的人。因此，当宴会结束，他邀请她一块去喝咖啡的时候，她很吃惊，然而，出于礼貌，她还是答应了。

坐在咖啡馆里，两个人之间的气氛很是尴尬，没有什么话题，她只想尽快结束，好回去。但是当小姐把咖啡端上来的时候，他却突然说："麻烦你拿点盐过来，我喝咖啡习惯放点盐。"当时，她都愣了，小姐也愣了，大家的目光都集中到了他身上，以至于他的脸都红了。

小姐把盐拿过来了，他放了点进去，慢慢地喝着。她是好奇心很重的女子，于是很好奇地问他："你为什么要加盐呢？"

他沉默了一会儿，慢得几乎是一字一顿地说："小时候，我家住在海边，我老是在海里泡着，海浪打过来，海水涌进嘴里又苦又咸。现在很久没回家了，咖啡里加盐，就算是想家的一种表现吧，以把距离拉近点。"

她突然被打动了。因为，这是她第一次听到男人在她面前说想家。她认为，想家的男人必定是顾家的男人，而顾家的男人必定是爱家的男人。她忽然有一种倾诉的欲望，跟他说起了她远在千里之外的故乡，冷冰冰的气氛渐渐地变得融洽起来，两个人聊了很久，并且，她没有拒绝他送她回家。

再以后，两个人频繁地约会，她发现他实际上是一个很好的男人，大度，细心，体贴，符合她所欣赏的所有的优秀男人应该具有的特性。她暗自庆幸，幸亏当时的礼貌，才没有和他擦肩而过。她带他去遍了城里的每家咖啡馆，每次都是她说："请拿些盐来好吗？我的朋友喜欢咖啡里加盐。"再后来，就像童话书里所写的一样，"王子和公主结婚了，从此过着幸福的生活。"他们确实过得很幸福，而且一过就是40多年，直到他前不久得病去世。

故事似乎要结束了，如果没有那封信的话。

那封信是他临终前写的，写给她的：

"原谅我一直都欺骗着你，还记得第一次请你喝咖啡吗？当时气氛差极了，我很难受，也很紧张，不知怎么想的，竟然对小姐说拿些盐来，其实我是不加盐的，当时既然说出来了，只好将错就错了。没想到竟然引起了你的好奇心，这一下，让我喝了半辈子的加盐的咖啡。有好多次，我都想告诉你，可我怕你会生气，更怕你会因此离开我。现在我终于不怕了，因为我就要死了，死人总是很容易被原谅的，对不对？今生得到你是我最大的幸福，如果有来生，我还希望能娶到你，只是我可不想再喝加盐的咖啡了，咖啡里加盐，你不知道，那味道有多难喝。咖啡里加盐，我当时是怎么想出来的！"

信的内容让她吃惊，同时有一种被骗的感觉。

然而，他不知道，她多想告诉他：她是多么高兴，有人为了她，能够做出这样的一生一世的欺骗……

为了打破场面的尴尬而随口说出的一句话让自己喝了40年的加盐咖啡，这固然是一个浪漫感人的故事，但就那位妻子而言，如果能用理智来判断一下，就不难体会到爱人的用意，而不至于让他喝了半辈子难以下咽的咖啡。

作为一种应一时之需的“谎言”，听者只需接受那份心意，而不必信以为真地做出荒唐之举。

场面话是一种生存智慧

“场面话”是人性丛林里的现象之一，而说“场面话”也是一种生存智慧，在人性丛林里进出过一段时日的人都懂得说，也习惯说。这不是罪恶，也不是欺骗，而是一种“必要”。“撇开道德的标准，谎言就是一种智慧”，所以，有时说说一些无碍于原则与是非标准的场面话，也是一个人在纷纭复杂的社交场所立足的一种本能。

人一踏入社会，应酬的机会自然就多了，这些应酬包括做客、赴宴、会议及其他聚会等。不管你对某一次应酬满不满意，“场面话”一定要讲。

什么是“场面话”？简言之，就是让别人高兴的话。既然说是“场面话”，可想而知就是在某个“场面”才讲的话，这种话不一定代表内心的真实想法，也不一定合乎真实，但讲出来之后，就算别人明知你“言不由衷”，也会感到高兴。聪明人懂得：“场面之言”是日常交际中常见的现象之一，而说场面话也是一种应酬的技巧和生存的智慧。

（1）学会几种场面话。

当面称赞他人的话：如称赞他人的孩子聪明可爱，称赞他人的衣服大方漂亮，称赞他人教子有方，等等。这种场面话所说的有的是实情，有的则与事实存在相当的差距，有时正好相反，只要这种话说起来不太离谱，听的人十有八九都会感到高兴，而且旁人越多他越高兴。

当面答应他人的话：如“我会全力帮忙的”“这事包在我身上”“有什么问题尽管来找我”等。说这种话有时是不说不行，因为对方运用人情压力，当面拒绝，场面会很难堪，而且当场会得罪人；对方缠着不肯走，那更是麻烦，所以用场面话先打发一下，能帮忙就帮忙，帮不上忙或不愿意帮忙再找理由，总之，有缓兵之计的作用。

（2）如何说场面话。

去别人家做客，要谢谢主人的邀请，并称赞菜肴的精美、丰盛可口，并看实际情况，称赞主人的室内布置，小孩的乖巧聪明……

赴宴时，要称赞主人选择的餐厅和菜色，当然还要感谢主人的邀请。

参加酒会，要称赞酒会的成功，以及你如何有"宾至如归"的感受。

参加会议，如有机会发言，要称赞会议准备得周详……

参加婚礼，除了菜色之外，一定要记得称赞新郎新娘的"郎才女貌"……

说"场面话"的"场面"当然不只以上几种，不过一般大概离不了这些场面。至于"场面话"的说法，也没有一定的标准，要看当时的情况决定。不过切忌讲得太多，要点到为止最好，太多了就显得虚伪而且令人肉麻。

总而言之，"场面话"就是感谢加称赞，如果你能学会讲"场面话"，对你的人际关系必有很大的帮助，你也会成为受欢迎的人。

但从另一个角度来讲，如果别人在某些特定的场合、特定的际遇下对你说了一些场面话，作为听众的你千万不可把这些场面之言当真。

李文在一家国企任职，十几年没有升迁，于是通过朋友牵线，拜访一位经管调动的单位主管，希望能调到别的单位，因为他知道那个单位有一个空缺，而且他也符合资格。那位主管表现得非常热络，并且当面应允，拍胸脯说："没问题！"

李文高高兴兴地回去等消息，谁知半个月、一个月、两个月过去，一点消息也没有。打电话去，不是不在就是"正在开会"；问朋友，朋友告诉他，那个位子已经有人捷足先登了。他很气愤地问朋友："那他又为什么对我拍胸脯说没有问题？"他的朋友也不知如何回答才好。

事实上，那位主管只不过说了一些应一时之景的"场面话"，而李文却天真地相信了这些话，并开始守株待兔起来。在人性丛林里，人往往会呈现他的多面性，善与恶会因不同的刺激而以不同的面貌出现。本性属"恶"的人，在某些状况之下也会以"善"出现；本性属"善"的人，也会因为某些状况的引动、催化而出现"恶"的作为。而何时何地出现"善"与"恶"，甚至人自己也无法预测及掌握。所以，当萍水相逢之人在你面前做出许诺时，不能被这一时的"善"意所冲昏了头脑，应保持理智，让自己回到真实的生活轨道上来。

对于称赞或恭维的“场面话”，你尤其要保持你的冷静和客观，千万别因别人一两句话就乐昏了头，那样只会影响你的自我评价。冷静下来，反而可看出对方的用心如何。

对于拍胸脯答应的“场面话”，你只能保留态度，以免希望越大失望也越大；只能“姑且信之”，因为人情的变化无法预测，你既然测不出别人的真心，就只好抱持最坏的打算。要知道对方说的是不是场面话也不难，事后求证几次，如果对方言辞闪烁、虚与委蛇，或避不见面、避谈主题，那么对方说的真的是“场面话”了！所以对这种“场面话”，要有清醒的头脑，否则可能会坏了大事。

在社交场合，我们要学会说点场面话，给别人一点甜头，但万不可轻信别人的一时之言，轻信别人的场面话，有时不只是一种天真，更是一种愚钝。

会说话是一种本事

自从人类创造了语言，语言便成为改变一个人的生活甚至改变一个国家命运的机器，我们日常生活中发生的冲突纠纷大都起因于那些令人讨厌的声音、语调以及不良的谈吐习惯，如果你出言不慎，如果你在语言上伤害了别人，那么这把利剑便会刺向你，为你在人生的旅途中平添几多障碍和困扰。

阿根廷著名的足球运动员迭戈·马拉多纳在1986年世界杯上与英格兰队比赛时，打进的第一球是“颇有争议”的“问题球”。据说墨西哥一位记者曾拍下了“用手拍球”的镜头。

当记者问马拉多纳那个球是手球还是头球时，马拉多纳意识到倘若他直言不讳地承认“确系如此”，那么对裁判的有效判决无疑是“恩将仇报”，如果不承认，又有失“世界最佳球员”的风度。

马拉多纳回答说：“手球一半是迭戈的，头球一半是马拉多纳的。”这妙不可言的“一半”与“一半”，等于既承认了球是手臂撞入的，颇有“明人不做暗事”的大将风度，又在规则上肯定了裁判的权威，具有了君子风度。

正如汤姆士所说：“说话的能力是成名的捷径。它能使人显赫，鹤立鸡群。能言善辩的人，往往使人尊敬，受人爱戴，得人拥护。它使一个人的才学充分拓展，熠熠生辉，事半功倍。”即使你的思想像星星一般闪闪发亮，即使你替公司经营所出的主意像诸葛亮般精明，即使你的头脑里充满了有关艺术、体育、飞机、矿物学、电脑等各种渊博学识，但如果你不具备会说话的能力，这一切都将无法使你免遭语言障碍的困扰，只会使你因你那笨拙的舌头而黯然失色。

说话要投其所好

俗语说：“用蜜比用醋更能捉到苍蝇。”

很久以前，有个国王夜里梦见他的牙齿全部掉光了。国王召来一个解梦家，问他这个梦是什么意思，解梦家听完了说：“国王陛下，这真是不幸，这说明您的亲人会遇到灾难，因为每个牙齿的掉落，都代表着您一个亲人的死亡！”

“什么，你这个胡说八道的家伙！”国王愤怒地朝他大喊道，“你竟敢对我说这种不吉利的话？真是胆大妄为！”国王转过身下令：“来人！将这家伙拖出去打50大板。”不一会儿国王又请来了另一个解梦家，问他所做的梦的征兆。听了国王的梦，这个解梦家立刻恭贺国王。

他说：“国王您真是幸运，这个梦预示着您比您所有亲人都长寿！”国王听了，阴沉的脸马上开朗起来，笑着说：“还是你的解梦术高明。侍卫，立刻陪他到库房领取50个金币。”两种不一样的表达方式，其后果竟是天壤之别。

我们看事物都是通过自己的眼睛，最明智的做法是先站在不同的立场，站在对方的角度想一想，然后换一种新的表达方式，那么，你可以收到意想不到的效果。

人们对于性格耿直的人总是又爱又恨，爱的是其正直，恨的是其毫不留情面，往往让对方无地自容。不站在对方的立场上说话，不注意说话的方式，最后的结果总是让人恨大于爱。

说话时学会投人所好绝对是一种本领，直率的性格也许是好的，但是直率的说话往往会有反面作用。假如自己说话不加修饰，只会一味地直率，那么就会伤人与伤己。直率说话，效果可能是适得其反的。有的时候，虽然自己的出发点是好的，但是因为自己不会说话，往往自己的话让别人听起来非常的刺耳，感觉很不舒服，别人也会反感这种出发点是好的举动。不能做刺猬型的人，否则别人会远远地躲避自己。社会就是这样的，人们也是这般的奇怪，他们既喜欢性格耿直的人，又讨厌其直来直去的说话方式。所以，我们在做人时除了要诚实、正直以外，自己的说话方式一定要委婉、中听，一定要在摸清他人心理的基础上操练自己的舌头。

巧拉家常也是一种舌头功

1952 年，尼克松参加了艾森豪威尔总统的竞选班子。就在这时，有人揭发：加利福尼亚的某些富商以私人捐款的方式暗中资助尼克松，而尼克松将那笔钱据为己有。

尼克松据理反驳，说那笔钱是用来支付政治活动开支的，绝没有据为己有。但是，艾森豪威尔要求他的竞选伙伴必须“像猎狗的牙齿一样清白”，准备把尼克松从候选人名单中除去。

这样，那一年 10 月的一天晚上 10 点 30 分，全国所有的电视台、电台将各自的镜头、话筒对准了尼克松——他不得不通过电视讲话解释这些捐款的来龙去脉，为自己的清白而做辩护。

尼克松在讲话中并不单刀直入地为自己辩解，以清洗丑闻给他蒙上的灰尘，而是多次提到他的出身如何低微，如何凭借自己的一股勇气、自我克制和勤奋工作才得以逐步上升的。这合乎美国那种竞争面前人人平等的国情，博得了观众和听众的同情。

说着说着，他话题一转，似乎是顺便提起了一件有趣的往事，他说道：

“在我被提名为候选人后，的确有人给我送来一件礼物。那是在我们一家人动身去参加竞选活动的那一天，有人说寄给了我家一个包裹。我前去领取，你们猜会是什么东西？”

尼克松故意打住，以提高听众的兴趣。

“打开包裹一看，是一个条箱，里面装着一条西班牙长耳朵小狗儿，全身有黑白相间的斑点，十分可爱。我那6岁的女儿特莉西亚喜欢极了，就给它起了一个名字，叫‘棋盘’。大家都知道，小孩子们都是喜欢狗的。所以，不管人家怎么说，我打算把狗留下来……”

这就是历史上有名的尼克松“棋盘演说”。

事后，美国的一份娱乐杂志马上把这次“棋盘演说”嘲讽为花言巧语的产物。好莱坞制片人达里尔·扎纳克则说：“这是我见过的最为惊人的表演。”

尼克松当时还以为自己失败了，为此还流过不少眼泪。可最后事态的发展完全出乎大家的意料，成千上万封赞扬他的电报涌进了共和党全国总部，他因为表现出色而最终被留在了候选人的名单上。

巧拉家常，主要是利用人性的弱点，用浓厚的人情味拉近人们心理上的距离。古人云：用兵之道，攻心为上，攻城为下。同样，说人之道也是攻心为上。

巧拉家常是一种高明的攻心术，也是说话的上层境界，它使对方在情感上与你产生强烈的共鸣，不知不觉成为你的俘虏，从陌生到熟悉，化对立为调和，恰似山重水复疑无路，柳暗花明又一村。

当你不会说话时就保持沉默

如果你发现实在无法让自己的舌头跳起桑巴舞，那就管好你自己的嘴，练就古人所说的“大音希声，大象无形”的境界。

“三思而言”，没有经过自己大脑思考的话，不但是废话，而且往往会招来不必要的麻烦和灾祸。所以深谙说话之道的人不是在胸膛上“开窗口”，而是在嘴巴上“装阀门”。说话快思考慢的人多是愚蠢的，因为他们总是说了又后悔；思考快说话慢的人多是智慧的，因为他们总是非常检点自己的语言表达。说话是为了正确地表达自己的思想和意见，而不是为了自己光图个嘴巴痛快，乱去发泄自己的情绪。有些人总是批评别人没有大脑，总是爱随便说话，但是却很少检查自己有没有大脑，有没有乱说话的时候。一个人的脑袋必须学会思考，一个人的嘴巴必须知道适时关闭。

PART 04

走自己的路，也要听别人怎么说

世上再没有比听取别人的意见更容易做到的事了，但大多人不愿那样去做。年轻人要在如今的社会上立足，就应学会谦虚，要随时考虑别人的意见，不要太高傲，更不要太固执。

把自己看轻些

我们每个人都很平常、很平凡，千万别太把自己当回事。如果认为自己比别人大一点点，这个字就念“臭”了。我们要永远记住：谨慎没有过头，谦虚没有界限。

在一个艺术家作品展览会上，《爱丽丝·亚当斯》的作者布思·塔金顿应邀出席。其间，两个可爱的十六七岁的女孩虔诚地向他索要签名。他问：“我没有带自来水笔，用铅笔可以吗？”其实他知道不会被拒绝，只是想表现一下谦和对待普通读者的大家风范。

女孩们果然爽快地答应了。一个女孩将非常精致的笔记本递给他，他潇洒自如地签上了名字。女孩看过签名后，眉头皱了起来，仔细问道：“你不是查波斯啊？”他非常自负地回答：“不是，我是布思·塔金顿，《爱丽丝·亚当斯》的作者。”小女孩将头转向另一位女孩，耸耸肩说道：“玛丽，把你的橡皮借给我用用。”

那一刻，这位作家所有的自负和骄傲瞬间化为泡影。从此以后，他时时刻刻告诫自己：无论多么出色，都别太把自己当回事。

有位县长到本城小店理发，坐了一会儿，问理发师：“知道我是谁吗？”“不知道。”理发师答。“知道我叫什么名字吗？”“不知道。”“知道我是县长吗？”“不知道。”理发师接着说：“你是来理发的，我是给你理发的，这不就够了吗？”县长再不发一言。

人活脸，树活皮。人生在世，都希望活得体面有滋味，总愿意人家在乎和尊重自己，此以官场中人或说“有身份的人”为重。

然而，为人要脸面，却不可拿自己太当回事；为官或出名的人物，尤其不宜过于看重自己。如果以为“老子天下第一”“舍我其谁”，就会盛气凌人、独断专行，结果不是脱离群众，就是走向人民群众的反面。说透了，任何人都没有什么了不起的。

曾任泰国总理的川·立派有一位勤劳的母亲，老人闲不住，在儿子当了总理之后，还在曼谷的一家市场内摆摊卖虾仁豆腐、豆饼、面饼。有记者采访她，问她为什么还干这个？她说：“儿子当了总理，那是儿子有出息，与我摆摊并没有什么矛盾。”她面对记者表示：“我其实没做什么，只不过在他小时候教导他做人必须诚实、勤劳和谦虚。”

别拿自己太当回事，并不是不要人格、品行和责任。在待人上的“当回事”与“不当回事”也是有区别的。就是对待自己不要太当回事，而对待他人则要真当回事。对自己不当

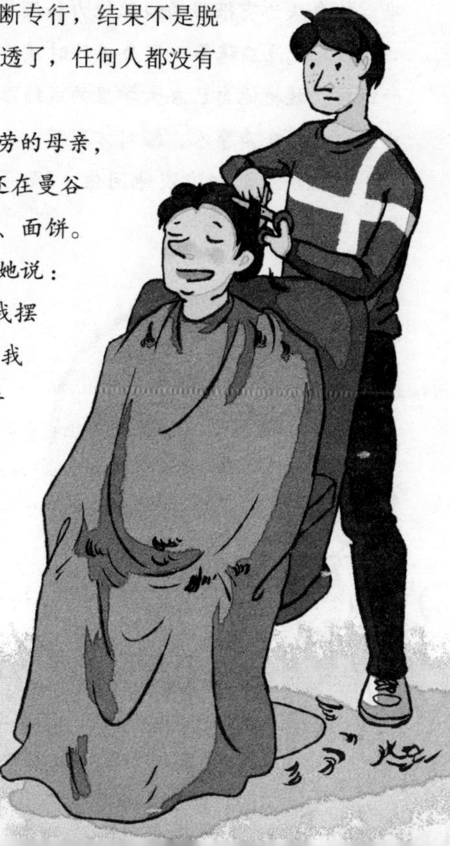

回事，体现做人的谦虚谨慎、不骄不躁；对他人真当回事，反映待人的团结友爱、诚实守信。无论达官贵人、先哲圣贤，还是平民百姓，都应鉴戒。

不要太高估自己

不少年轻人刚开始工作时，对自己的期望值很高。在他们看来，自己是“人才”，因此，在工作中应当受到重用，应当得到丰厚的报酬。但是，抱有这样观点的人往往会在现实中碰壁。

名牌大学毕业的王超，在校园里是一个风云人物。在大学里，他是系学生会主席，曾组织过多次大型校内校外的活动，并利用假期，参加过许多社会活动。他自认为有很强的组织能力和领导才能。

但就在他应聘第一家公司的时候，碰了壁。这是一家大跨国公司，他面试的时候，就把他自己在大学里的成绩以及对自己的评价以一种自信的姿态说了出来，希望先声夺人，给对方留下一个好的印象。

但招聘人员却淡淡地问他：“如果我安排你去我们的机修车间干一段时间，你接受吗？”

王超认为他们在试探他，便说：“我的目标不是做机修工，但我会努力去做到最好，直到你们满意。”

招聘人员微微点头：“好，你到公司培训过后，就去机修车间。”

王超没想到对方真让自己去机修车间，他有点急了：“但是我觉得这样的工作

不需要像我这样的人才去做，这是人才浪费！我完全可以做比机修工更重要的工作。”

对方说：“在我们公司，没有一份工作不重要，也没有更重要的工作，只有重要的工作。我问你一个问题，在我们公司所生产的产品中，你熟悉哪一种产品？”王超哑口无言。

招聘人员客气地对他说：“欢迎你参加我们公司的下一次招聘。请下一位进来！”

像王超这样的例子实在太多了，他们都是“嫌弃”工作而找不到就业门路的大学生，他们好高骛远，不讲实际，这导致了他们“失业”的结果。

事实上，刚进入社会的年轻人没有经验，又对社会不够了解，所以，是不可能被委以重任的，他们也没有这个能力。他们需要在工作中一步步地磨炼，逐渐成熟，然后才可能得到他们想要的结果。

林韬是一名毕业于某师范大学的本科生，如今他是浙江某建筑公司的一名经理。在外人看来，像林韬这样毕业于师范院校的大学生，应该去做老师才对，当建筑工人和他的身份不匹配。

原来，在大学里学物理专业的林韬，毕业后由于所学专业比较冷门，辗转于人才市场一个多月也没找到合适的工作。后来，他和同学跑到浙江省，想在那里闯一闯，当他听说某建筑公司招工人的时候，他决定放低姿态，先从工人干起，虽然工作在基层很辛苦，但通过自己的努力，在短短的两年时间里，他从钢筋工人做到了管理层，当上了经理。

回首这一路走来的历程，林韬感慨地说道：“不管从事什么行业，只要不过高估计自己，放低姿态，努力了就会有回报。”

在这个社会，越来越多的年轻人自命不凡，他们心态浮躁，不肯从最基层做起，迫切地想用一些实际的东西来证明自己的能力。他们认为自己是硕士、是博士，自然比那些专科、本科生的起点要高。所以，他们的姿态永远都是高扬的，对那些平凡的岗位之类的角色丝毫没有兴趣，他们认为自己应该找一份和自己能力“匹配”的工作。但是结果又常常不如人愿，你比别人强，还有比你更强的，还不如放低姿态，从基层做起。

即便你是天才，也应该保持谦逊

一位学者这样说道：“当我以为自己什么都懂的时候，学校颁给了我学士学位；当我觉得自己一知半解的时候，学校颁给了我硕士学位；当我发现自己竟是如此孤陋寡闻的时候，学校颁给了我博士学位。”

这位学者的话揭示了一个这样的道理：当人越谦卑的时候，越会发现自己有所不足，就越会懂得放下身架虚心求教，这样所学到的东西也就越多。这位学者所分享的话与我们平时所说的“越熟的麦子头垂得越低”有着异曲同工之妙。意思就是说，当一个人越懂得谦卑的时候，不单本身能获益更多，也更能让人发自内心地钦佩、敬重他。

古希腊著名哲学家苏格拉底讲过：“就我来说，我所知道的一切，就是我什么也不知道。”他以最简洁的形式表达了进一步开阔视野的理想姿态。可以说，至今仍有很多人信奉苏格拉底这句名言。无论你多么伟大，无论你多么有才能，你也有不知道的地方，说不知道并不是就意味着你无能，反而在勇敢承认的同时而获得了更多的称赞。

有一位学问高深、年近八旬的老妇人，她原是大学教授，会讲五种语言，读书很多，语汇丰富，记忆过人，而且还经常旅行，可以称得上是见多识广。然而，从未有人听到过她卖弄自己的学识或对自己不了解的事情假称通晓。遇到疑难时，她从不回避说“我不知道”，也不用自己的知识去搪塞，而是建议去查阅有关专著、资料，以做参考。看到老人的这一切，每个跟她接触的人真正懂得了怎样才能被别人敬重，怎样才能获得做人的最好的尊严。

著名的心理学家邦雅曼·埃维特曾指出，平时动不动就说“我知道”的人，头脑迟钝，易受约束，不善同他人交往。迅速和现成的回答，表现的是一种一成不变的老套思想，而敢于说“我不知道”所显示的则是富有想象力和创造性。埃维特还说，如果我们承认对这个或那个问题也需要思索或老实地承认自己的无知，那么我们自己的生活方式就会大大地改善。

从事任何一种职业的聪明人，都有勇气承认“没有人知道一切事情”这个事实。承认自己不知道无损于他们的自尊。对于他们来说，“不知道”是一种动力，并不是说出来就大失面子的话语，因为自己的“不知道”，反而会促使他们去进一步了解情况，求得更多的知识。

在柯金斯担任福特汽车公司经理时，有一天晚上，公司里因有十分紧急的事，要发通告信给所有的营业处，所以需要全体职工协助。当柯金斯安排一个做书记员的下属去帮忙套信封时，那个年轻职员傲慢地说："那有损我的身份，我不干！我到公司里来不是做套信封工作的。"

听了这话，柯金斯一下就愤怒了，但他平静地说："既然做这件事是对你的污辱，那就请你另谋高就吧！"

于是那个青年一怒之下就离开了福特公司。他跑了很多地方，换了好几份工作都觉得很不满意，他终于知道了自己的过错。于是又找到柯金斯，诚挚地说："我在外面经历了许多事情，经历得越多，越觉得我那天的行为错了。因此，我想回到这里工作，你还肯任用我吗？""当然可以，"柯金斯说，"因为你现在已经能听取别人的建议了。"

再次进入福特公司后，那个青年变成了一个很谦逊的人，不再因取得了成绩而骄傲自满，并且经常虚心地向别人请教问题。最后他成了一个很有名的大富翁。

一个年轻人，无论他多么的有才华和能力，如果他不能谦逊待人，也会遭到他人的唾弃。对于外界的排斥，尽管有些人外表会表现得桀骜不驯、满不在乎，但是这种人心底深处还是会隐隐存在着一种被认同的渴求。因为有才华和能力的人，多多少少会有些自恋，既然自恋，就会去寻求认同，这是人性里无法挣脱的一点。

这个世界从来不缺乏有才华和能力的人，缺乏的是有才华同时又能保持一个谦逊的君子之心的人。

"架子"越大，身份越低

真正的大人物，属于那种成就了不平凡的事业，却仍然和平凡人一样生活着的人。他们从来都是虚怀若谷的，他们不会觉得自己才高八斗、学富五车，他们从来不会见人便喋喋不休地诉说自己不被重用的"遭遇"和"不幸”，他们从不埋怨自己的上司是“妒贤嫉能之辈”，从不痛恨自己的同人是“居心叵测之人”，他们只是“不以物喜，不以己悲”地去干着自己分内的事情。

自以为是的年轻人头脑容易发热，他们往往充满梦想，只相信自己是正确的，从来不接受别人的意见和劝告，认为采纳了别人的意见就等于认输了，其实这些人是典型的外强中干，他们的固执恰恰证明了他们骨子里的自卑，正因为心虚，所以才不愿服输。

其实有内涵、有魄力的人，不一定永远站在智慧的最高峰。忘记曾经的成功、曾经的辉煌，正视现实，不盲目蛮干，这样的人即便退居幕后，我们给予他们的仍然是掌声和鲜花。

土光敏夫是日本著名的经营学家。1964 年，68 岁高龄的土光敏夫就任东芝董事长，他经常不带秘书，独自一人巡视工厂，遍访东芝散设在日本各地的三十多家企业。身为一家公司的董事长，亲自步行到工厂已经非同小可，更妙的是他常常提着一升瓶装的日本清酒去慰问员工，跟他们共饮。这让员工们大吃一惊，有点不知所措，又有点受宠若惊的感觉。没有人会想到一位身为大公司董事长的人，会亲自提着笨重的清酒来跟他们一起喝。因此工人赞赏地称赞他为“捏着酒瓶子的大老板”。

土光敏夫平易近人的低姿态使他和职工建立了深厚的感情。即使是星期天，他也会到工厂转转，与保卫人员和值班人员亲切交谈。他曾经说过：“我非常喜欢和我的职工交往，无论哪种人，我都喜欢和他交谈，因为从中我可以听到许多创造性的语言，获得巨大收益。”

的确，通过对基层群众的直接调查，不仅获得了宝贵的第一手资料，而且弄清了企业亏损的种种原因，还获得了很有价值的建议，更重要的是赢得了员工的好感和信任。

美国前总统华盛顿也是靠着他那平易近人的领导风格赢得了千万美国人的尊重和拥戴的。有一天，他穿着一件过膝的普通大衣一个人走出了军营，他的低调没有让所有遇到他的人认出来。

他走到了一条街道旁边，看到一个下士正领着几位士兵垒街。那位下士双手插在衣袋里，站在旁边，对抬着水泥块的士兵们发号施令。尽管下士喊破了喉咙，士兵们经过多次努力，还是不能把石头放到预定的位置上。

大家的力气被耗尽了，那块难缠的石头眼看着就要滚下来。在这关键的时刻，华盛顿疾步上前，用他的臂膀顶住石块。终于，那块石头被放到了位置上。士兵们拥抱华盛顿，向他表示感谢。

华盛顿转身向那个下士问道："刚才你为什么不帮一帮大家呢？""你是在质问我吗？难道你看不出我是下士吗？"那下士背着双手，霸气十足，不可一世。华盛顿笑了笑，然后就不慌不忙地解开自己的大衣纽扣，露出自己的军服，说："按衣服看，我就是上将。不过，下次再抬重东西时，你也可以叫上我。"那个下士这时才知道发生了什么事情，顿时羞愧难当。

生活中，爱摆“臭架子”的人一点儿也不少见，哪怕只是当了个芝麻大的官，手下只有可怜的一个“兵”，也要把官腔打足，官架摆足，无论是说话、走路、办事，都是装腔作势，有意显得威风、高贵、了不起的样子。

爱摆架子的人喜欢指点江山，挥斥方遒，居高自傲，从不把别人放在眼里。他们不知道，“臭架子”摆得越大，在别人心目中其身份和地位越低。因为究竟能不能当好官儿，不在于“官架子”端得大不大，而在于是否具有人品、能力、水平和亲和力，是否得到了下属的认可，能不能得到他们真正的信服和敬仰。

一位为官光明磊落、深受群众爱戴的领导干部曾经这样说过：“为官不要自觉高人三等，而应自觉低人三等。”所以身份和地位越高的人，越要把自己的姿态放低，只有这样才能赢得追随者的敬重和信赖。

不要随意张扬个性

很多人都认为个性很重要，特别是年轻人，他们最喜欢谈的就是张扬个性。他们最喜欢引用的格言是：走自己的路，让别人去说吧！时下的种种媒体，包括图书、杂志、电视等也都在宣扬个性的重要性。我们可以看到许多名人都有非常突出的个性。爱因斯坦在日常生活中非常不拘小节、巴顿将军性格极其粗野，画家凡·高是一个缺少理性、充满了艺术妄想的人。

名人因为有突出的成就，所以他们许多怪异的行为往往会被广为宣传，有些人甚至产生这样的错觉：怪异的行为正是名人和天才人物的标志，是其成功的秘诀。我们只要分析一下，就会发现这种想法是十分荒谬的。

名人确实有突出的个性，但他们的这种个性往往表现在创作的才华和能力之中。正是他们的成就和才华，使他们特殊的个性得到了社会的肯定。如果是一般人，一个没有多少本领的人，他们的那些特殊行为可能只会受到别人的嘲笑。

如今，职场上追求个性的人越来越多，那些才华出众的人，尤其喜欢张扬自我，不愿放弃自己的主张与见解，错了都不肯低头。如此鲜明的个性，让人无法接受，对自己的发展也相当不利。

盲目追求个性的人都有一种想搞特殊行为，显示与众不同的想法。在实际生活工作中不难看到这样的现象，有人对一些不听指挥、顶撞上级或身陷困境仍然执迷不悟的顽固分子，称赞道“有个性”。也有人为了展示自己独特的个性，死死坚持自己错误观点不改正或是做一些意想不到的事。他们最终的目的，就是为了显示自己的与众不同。

我们说推崇个性，但不等于不要尺度。如

果时时、处处、事事都特立独行，脱离群体，在世人的眼中便是只“怪物”。如果连群体都不能容纳你，起码的交流和生活都成问题，根本就没有成功的可能。

因此，当我们张扬个性的时候，必须考虑到我们张扬的是什么，必须注意到别人的接受程度。如果你的这种个性是一种非常明显的缺点，你最好的选择还是把它改掉，而不是去张扬它。

社会需要的是生产型的个性，只有你的个性能融合到创造性的才华和能力之中，你的个性才能够被社会接受，如果你的个性没有表现为一种才能，仅仅表现为一种脾气，它往往只能给你带来不好的结果。

在生活中，随意张扬个性，常常给自己带来不必要的麻烦，甚至会让自己吃亏。所以，我们最好还是聪明一些，尽可能与周围的人协调一些，这才是智慧的表现。

别人不会像家人一样迁就你

二十几岁的年轻人大都是“80后”。“80”后是彰显个性的一代，也是最为任性的一代。由于出生在特殊的时代背景，不论男孩还是女孩，“80后”都有任性的特点。因为多数“80后”都是独生子女，有的父母还不在身旁，由爷爷奶奶一辈的老人们来照顾。这使他们在家里受到了过多的娇惯、溺爱和迁就，天长日久，就养成了任性的性格。这种现象在社会上非常普遍，慢慢地，便形成了这代人的总体性格特征，同时，这个特征也间接地导致了部分“80后”的做事能力差，做错了还奢望别人迁就自己，原谅自己。如果不被原谅，就要么赌气不做，要么辞职不干。

大学毕业后，小高就顺利进入了一家外企在广州设立的办事处。工作并不太忙，公司还派送她去学习报关和相关物流培训班充电。不菲的薪水，较大的发展空间，令很多同学羡慕不已。小高渐渐骄傲起来，对销售人员乃至部门经理安排的事情，要么是有选择性地做，要么就忘在脑后，态度甚至有点傲慢。好在总经理以“男士要有绅士风度，不要跟女孩子计较”为由，让男同事礼让小高几分。

一年前，小高和几个同事一起去参加北京的展会，开展当天，由小高负责的好几个文档都遗留在家，忘记拿了，几个同事不满说了她几句。回广州后，小高竟赌气递上辞呈，总经理为稳定团队，挽留了她，小高因赢得“胜利”而得意扬扬。可没承想此后，递辞呈成了小高的“撒手锏”，一有不如意就赌气辞职。后来，总经理终于在辞职信上签名准许，看着“弄假成真”，小高叫苦不迭。“我知道很难再有上司像总经理那么宽容，是我自己没有珍惜机会，我的任性，对于总经理的宽容大度来说，也是一种伤害和辜负。”小高现在后悔莫及。

人这一生，除了家人以外，任何人都没有义务迁就你。家人的迁就，那是饱含着深情的，是一种宽容，是一种无私的爱，哪怕你做得再不对，他们也会原谅和包容你。只因为这是一种亲情，而这亲情的存在让他们不计一切地迁就你。

当然，生活中还有一些人会迁就你，那就是对你有所图的人。如果你在一定的位置上，有一定的权力，就会有人迁就你，但那也只是暂时的。

年轻人在社会上行走，一定要认清生活的实质，不要过多地寄希望于别人迁就你。要一切靠自己，尽心尽力地做好每件事，把握好自己的一切，这样自己也不会受到伤害。

少一分书生意气，多一分人世心态

北宋大文豪苏东坡曾自嘲“一肚子不合时宜”，意即自己的书生气太重。所谓书生气，就是指一个人过于认真，再带一点点天真。由于儒家的入世思想在我国根深蒂固，讲究经世致用、八面玲珑，书生气不合时宜似乎是几千年来的定论。

一定程度上，有书生气的人都是性情中人，他们不会装腔作势，装模作样，只做自己感兴趣的事。他们对兴趣的偏好没有太多的目的性，有感而发，倾情而动，全凭兴致，不顾后果。

书生气在表现形式上有多种多样，具体表现有不入流、迂阔不化、固执己见、不懂世故、虚多实少等，有的还被时下讥为书呆子、傻子。其实，有书生气并不完全是坏事，我们每个人刚刚踏入社会的时候，都多多少少会有一些书生气，是社会这个巨大的砂轮磨光了我们的棱角，使我们不得不在现实面前学会改变自己。一般来说，有书生气的人都是理想主义者，当现实无法实现自己的愿望时，他们大都会借助理想去表达自己的感怀，一展自己的抱负，他们不希望自己在现实面前完全被吞没。但书生气又不宜太过，过了，就会与现实发生碰撞，如果不会处理这一矛盾，就难免被撞得头破血流。

如果在校园中，你的书生意气重些无所谓，不会对你的学业造成影响。但进入社会后，就要想办法让自己成熟起来，要是还保持书生意气，不能尽快入世，势必对自己的发展不利。那么，怎样才能让自己成为一个成熟的人呢？

1. 不斤斤计较

成熟的人不斤斤计较，不贪图小便宜，不在乎吃点小亏，不喋喋不休地抱怨这抱怨那。他们的眼光从不被琐碎事务绊住，对于人与人之间的小矛盾，他们经常是大事化小，小事化了。

2. 重视诺言

成熟的人绝对不会出尔反尔，他对自己的每个承诺都相当重视，在许愿之前周密考虑，自己的话是否真能兑现，如能兑现的话他决不说，言出必践。他的每一句话都让你觉得放心、可信任。满嘴跑火车、乱放空炮、迟迟拿不出行动的人，与成熟不沾边。

3. 不夸夸其谈

成熟的人从不随随便便高谈阔论，他会保持适当的沉默，说话声音清晰但不乱嚷。随便喝点酒就把自己的小经历、小故事拿来满桌子大讲，不用喇叭满屋人就都能听见的人，最多博听众一笑，谁也不会把他那五花八门的所谓“奋斗之路”放在心里。

4. 有才华却不张扬

一个年轻人要想尽快成熟，就需要养成多读书的习惯，用知识来填充自己的头脑。有时间要多看书，做一个有修养的人，而不是把时间浪费在滑稽怪诞的事情上。成熟的人会不断地丰富自己的内涵。但他们不张扬，他们的才华只在必需的时候才展现出来，绝不会为了满足虚荣心去刻意卖弄。他们如醇厚的酒，越品越有味道。

5. 宽容待人

一般说来，当一个社会形成了一种宽容的气氛时，就会变得充满生机。在这样一个竞争日益激烈的社会中，最要紧的是宽容，是用善心待人，原谅人家偶然的过失，即使是犯有大错的人，也要温和规劝，给他改正的机会。

6. 懂得换位思考

有一句名言说，如果我们只站在自己的角度看问题，那么我们永远不知道别人在想什么。这个世界上，有很多问题，站在自己的角度去思考可能永远不能了解或解决，而换个角度去思考就会有一个全新的答案。

所以，我们在说话办事时，不妨选择一个好的角度。有一个好的角度，就有了成功的一半；但若选择了一个坏的角度，就会得到失败的全部。

PART 05

熟谙职场规则，让“职商”一路飙升

一个有才干的人能不能得到重用，很大程度上取决于他能否在适当场合展示自己的本领，让他人认识。如果你身怀绝技，但藏而不露，他人就无法了解，到头来也只能空怀壮志，怀才不遇了。

形象，成功的门票

西方有句俗语：“你就是你所穿的！”（You are what you wear!）这也是人类无法改变的天性。在远古时代服装最基本的功能是御寒，遮裸是人类有了文明的标志。在有了阶级的社会里，尤其在现代社会，它的最大功能是自我展示和表现成就的工具。这也是为什么很多成功人士不惜花费大量的时间和金钱选择那些能让他们展现出最好风姿和成就的服饰。服饰在无声地帮助你交流、沟通，传递你的信息，告诉人们你的社会地位、个性、职业、收入、教养、品位、发展前途，等等。

在一次形象设计的调查中，76%的人根据外表判断人，60%的人认为外表和服装反映了一个人的社会地位。毫无疑问，形象在视觉上传递你所属的社会阶层的信息，它也能够帮助人们建立自己的社会地位。在大部分社交场所，你要看起来属于这个阶层的人，就必须穿得像这个阶层的人。正因如此，很多豪华高贵的国际品牌的服饰，虽然价格高得惊人，却不乏出手不眨眼的消费者。人们把优秀的服饰与优质的人、不菲的收入、高贵的社会身份、一定的权威、高雅的文化品位等相关联。穿戴出色、昂贵、高质地的服饰就意味着事业上有卓越的成就。

我们不妨想一想自己身边的人，那些形象不凡而出众的人，自然会让我们另眼相看。而对于那些形象不佳、衣衫不整的人，我们会低估他们的能力和品位。形象在事业上的作用不但不可忽略，而且相当重要。无论选择雇员还是提升职员，如果面临着竞争，我们可能更容易倾向于那个形象出色者。庄重而有品位的形象能够赢得我们的信任。

在这个世界上只有一件东西能够给予一个人真正而持久的力量，那就是一个人的魅力。个人魅力是你成功的没有理由的理由，是最让人不服气的，同时，又是最让人服气的。今天我们提起那些历史上的著名人物，几乎很少就事论事地讨论他们的功绩，我们津津乐道的，是他们的魅力。魅力几乎比功劳更持久。而魅力最直观的表现就是你的外在形象。你的形象，从某种意义来说，成了通往成功的门票。如果你想成为一个具有重大影响力的人，先做一个有魅力的人吧，用心为自己设计一个最佳的形象。

以不修边幅著称的软件英雄比尔·盖茨越来越注重自己的形象，他曾经请专家对自己的形象进行设计、包装与宣传。

有一次，他将要在拉斯维加斯发表演讲。但是，演讲并不是盖茨的长处。为了使自己以更好的形象出场，使自己的演讲产生更大的影响力，比尔·盖茨专门请来了演讲博士杰里·韦斯曼为自己的演讲做指导。杰里·韦斯曼在演讲辅导方面是一位专家，经验非常丰富，曾经帮助几个电子公司的高层经理克服对演讲的恐惧感。他从盖茨的演讲词到手势、表情，都做了重新设计，他们在一起排练了12个小时。盖茨演讲时，熟悉盖茨的人都非常吃惊。只见盖茨一改往日懒散随意的形象，穿了一套昂贵的西服，他那尖锐的嗓音虽然无法改变，但丝毫没有影响到他的演讲。结果这场主题为“信息在你的指尖上”的演讲传遍美国，获得了巨大的成功，而盖茨的形象魅力值也迅速得到提升。

富有魅力的形象，在一遍一遍向你周围的人们传递这样一个信息：“此人是一个重要人物。他很可靠、实力雄厚、地位不可小视，我们都应该尊重他、仰慕他、信赖他。”而人们似乎也听从了、认可了。你也许什么都没做，就已经在人们心中获得了一定地位。

因此，虽然不能说形象决定成功，但成功与形象之间一定是相互促进的。你越成功，你的形象便越有影响力；你的形象越魅力十足，你也就越容易走向成功。

每当看到那些小有成就却形象猥琐或乖戾的人时，我们都免不了替他觉得惋惜，不能改善形象的成功就不是成功。这样的人只能成功地做成某些事，而形象魅力十足的人成就了他自己。只有成功一次接一次地到来，你的形象才能长葆魅力。而有了超强的魅力，你会发现，成功已成为你生命中的一部分，成功已经成为一种习惯。形象不佳的人只会惹人嫉恨，拥有美好形象的人才会受人拥戴。

做事的“心机”有时就体现在对一些细节的关注上。一个人的第一印象往往会给对方留下很深的烙印。如果你在第一次交往中给别人留下了一个好印象，别人就乐于跟你进行第二次交往；相反，如果你在第一次交际中表现不佳或很差，往往很难挽回。所以，务必注意你第一次跟人打交道时的“第一印象”。

人的仪态和风度全面地反映了一个人的素质、受教育的程度及能够被人信任的程度。一个人举止端庄文雅，落落大方，就能给人以深刻良好的形象。培根有句名言：“相貌的美高于色泽的美。”仪表是展示自己才华和修养的重要外在形态。要想有良好的形象，就必须注意穿着打扮、行为举止及自身素质的提高，从而使你的形象在交往中光彩夺目。

打造美好形象全攻略如下：

1. 创造最佳第一印象

首先，要注意保持衣服的整洁与卫生。饰品精致、有品位，穿着得体，修饰到位，这样才会给人一种清新、健康的良好印象。

其次，保持良好的精神面貌。即使心情不佳，也不要表现出愁眉苦脸的样子，让自己显得萎靡不振。毕竟，伸手不打笑脸人，总是将美丽的笑容挂在脸上，就算是再冷漠的人肯定也会被你融化。

2. 庄重、成熟是基本守则

在办公室中，装扮轻佻、夸张会给人以不老实的印象，无法令人予以充分的信任。而穿戴庄重、成熟却能给大众一种稳定的正面印象，是对自我进取心与责任感的一种说明和强调。一般情况下，西装给人一种庄重的感觉，为了体现出自己沉稳与成熟的一面，最好选择蓝色，或是深蓝色，或者灰色西服，然后再配上相应色彩的领带和黑色鞋袜。这样的穿着不但容易让人产生一种信赖感，同时，也可以表现出你成熟的魅力与沉稳的个性。尤其是在一些重要的交际场合，切记不要穿得过分休闲，这样会给人一种没有职业品味，不严肃、不庄重的印象。

3. 彰显个人魅力

（1）超越名牌思维。时装的作用不只是装饰，还是个人性格、品味的体现。现在，已经有越来越多的人放弃了堆砌华丽的穿着习惯，而以简约为时尚。

（2）打扮应注重个性。要想充分体现自己的个性，就要在穿着上显露出独特性，表现出与众不同的气质。许多成功人士，不论他们来自哪个地方，对衣着的要求几乎惊人的一致，就是让衣着除了感觉舒适之外，还能够提升他人对自己的肯定。

（3）不盲目抄袭别人。“我清楚地知道自己适合穿什么，所以不会浪费时间试试这个，试试那个。”现在，许多人都想塑造“自我形象”，但是，他们对时装的了解却甚少，往往在穿着上埋没了个人的风格，错过了真正意义上的自我展现。照单全收只会弄巧成拙。在塑造个人形象时，必须了解自己的个性特点，发挥自身优势，让缺陷尽量变得不明显。你所要呈现给别人的，正是你身上最好的、最闪亮的地方。

最高的道德是你自己的原则

英国的一个城市公开招聘市长助理，条件是必须是男人。当然，所说的男人并不仅仅从生理上界定，它指的是精神上的男人，每一个应考的人都理解。

经过了多番文化和综合素质的角逐，有一部分人获得了参加最后一项特殊的考试的权利，这也是最关键的一项。那天，他们轮流去一个办公室应考，这最后一关的考官就是市长本人。

第一个男人走进来，只见他一头金发熠熠闪光，天庭饱满，高大魁梧，仪表堂堂。市长带他来到一个特别的房间，房间的地板上洒满了碎玻璃，尖锐锋利，望之令人心惊胆战。市长以万分威严的口气说："脱下你的鞋子！将里面桌子上的一份登记表取出来，填好交给我！"

男人毫不犹豫地将鞋子脱掉，踩着尖锐的碎玻璃取出登记表填好交给了市长。他强忍着钻心的痛，依然镇定自若，表情泰然，静静地望着市长。市长指着一个大厅淡淡地说："你可以去那里等候了。"男人非常激动。

市长带着第二个男人来到另一间特殊的屋子，屋子的门紧紧地关闭着。市长冷冷地说："里边有一张桌子，桌子上有一张登记表，你进去将表取出来填好交给我！"男人推门，门是锁着的。"用脑袋把门撞开！"市长命令道。男人不由分说，低头硬撞，一下、两下、三下……

足足有半个小时，头破血流，门终于开了。他取出表认真地填好交给了市长，市长说："你可以去大厅等候了。"男人非常高兴。

就这样，一个接一个，那些身强体壮的男人都用自己的意志和勇气证明了自己。市长表情有些沉重。他带最后一个男人来到一个房间，市长指着站在房间里的一个瘦弱的老人对男人说："他手里有一张登记表，去把它拿过来填好交给我！不过他不会轻易给你的，你必须用你刚硬的铁拳将他打倒……"男人严肃的目光射向市长："为什么？你得让我有足够的道理！""不为什么，这是命令！""你简直是个疯子，我凭什么打人家？何况他是弱小的老人！"

市长又带他分别去了那个有碎玻璃的房间和紧锁着的房间，同样遭到了他的反对和拒绝。市长对他大发雷霆……

男人气愤地转身就走，被市长叫住了。市长将这些应考的人都召集在一起，告诉他们只有最后一个男人考中了。

那些无一不伤筋动骨的人都捂着自己的伤口审视着被宣布考中的人，当发现他身上的确一点伤也没有时都惊愕地张大了嘴巴，非常不服气，异口同声地问："为什么？"

市长说："你们都不是真正的男人。"

"为什么？"

市长语重心长地说："真正的男人懂得反抗，是敢于为正义和真理献身的人，而不是选择唯命是从，做没有道理牺牲的人。"

最高的道德是个人的原则性。当你外在的行动和内在的思想相称时，你是诚实的。当你抛弃你的真理去取悦他人时，你就放弃了诚实。罗伯特·路易斯·史蒂文森大声疾呼："要想知道你喜欢什么，就要保持你的精神活泼，而不是谦恭地对世界告诉你应该喜欢的事物说'阿门'。"没有什么比保持精神活泼更重要，而这种精神活泼的支柱莫过于一个人的尊严、操守、自尊、自信、正直。放弃那些迎合别人的无谓牺牲，那么你就拥有别人最真诚的敬意，你才算恪守这个世界上最高的道德的人。

当我们在决定我们的生活是什么样的时刻，我们总被引导着相信生活决定我们是谁。而事实上，在这个世界上只有你自己的精神才能告诉你，你将要走上去的前途是什么样子的。除了你之外，没有人能够主宰你未来的方向。你应该坚持的事就是你自己的原则。相信、倾听你心灵的召唤，人就会生活在深刻的精神中，这也是最灿烂的道德之光。

感情投资，冷庙也烧香

一般人总以为冷庙的菩萨不灵，所以才成为冷庙。其实英雄落难，壮士潦倒，都是常见的事，只要一朝风云际会，仍是会一飞冲天、一鸣惊人的。不要急着投奔一方，保持自己的独立性，在芸芸众生中发现那些“冷庙”里暂时隐忍不出的“冷菩萨”，多多烧香，多多投资，为自己提前备好人情资源。

在那些落难英雄有困难的时候，该出手时就出手，千万别犹豫。这样在你需要人帮助时，他们才会不惜任何代价提携你走出困境。

当然，对他们的帮助要落在实处，不要停留在口头上。而且这种帮助也是需要技巧的，也就是说当你想帮助某个人的时候，你要注意具体方法，如何帮助他，才能使他真正受益。如果不注意这一点，你常常会事倍功半，甚至适得其反。一位盲人在大街上着急地用盲杖敲着地面，是在说他不知道该怎么走了。好心的你走上去想帮助他，告诉他左边是北，右边是南。他其实仍然分不清楚，他需要你拉着他的手，带着他走一段路。

林玲是一家医疗器械公司的销售代表。一次，她准备去市医院拜访一位临床主任张某。临走时，同事马姐向她透露了一个“最新情报”：“张主任被免职了，现在 ××× 才是主任了，不用对他多费心思了。”林玲十分感谢马姐，但真的直接去找新主任吗？这样做似乎对原来那位“老客户”有点落井下石。

在过去一段时间的接触中，林玲知道张主任是他们院的技术骨干，曾经荣获“杰出青年专家”的称号。但他性格狂傲暴躁，据说半年前曾经因为一件小事当面与院长吵得不可开交，平常又总是太刚正，经常得罪人，他要“倒霉”是大家意料中的事。林玲为他感到惋惜，毕竟，他是一位十分优秀的医生，这一点，病人和家属的交口称赞就是最好的证明。林玲想，反正拜访新主任是迟早的事，现在还是应该先见见张主任，于是，她带着准备好的小礼品来到医院。

这时张主任正在办公室“闭门思过”，林玲的到来令他感到有点意外。很明显，张主任的心情很差，他生硬地说：“以后直接去找 ××× 谈订货的事，我已经不是主任了。”林玲微笑着递上礼品：“新主任我以后会去拜访，不过这并不妨碍我拜访您啊，您是我们公司的老朋友了，我就是来拜访公司的朋友呀。”张主任愣了一下，似乎有些感动，态度也客气了许多，马上给林玲写了 ××× 的名字和办公室门牌号，说以后有什么问题找那位主任也可以解决。林玲知趣地告辞了：“那您先忙吧，我下次再来拜访您。”张主任苦笑着说：“还忙啥呀？主任也不当了，没什么可忙的了！”林玲转回身来，问道：“您怎么会这么说呢？”张主任显然牢骚满腹，一时还不适应角色调整，站在办公桌后茫然四顾说：“不当主任了还有什么可忙的？”林玲把自己的想法说了出来：“不当主任了您还有自己的专业啊，您照样是杰出青年专家啊。现在，您可以有更多的时间研究学问了。要是都像您这么想，那我们这些大学毕业了却不能从事本专业的人又该怎么办啊？”张主任惊呆了，从来没人敢这样对他说话，特别是一个他从未看在眼里的销售员。不过这个看上去还有几分稚气的小姑娘说的话确实很有道理。林玲最后说道：“其实很多时候环境是无法改变的，如果我们无法让自己完全妥协，至少我们可以决定自己面对逆境时的态度。不论在什么环境条件下，我们都应该尽自己最大努力去发挥自己，这样才不会后悔。”张主任重重地点了点头，眼中似乎有泪光在闪动。

3 个月后，张主任恢复了原职。他的心态已经非常平和，因为他永远忘不了那天下午，一个普通的销售员给他上的难得的一课。而林玲也多了一个难得的朋友，在这位“贵人”的关心和帮助下，她的工作业绩直线上升，成为公司的明星员工。

我们常常说某人的成功，是因为有贵人相助。的确，如果一个人找到了自己的贵人，就可以避免很多不必要的摸索与碰撞，少走弯路，减少挫折。或许你认为自己天资过人，勤奋有加，靠自己的努力也可以获得成功，但是如果有人助你一臂之力，就像快马加鞭，锦上添花，不是更能加快你成功的速度吗？成功的机会不是更大吗？

你的贵人就在你的关系网中。在这个关系网中，有各式各样的朋友，他们能够从不同的角度为你提供不同的帮助。有许多机遇是在交往中出现的，而在初步交往中，人们很可能没有看到交往的价值，就看轻这种交往。你又怎么知道这种交往不会带来很大的机遇呢？

其实，生活处处皆贵人，贵人无处不在。贵人就在你身边，他们可能就是你的朋友、同事，或仅仅是萍水相逢的人。贵人到处都是，关键是要去结识贵人，让贵人来助你一臂之力。

多一些吃苦精神

有人问一位著名的艺术家，跟从他习画的那个青年将来会不会成为一个大画家？

他回答说："不，永远不会！他没有生存的苦恼，他每年都会从家里得到好几万元资助。"这位艺术家深深知道，人的本领是从艰苦奋斗中锻炼出来的，而在财富的蜜罐中，这种精神很难发挥出来。

翻开历史可以知道，各行各业的许多成功人士，在早年往往都是贫苦的孩子。成功的人大多是从困乏与需要中训练出来的。大商人、教授、发明家、科学家、实业家和政治家大多是为了提高自己地位的愿望而努力向上的。

成功是排除困难的结果，伟人都是从同困难的斗争中产生出来的。不经过艰难挫折的拼搏而要想锻炼出能耐来，是不可能的。

一个生长于奢侈的环境中的年轻人，时常依附于他人而无须用自己的努力挣饭吃的年轻人，自小被溺爱的年轻人，习惯于躲藏在父辈羽翼下的年轻人，是很少能具有大本领的。富家子弟与穷苦少年相比，就像温室中的幼苗和饱受暴风骤雨吹打的松树一样，只有那些经受风雨洗礼的大树才能看见更加蔚蓝的天空。

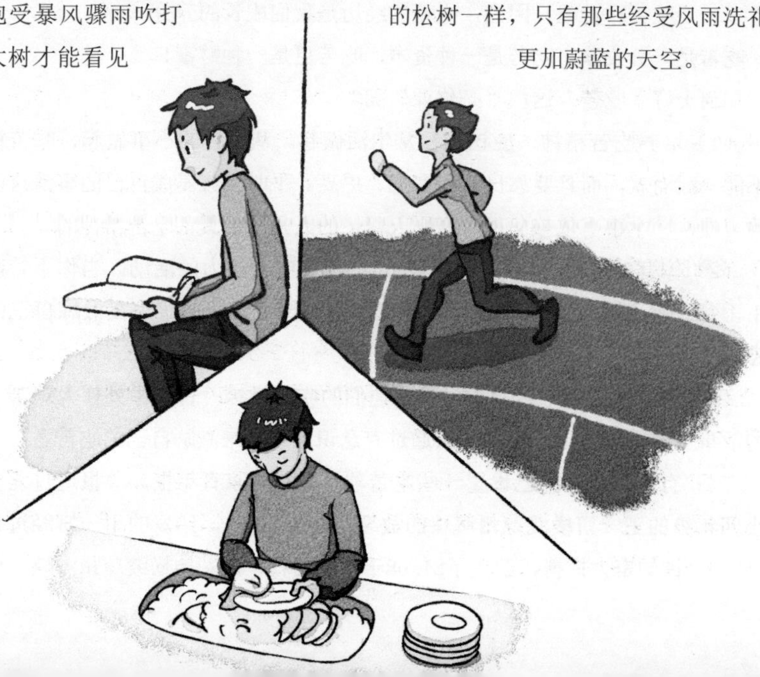

日本教育界有句名言："除了阳光和空气是大自然的赐予，其他一切都要通过劳动获得。"许多日本学生在课余时间都要去外边参加劳动挣钱，大学生中勤工俭学的非常普遍，就连有钱人家的子弟也不例外。他们靠在饭店端盘子、洗碗，在商店售货，在养老院照顾老人或做家庭教师来挣自己的学费。孩子很小的时候，父母就给他们灌输一种思想——不给别人添麻烦。全家人外出旅行，不论多么小的孩子都要无一例外地背上一个小背包。别人问为什么，父母说："他们自己的东西，应该自己来背。"

学会吃苦，能够让你不会在困难和逆境面前乱了阵脚，无助哀叹；学会吃苦，能够让你在奋斗的路上多一分坚韧，多一些从容。然而，曾几何时，我们早已将吃苦精神丢弃一旁。我们习惯于依赖别人，等着别人为我们搭好桥，修好路，再牵着我们的手慢慢通过。殊不知，吃苦是一种经历、一种收获、一种资本，更是一种财富！

没有受过寒流的抽打，就不会感受到阳光的温暖；没有经历沙漠的干热，就不会体会到绿洲的清爽。

苦，可以折磨人，更可以锻炼一个人！吃下这个"苦"字，会使你的生命力更加强健，让你的人生更加灿烂、辉煌。

多一点吃苦精神吧！因为，吃苦的经历是我们成长的养分。

吃苦是一分收获，吃苦是一种资本，吃苦更是一种财富！

如何上好"吃苦"这门"必修课"呢？

（1）培养吃苦精神，应该从日常生活做起。从身边的小事做起，吃苦精神不能一蹴而就，而且要靠日常的锻炼、提高。平时应该养成自己的事情自己做的习惯，一个事事依赖父母，靠别人帮忙的人是不会具备吃苦精神的。

（2）体育锻炼是一项好的磨炼意志，提高吃苦能力的活动。当你不管刮风下雨每天跑上5000米的时候，你不仅是在锻炼身体，同时也在锻炼自己的意志。

（3）阅读伟人的吃苦故事，学习他们的吃苦精神。古今中外伟人艰苦奋斗的故事可谓比比皆是，我们应该通过有意识地学习来激励自己的吃苦意志。

（4）有意识地给自己设置一些吃苦项目。《北京青年报》曾报道过北大附小四年级的王一妍横渡琼州海峡的故事。2003年8月，10岁的王一妍经过10小时零6分钟的奋力拼搏，游完了21.08千米的路程，成功地横渡琼州海峡，成为我国迄今为止年龄最小的横渡琼州海峡者。

当然，吃苦不是一时冲动也不是冒险。吃苦的困难不在于事情本身而是平时的训练，哪件事情的成功完成不浸透着当事人的汗水呢？

狡兔三窟，找好藏身地

战国末期，秦国越来越强大。各诸侯国贵族为了对付秦国的入侵和挽救本国的灭亡，竭力网罗人才。他们礼贤下士，广招宾客，以扩大自己的势力，因此养“士”（包括学士、策士、方士或术士以及食客）之风盛行。当时，以养“士”著称的有齐国的孟尝君、赵国的平原君、魏国的信陵君和楚国的春申君。后人称他们为“战国四公子”。

孟尝君是齐国贵族，他非常喜欢结交能人异士，为了随时能与他们讨论国家大事，常常邀请这些人到家中长住。有位叫冯谖的人，他常常一住很长一段时间，但是却什么事都不做。孟尝君虽然觉得很奇怪，但他还是热情地招待冯谖，毫无失礼之处。

有一次，冯谖自告奋勇，替孟尝君到薛地讨债，可他不但没跟当地百姓要债，反而把债券全烧了，回报孟尝君说是为他“千金买义”。薛地人民都以为这是孟尝君的恩德，心里充满感激。后来，孟尝君被齐王解除相国的职位，前往薛地定居，受到薛地人热烈的欢迎，孟尝君这才知道冯谖的才能，开始重用此人。不多话的冯谖这时才对孟尝君说："通常聪明的兔子都有三个洞穴，才能在紧急的时候逃过猎人的追捕，而免除一死。但是你却只有一个藏身之处，所以你还不能高枕无忧。我愿意再为你安排另外两个可以安心的藏身之处。"于是冯谖去见梁惠王，他告诉梁惠王，如果梁惠王能请到孟尝君帮他治理国家，那么梁国一定能够变得更强盛。于是梁惠王派人邀请孟尝君，准备让他担任治理国家的重要官职。可是，梁国的使者一连来了三次，冯谖都叫孟尝君不要答应。梁国派人请孟尝君去治理梁国的消息传到齐王那里，齐王非常着急，就赶紧派人请孟尝君回齐国当相国。冯谖要孟尝君向齐王提出希望能够拥有齐国祖传祭器的要求，并且将它们放在薛地，同时兴建一座祠庙，以确保薛地的安全。祠庙建好后，冯谖对孟尝君说："现在属于你的三个安身之地都建造好了，从此以后你就可以垫高枕头，安心地睡大觉了。"

孟尝君果然没有看错人，冯谖的手段确实非常高明。他不让孟尝君把自己交付给任何一方，不明示自己将会为哪一方效力，看上去摇摆不定，实际却同时拥有了多个可以投奔的去处。这远比急急向一方表明忠心要聪明得多。

兔子在弱肉强食的动物界明显处在非常不利的地位。为了保证自己的生命安全，它往往会为自己准备多个藏身之处，因而能够在危险到来的第一时刻迅速逃走，而对手却永远摸不到它的行踪。同样，在扑朔迷离的人生丛林里，你永远也不可能提前预知，下一秒等待你的是什么，与其坐以待毙，不如提前行动，为自己准备几个安全可靠的"藏身之地"。请注意：即使目前看来，你的靠山尚属稳定，也并不代表你可以将全部的希望寄托于他。只有最愚蠢的人才会高枕无忧而不给自己留条退路。

扮猪吃虎，以"傻"克敌

智而示以愚，强而示以弱，能而示之不能，用而示之不用，其目的就是为了蒙蔽对手，争取主动。"装傻"具有后发制人、出其不意的效应，在外交、谈判、经济等领域中均有广泛应用。

曾经有3位日本人代表日本航空公司，与美国的一家飞机制造公司谈判。

日方作为买方，美方作为卖方。美国公司为了抓住这次商业机会，挑选了最精明干练的高级职员组成谈判小组。谈判开始，美方展开了产品宣传攻势。他们在谈判室里挂满了许多产品图像，还印刷了许多宣传资料和图片。他们用了两个半小时，3 台幻灯放映机，放映了好莱坞式的公司介绍。他们这样做，一是要加强自己的谈判实力，另外则是想向 3 位日本代表做一次精妙绝伦的产品简报。在整个放映过程中，日方代表静静地坐在里面，全神贯注地观看。

放映结束后，美方高级主管不无得意地站起来，扭亮了电灯。他转身向 3 位显得有些迟钝和麻木的日方代表说："请问，你们的看法如何？"不料一位日方代表说："我们看不懂。"这句话大大伤害了美方代表的心情，他的笑容随即消失了，一股莫名之火似乎正往上冲。他又问："你们说不懂，这是什么意思？哪一点你们看不懂？"另一位日方代表彬彬有礼，微笑着回答："我们全部没弄懂。"这时，美国公司的主管产生了严重的挫败感。为了商业利益，他又重放了一次幻灯片，这次速度比前一次慢多了。之后，他强压怒气，问日方代表："怎么样？该看明白了吧？"然而，日方代表端坐在位子上，若无其事地摇摇头。美国的高级主管一下子泄气了，他灰心丧气地斜靠在墙边，松开他价值昂贵的领带，显得如此心灰意冷，无可奈何。他对日方代表说："那么，那么……那么你们希望我们做些什么呢？既然我们所做的一切你们都不懂。"

这时，一位日方代表慢条斯理地将他们的条件说了出来，他说得如此慢，以致美国高级主管像回答讯问似的，毫无斗志地斜坐在那里，稀里糊涂地应答着。他的思维已经紊乱了，信念被摧毁了，根本未作什么反对意见。结果，日本航空公司大获全胜，成果之大，连他们自己也感到意外。

大智若愚，不仅可以将有为示无为，聪明装糊涂，而且可以若无其事，装作不置可否的样子，不表明态度，然后静待时机，把自己的过人之处一下子说出来，打对方一个措手不及。

“装傻”的方法灵活多变。

“心照不宣”是一种高级装傻法，只要管住了自己的嘴，抑制住自己想表现的欲望即可。

如果被人当面提及，则可顾左右而言他，实在逼急了，就说不知道。有时候会有像小偷被人当场按住拿着赃物的手的感觉，这有什么，只要你双眼无辜地望着对方，准保他怀疑自己判断失误。

还有一种装傻法是被动装傻，也叫被迫装傻。那是因为自己对事情真相不清楚，又想知道；或此事关系重大，到处有陷阱，一个不小心，就会掉下去，只得装傻。

有时候想从你这儿探听情报的人反而可能掌握比你更多的情况，只不过是为了了解更多的事实或核实一下罢了。这时，你只有装得“更傻”。

如果想反过来，从探听者那儿获得情报，你更得学会装傻。只要你多用反问句和疑问句：“是吗？”“真的？”同时，充满鼓励地望着对方，他可能就忍不住将所知道（或道听途说）的消息向你倾倒得一干二净。

在一些喜欢卖弄自己的人面前装装傻有百利而无一害。可惜的是，现在的人个个极欲表现自己的小聪明，唯恐别人说自己傻。

当然，除了装傻，有时还得装明白。

市场部的主管问你：“听说，从下个月起，公司的奖金又要调整了？”

如果你说“没听说”，则显得你消息不灵，更不会是老板的亲信，那是真傻了。这时，你应该问：“怎么，反响很大吗？还没有最后决定的事已经传得这样厉害，你真是灵通人士。”这时候，装傻其实是装明白，是一种心理战术。

永远不要显得过于完美

永远不要显得过于完美。当你比所有人都更有光彩的时候，当所有人在你面前都抬不起头的时候，离你倒霉的日子也就不远了……

萧何是汉高祖刘邦的重要谋臣。刘邦进入关中以后，萧何在行政管理、户籍管理方面很有一套，颇得民心。当时关中百姓只知有萧何，不知有刘邦。萧何的一个门客提醒他说："您不久将要被灭族了。您占据高位，功劳第一，是人臣之极，不可能再得到皇上的恩宠。可是您自进入关中后，得到了百姓的拥护，深得民心。现在你的威望居然盖过了皇上，我想他绝对不会坐视不理的。"

不久，南方少数民族起兵反汉，刘邦率军亲征，留吕后及萧何守关中。萧何趁机强占民田、美宅，强夺他人妻女为婢妾，一时间，民怨沸腾，怨声载道。高祖凯旋还朝时，老百姓拦路控诉萧何。高祖心中有说不出来的高兴，只是表面上斥责萧何说："你自己去处理吧！"从此不再担心萧何会谋反了。

曾经完美得令人忌惮的萧何不过是个贪财好色的小人，这样的人有何德何能与他刘邦争夺天下，无怪乎刘邦会放下心来。萧何为自己制造了几条弱点，成功地打破了"完美"神话，保住了一家大小的安全。

作为一个有才华的人，要做到不露锋芒，既能有效地保护自我，又能充分发挥自己的才华，不仅要说服、战胜盲目骄傲自大的病态心理，凡事不要太张狂太咄咄逼人，更要养成谦虚让人的美德。无论你有怎样出众的才智，也一定要谨记：不要把自己看得太了不起，不要把自己看得太重要，不要把自己看成是救国济民的圣人君子，还是收敛起你的锋芒，夹起你的尾巴，掩饰起你的才华吧。

PART 06 一个人能否成功，与他的人脉有关系

一个人，如果能力出众，但是在人脉上不加注意，恐怕也是很难成功的。当一个人在没有任何背景的境况下，广泛交友是获得机遇的源泉。一个想要成功的人永远要记住在这个开放时代的成功共识：成功 =85% 的人脉关系 +15% 的专业知识。

成功=85%的人脉关系+15%的专业知识

美国商界曾做过一项领导能力调查，结果显示：

第一，管理人员的时间平均有四分之三花在处理人际关系上。

第二，大部分公司的最大开支用在人力资源上。

第三，管理者制订的计划能否执行与执行成败，关键在于人。

上面的调查结果很清晰地说明了这样一个道理，任何公司最大、最重要的财富都是人，领导者最看重的能力往往也是人际交往的能力。因此，如果你想在事业上做出一番成就，除了专业技能的学习和培训之外，就要尽早建立自己的人脉网，并且很好地发展自己的人脉网络，网聚大量的人脉资源，学会和

各种各样的人交往，这样，成功的机遇会通过你的人脉资源找上门来。

正如一位企业家所说：“每一个伟大的成功者背后都有另外的成功者，一个人的成功之路是无数人为他铺垫的。”事实正是如此，没有人能够完全凭借自己一个人的力量达到事业的顶峰，假如你决心成为出类拔萃的人，千万不能忽视人际关系的巨大作用。

在美国前总统克林顿成功竞选的过程中，他的拥有高知名度的朋友们扮演着举足轻重的角色。这些朋友包括他小时候在热泉市的玩伴、年轻时在乔治城大学与耶鲁法学院的同学，以及当学者时的旧识等。当演说家罗安数年前应邀在阿肯色州热泉市为旅游业年会演讲时，他深刻地体会到这些人对克林顿总统的支持。

“两小儿辩日”的故事相信大家都很熟悉。两个毛头小儿，因为太阳远近的问题争论不休，这时遇到孔子，可当他们询问孔子的时候，孔圣人居然也是一头雾水。一个人的力量是十分有限的，即使你在某个方面可以被称为专家，你也只是精通某一个领域的知识，你所不了解的东西都要靠别人的帮助和指点。遇到了无法解决的问题时，你就必须请教能为你指点迷津的人，请他们帮助你，给你建议，以便顺利解决问题。

聪明人都会注意到，在生活中，成功的人大多是有关系网的人。这种关系网由各种不同的朋友组成，有过去的知己，有近交的新朋；有男性，有女性；有前辈，有同辈或晚辈；有地位高的，有地位低的；有不同行业的，有不同特长的，也有不同地方的，有国内的，也有国外的，等等。

一个人，如果能力出众，但是在人脉上不加注意，恐怕也是很难成功的。当一个人在没有任何背景的境况下，广泛交友是获得机遇的源泉。有许多机遇就是在与朋友的交往中出现的，朋友的一句话、朋友的帮助、朋友的关心等，都可能化作难得的机遇。在很多情况下，就是靠朋友的推荐、朋友提供的信息和其他多方面的帮助，人们才获得了难得的机遇。

一个想要成功的人永远要记住在这个开放时代的成功共识：成功=85%的人脉关系+15%的专业知识，所以，在打好自己专业基础的前提下，努力在人脉上下功夫，你一定能收获成功！

读MBA，学知识是次，交“人尖”是主

曾经有一位企业老板谈到参加培训班的态度是这样说的：“工作中用到的东西，30%来自你原有的专业知识，60%来自实际的工作经验，只有10%是来自培训班的课程，但是我仍然每年参加高级培训班，主要目的不是学习知识，而是活用培训班这样的场所，结识到本行业内的高手。明年我仍准备拿出一笔开销去哈佛读一个MBA，当然，这是一个让我结识各行各业顶尖级人才的机会，能够扩大和提高我的人脉资源。”

参加一些高级培训班是一个聪明之举，因为这种培训班中存在着巨大的奥秘，它不仅会让你学会一些新知识，而且还会让你结交一些重要的朋友，扩充你的人脉资源网络。中国内地兴起的MBA热潮就是一个佐证，读书不仅为了“充电”，更为了搭建高品质的人脉关系并从中寻找商机。即使是哈佛商学院的毕业生，在总结读书的收获时，也把建立朋友网络放在第一位。

在哈佛的MBA学习中，人脉已经被提到一个相当重要的高度。哈佛商学院的一位教授总结说，哈佛为其毕业生提供了两大工具：首先是对全局的综合分析判断能力，其次是哈佛遍布全球的、4万多人的强大校友网络，为各国、各行业校友们都能提供宝贵的商业信息和优待。这就是哈佛人脉的优势。哈佛校

友影响之大，实非言语能够形容，全校有一种超越学科界限的特殊集体精神。哈佛商学院建院100多年来，有超过6万名校友，这些校友多半已是各行业的精英，在团结精神凝聚下，织成了一张稳固的人脉网络。在中国创业的哈佛MBA们体会最深，他们在没有其他背景的情况下，靠的就是哈佛MBA这块金色敲门砖。在华尔街，在几大风险投资基金中，对哈佛MBA来说，找到校友，就是找到了信任。

某电子商务有限公司总经理刘建30岁以前就有了1000万元资产了，那时的他真的有点骄傲得不知天高地厚。后来，他参加了EMBA班，才知道“天外有天”。

刘建选择了EMBA。两年下来，同学成了股东，刘建的生意也越做越大。这是因为读EMBA的人他们都是有8年以上工作经历，很成熟，而且都是某个领域的开拓者和领头羊。和比自己更成功、更出色的人在一起，刘建的收获大大超过付出。

刘建认为，受什么样的教育并不重要，关键是和谁做同学。他花巨资就是为了改变自己的社会交往结构。过去是在饭局中拉关系，现在则是在MBA或者EMBA班上建立起自己的超值人脉，EMBA的开放式教育更加促进了同学交往的升温。“要知道，在这里汇集的都是中国管理层的精英，今日的同学关系也许就意味着明日的财富，‘同桌的你’‘同班的他’都很重要。”刘建说道。

如果你还没有机会去研读MBA的话，你可以利用一些培训班来拓展自己的人脉。经常去参加一些高级培训班或研习会，不仅可以学习到一些新的知识，还可以进一步了解行业的趋势。而且极为重要的是，可以结交一些十分重要的朋友，扩充自己的人脉资源网络。这些培训班或研习会不同于学院式的正规教育，参加这种培训班或研习会的人一般都是早已走向社会，有自己的事业，有自己的职业的人，而且他们大多都是力求上进、想有所成就的人。

某著名大学“成功女性高级研修班”第二期的招生简章上，招生对象明确规定为：“领略过成功的女企业家、女性金领和白领、国家企事业单位女性高管人士、城市女性休闲族和自由职业者。”

“我们研修班学习的学员包括来自全国多个领域的行业精英。”据研修班的举办者介绍，在第一期学员中，某市市长夫人、某银行行长、央视某主持人、某跨国企业女CEO，某大型购物中心总经理都名列其中。其中一半来自外省市，平时上课都需要坐飞机。

“其实学员之间的互相吸引、彼此开阔眼界也是这类研修班看好的一个原因。”北京某知名素质培训学校的负责人表示，认识更多的精英人士、寻找商业合作的机会，拓展自身的人脉成为研修班吸引高端人士的一大优势。

“成功女性高级研修班”的事例就形象地说明，随着“充电热”的不断升温，培训不再仅仅是为了学习知识、提高技能，开始派生出许多附加功能，其中最引人注目的，就是形成人脉圈。想想看，在一些层次较高的培训班中，一不小心，各行各业的老板、高管就成了自己的同窗好友，其中暗藏的商机该有多大？因此，越来越多的人参加培训，直奔“圈子”而去。

尽管，参加这种会议的人都来自不同的群体，不同的行业。但是，这些都并不重要，重要的是他们都有爱好学习、热爱成长、追求事业成功这一共同目标。

如果是同行，就可以彼此交换工作心得，探讨行业趋势，了解更多相关的行业信息。这些信息对于做决策、发展事业是很有帮助的。如果不是同行，那对方就有可能成为你的顾客。同时，他也有可能带给你正在寻找的东西。在这些聚会中你还可以培养深厚的友情。

世界上最昂贵的是时间，但最便宜的则是学习。如果你有幸获邀去参加培训班或是研讨会，那么请你以开放的心胸和积极的态度去参加。参加一个培训班或研习会也许会让你进行一些投资，但是，你若将你的投资用于这种学习和培训中，它将会使你受益匪浅。因为，它能够提高你发展人际关系的技巧，拓展你的社会交际能力。

储存人脉胜过储存黄金

谁都不是单独生活在社会中的个体。在生活中，我们难免会形成这样或者那样的关系，比如父子关系、朋友关系、夫妻关系；在工作中，我们也要处理同事之间的关系、上级和下属之间的关系。在处理这些关系的过程中，我们会形成自己的关系网，这就是我们的人脉。

有的人认为自己的能力强，个性独特，就不需要拥有人脉了。其实这样的想法是错误的，对于这样的人，社会将给予忠告：只依靠个人的力量取得成功的人，一定会付出超乎常人的代价。

有的人认为自己已经积累了很多财富，无论精神上还是物质上，都十分富足了，不需要再考虑人脉的问题。这样的想法也是不对的。世界每天都在变化，你不可能每天都生活在自己单独搭建的小屋里而不与外界接触。即使你没有什么需要求助于别人，但你还有父母、亲戚、朋友、子女，你不能保证他们也不需要你为他们做任何事情。

在生活中，财富固然重要，可是储存黄金远远不如储存人脉重要。因为黄金是不可再生资源，花掉了，用完了，也就消失了，但是人脉不一样，你完全可以利用它创造更多的价值。有了人脉，你可能会有更大的发展，你的人生也会因为认识了越来越多的人而变得更加广阔。

每个人身上都有优点，如果身边的每一个人都能够将自己的优点利用在你的身上，那么你的力量将是无穷的。可是，生活中很多人并没有认识到这一点，他们紧紧地锁住自己，为的是能够全神贯注地拼搏。可是，他们不知道，当他们集中了精神只守着自己的那一小块田地的时候，已经失去了由人脉构建起来的更为广阔的沃土。

有一个美国女人叫凯丽，她出生于贫穷的波兰难民家庭，在贫民区长大。她只上过6年学，也就是只有小学文化程度。她从小就干杂工，命运十分坎坷。但是，她13岁时，看了《全美名人传记大成》后突发奇想，打算直接与名人交往。她的主要办法就是写信，每写一封信都要提出一两个让收信人感兴趣的具体问题。许多名人纷纷给她回信。此外，她还有另外一个办法，凡是有名人到她所在的城市来参加活动，她总要想办法与她所仰慕的名人见上一面，只说两三句话，不给对方更多的打扰。就这样，她认识了社会各界的许多名人。成年后，她有了自己的生意，因为认识很多名流，他们的光顾让她的店人气很旺。最后，她不仅成了富翁，还成了名人。

由此可见，你若想成功，就必须有很多人的支撑。任何一个只想依靠自己的实力获得发展的人，都将承受更大的压力，受更多的苦。所以，不要再仅仅执迷于自己的力量，从现在开始储备你的人脉吧。若干年以后，你就会发现，这些人脉为你的人生价值的提升，已经远远超过了储备黄金所创造出来的价值。

离开了人脉，你就无法生存

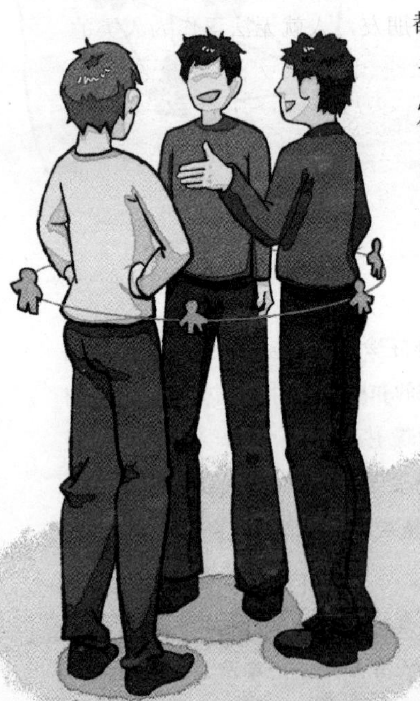

生活在现实社会中的人，表面上看去一个个都是孤立的、具体的，许多人之间似乎并不相干，但只要对具体的人进行考察，也就不难发现，每个人都有亲属、同事、上下级关系，处在人际关系网之中。每个人总是要应付和处理人际间的各种关系。不管是人们痛苦的离别，还是欢愉的团聚；是深沉的思念，还是暗暗的诅咒；是善意的劝告，还是恶意的挑拨；是残酷的争斗，还是友好的合作；是虚伪的应酬，还是真诚的相处；是冷漠的相待，还是热情的交往……所有这些，都在人际间发生、发展和变化着。也正是这些人际间的悲欢离合，冷暖亲疏，构成了一幅幅生动活泼的人间画卷，组成了纷繁复杂的人类社会。

人到哪里，社会关系便延伸到哪里，离开社会关系之“网”，人这个“纽结”就不会存在；而离开人这个“纽结”，社会关系之网也无法形成。总之，人生活在社会的“网”中，社会关系之“网”由人际交往关系织成。任何人都不可能逃脱社会关系之“网”。

这种以人为“纽结”织成的人脉关系网在历史片《走向共和》中表现得淋漓尽致。晚清政治实权人物的一脉相承——穆彰阿（道光时首席军机大臣）提携曾国藩，曾国藩举荐李鸿章；其他人也是互为羽翼，张之洞（光绪末重臣）归从胡林翼（光绪末重臣），翁同龢（光绪初重臣）的父亲是翁心存（同治重臣）。

抛开这些人的清廉与否不谈，正是有了人际网的庇护，这些人才能官运亨通，位极人臣。

人是社会性的动物，离开了周围的环境和朋友，人就无法再作为人类的一分子而生存下去。印度的一则关于“狼孩”的真实故事就说明了这个道理。

20世纪70年代，在印度的一个村子里，人们在打死野狼后，在狼窝里发现了两个由狼喂养的孩子，其中大的七八岁，小的约两岁，他们被送到一所孤儿院抚养。他们被发现时，生活习惯与狼一样：用四肢行走，白天睡觉，晚上出来活动；怕火、怕光和水；不素食而吃肉（不用手拿，直接放在地上用牙撕开吃）；不会讲话，每到午夜后像狼一样引颈长嚎。小“狼孩”在第二年死去。大“狼孩”经过7年抚育才学会45个词，勉强学会几句话。大“狼孩”死时估计已有16岁左右，但其智力只相当于三四岁的孩子。

这个故事告诉我们，人如果离开社会，就像种子离开土壤、阳光和水分那样，永远不可能开花结果。狼孩之所以没有人的特性，原因就是他们从小与狼生活在一起，没有经过社会化。这就充分说明了人际交往的重要性。

人与人之间的交往是联结人类社会的纽带。不论是学习、工作，还是传播文化、交流思想、互通信息，人类的许多生活程序都是靠交往这一手段来完成的。

人类的社会活动过程，就是一个交往的过程。每个人都生活在人际交往关系之中。所以，任何人都必须与人交往，必须有自己的朋友，这样的人生才是真正有意义的、完整的人生。

成大事者都是善于运用人脉的人

不管你是一个什么样的人，如果你想打开自己的人生局面，就离不开与各种各样的人打交道。人抬人，人帮人，办起事来才会顺利，人的事业才会发达。而那些成大事者总能够与别人相处得特别好，这到底有什么秘诀？

在你认识的朋友当中，有人会特别吸引朋友。对于这样的人，你不禁感叹地说："他把人都吸引到自己身边了！"真是一语中的。

人并非是强迫他喜欢谁，他就会喜欢谁。成大事者之所以能与各种人相处融洽，关键就在于他了解一般人所共同需要的两大基本渴望。利用好它们，就能与人很好地相处。

首先，要做到容纳。每个人都希望自己能够完完全全地被周围的人接受，能够轻松地与形形色色的人相处。在一般情况下，与人相处时，很少有人敢于在别人面前完全地暴露自己的一切。所以，倘若有一个人能让你感到轻松自在、毫无拘束，你就会很愿意和他在一起，也就是说，我们希望和能够接受我们的人在一起。专门挑毛病的人，一定不是个好亲人、好朋友。

因此，我们切忌设定标准叫别人的行动合乎自己的准则。请给对方一个保持自我的权利，即使对方有某些毛病也无妨。要让你身旁的人轻松自在，这才是最重要的。

但是，并不是每个人都能很好地容纳别人。有人曾经向一位有名的精神科医生请教人际关系中的容纳问题，他说："如果人人都有容纳的雅量，那我们就失业了！精神病治疗的真谛，在于医生们找出病人的优点，接受它们，也让病人们自己接受自己。医生们静静地听患者的心声，他们不会以惊讶、反感的道德式的说教来批判。所以患者敢把自己的一切讲出来，包括他们自己感到羞耻的事与自己的缺点。当他觉得有人能容纳、接受他时，他就会接受自己，有勇气迈向美好的人生大道。”

由此可见，容纳在人们的生活中、人际交往中起着至关重要的作用。

其次，要做到承认。承认比容纳更深一层。容纳，实际上是一种消极的做法。我们容纳对方的缺点与短处，伸出友谊的双手接受他们，这只是消极的做法。倘若是积极的做法，就不光是停留在接受忍耐对方的缺点上，而是要找出对方的长处。

人们都喜欢沐浴在别人承认的温馨之中，从中可以感受到向上的力量。

有一天，一位父亲带着他自认为是无可救药的孩子到心理学家那里去寻求帮助。那个孩子已经被严重灌输了自己没有用的观念。刚开始，他一言不发，无论心理学家怎么询问、启发，他也不开口。这使得心理学家一时之间无从着手。后来心理学家在与他父亲的交谈中找到了医治的线索。他的父亲坚持说：“这个孩子一点儿长处也没有，我看他是没指望、无可救药了！”

于是，心理学家开始运用承认的方法，并找出了他的长处，即擅长雕刻。可以说他在这方面具有聪颖的天资，还颇有高手的意味。他家里的家具全被他刻伤，到处都是刀痕，因而常常受到父亲的惩罚。心理学家买了一套雕刻工具送给他，还送给他一块上等的木料，然后教给他正确的雕刻方法，并不断地鼓励他："孩子，你是我所认识的人当中，最会雕刻的一个。"

从此以后，他们接触得频繁起来，随着了解的加深，心理学家又慢慢地找出其他事项来承认他。有一天，这个孩子竟然不用大人吩咐，自动去打扫房间。这件事，使所有人都吓了一跳。心理学家问他为什么这样做？

他回答说："我想让老师您高兴。"

由此可见，人们都渴望着他人的承认，而要满足这项欲望也并不难。

总之，一个人如果能够容纳别人，能够承认别人，他的周围就一定会聚集许多的朋友，这也正是那些成大事者有好人缘的秘诀。

看看莫洛是如何成功的吧。

莫洛是美国摩根银行股东兼总经理，当时他的年薪高达100万美元，忽然有一天，他放弃了这个人人钦羡的职务，而改任驻墨西哥大使，并因此震惊了全美国。

但就是这位莫洛先生，最初不过是一个法院的书记，那他为什么后来有如此惊人的成就呢？

莫洛一生中最大的转折点，就是他被摩根银行的董事们相中，一跃而成为商业巨子，登上了摩根银行总经理的宝座。据说摩根银行的董事们选择莫洛担此重任，不仅因为他在企业界享有盛名，更是因为他善于与各种人打交道，并具有极佳的人缘。

凡特立伯曾任纽约市银行总裁，他在雇用任何一位高级职员时，首先要探听的便是这人是否善于与形形色色的人打交道。

有些人生来具有过人的人际交往能力，他们无论对人对己都非常自然，轻易就能获得他人的注意和真爱。而我们大部分人，就要为建立一个好的人际关系而付出努力。不要忘了，良好的人际关系是你最大的资产。要想成大事，就必须善于和形形色色的人打交道。

多一分人缘，少一些烦恼。生活是个大舞台，每个人都在扮演着不同的角色，又不停地变换着角色，各个角色之间时刻进行着各种各样的人际交往。

一个好的人缘就是一张广大而伸缩自如的关系网，利用这张网你可以活得轻松自在、潇洒自如，塑造一个完美的人生。

学富五车，你是否仍然怀才不遇

生活中人们难免会有这样的感慨，为什么有的人学富五车，却没有得到成功的眷顾，相反，那些能力稍差的人，却干出了一番大事业。难道是上帝在保佑他？可仁慈的上帝对他的孩子们都是公平的，他绝不会对任何一个人偏袒的。到底是哪里不同呢？其实那些学富五车却没能成功的人说到底是败在了人脉上。

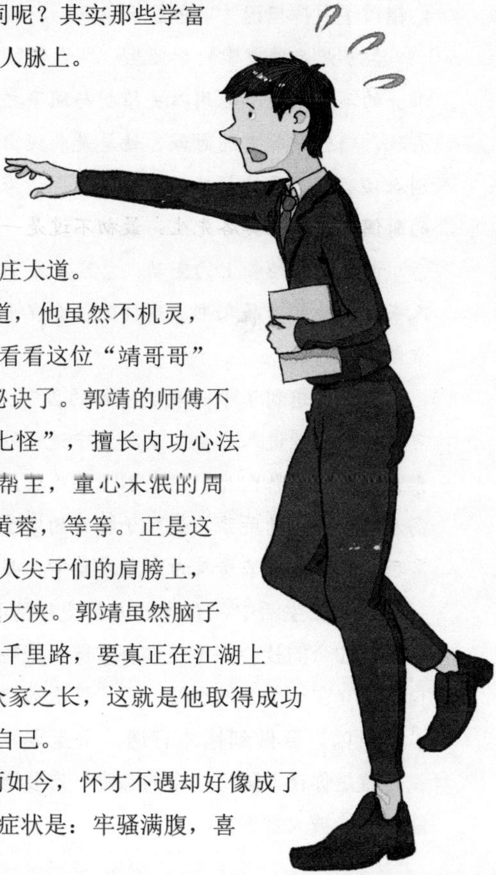

学富五车的人都不愿意自己的才能被埋没，都希望避免怀才不遇的窘境。但是如何才能避免怀才不遇呢？那就需要我们广结人脉，让丰富的人脉带我们走向一条康庄大道。

金庸笔下的郭靖想必大家都知道，他虽然不机灵，但还是成了天下人人佩服的大英雄。看看这位“靖哥哥”周围的人，我们就能知道他成功的秘诀了。郭靖的师傅不下10位，既有以侠义闻名的“江南七怪”，擅长内功心法的马钰道长；又有武功盖世的洪老帮主，童心未泯的周伯通，更不用说聪明过人的奇女子黄蓉，等等。正是这“多元化”的师资组合，使他站在了人尖子们的肩膀上，“笨”得像木头一样的郭靖终成一代大侠。郭靖虽然脑子不灵活，但他深深懂得，独腿走不了千里路，要真正在江湖上闯出一条路来，必须兼收并蓄，集众家之长，这就是他取得成功的关键——汲取人脉的巨大作用成就自己。

郭靖可谓是赢在了人脉上。然而如今，怀才不遇却好像成了很多年轻人的一种通病，他们的普遍症状是：牢骚满腹，喜欢批评他人，有时也会显出一副抑郁不得志的样子，和这类人交谈，运气不好的时候，还会被他们批评一番。

当然，这类人中有的的确是怀才不遇，由于无法适应客观环境，从而导致被埋没。但为了生活，他们又不得不委屈自己，所以生活得十分痛苦。

难道现实中有才的人都是如此吗？不，尽管有时会出现千里马无缘遇伯乐的情况，但如果你真是一匹千里马，你就应该知道伯乐对于你的重要性。一次错过伯乐，并不代表你永远会错过他，只要你肯努力寻找，就一定会看到他的身影。

在现实生活里，并不是所有的怀才不遇者都是因为遇不到伯乐，而是因为他们没有处理好与他人的关系，致使他人挡住了伯乐发现他们的视线，让他们错过了发挥自己才能的机会。

孟宁是名牌大学的毕业生，尽管参加工作不久，但是头脑灵活、能力出众。唯一的不足就是不会用心去维护与同事之间的关系。有时候，同事之间约着出去玩，叫她一起去的时候，她总是表现出不耐烦的样子，用极其生冷的话拒绝别人。有同事要她帮忙的时候，她也认为是不值得做的事情，不屑于浪费自己的时间。

由于公司经营上的变动，总经理希望很快在公司内部找到一个能力出众的人来担任他的专属秘书。这样的机会在平时是很少见的，因为总经理的秘书通常都是外聘的。

总经理想到了平时表现很好的孟宁，觉得她有足够的能力胜任秘书一职，可是当总经理进入办公室里对孟宁进行最后的审核的时候，所有人都投了反对票，因为大家都认为，一个不懂得维护同事之间关系的人，就不会懂得维护与高层甚至客户的关系，这对于公司的发展只会有不好的影响。

总经理采纳了众人的意见，孟宁失去了这次很好的发展机会。

可是在生活中，有才的人常自视清高，看不起那些能力和学历比较低的人，但如今的社会并不是你有才气，就能成大器。不注意人际关系的维护，将自己孤立在一个人的小圈子里，那么最终你只能变成一个怀才不遇者。

所以，要做到怀才有遇，一定要注重两点，首先，要广泛地交友；其次，就是你在人际交往中的态度一定要谦虚友善，做到了这两点，相信你的才能一定能被人赏识。

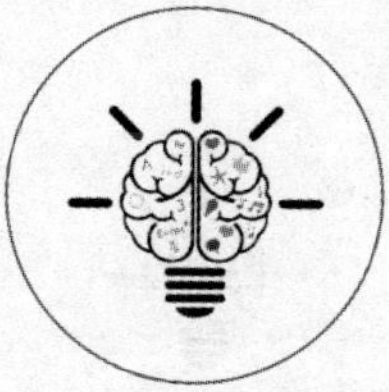

人生是一个不断变化和选择、不断思考的过程。思路不同，看待世界的视角不同，对待生活的心态不同，解决问题的方法不同，由此会产生截然不同的人生。优秀者与平庸者的根本区别就在于他们是否能够主动寻找获得成功的好思路，找到人生的正确方向。

好思路 好方法 好经验